普通高等教育规划教材

测 量 学

李希灿　齐建国　主编

化学工业出版社

·北京·

本书主要内容包括：现代测量学的基本概念、原理和方法，角度、距离和高程的测量方法，控制测量，地形图测绘，数字测图，地形图的应用，施工放样，水利工程测量，民用建筑测量，路桥工程测量，农林工程测量，地籍测量，3S技术简介等。本书编写重视培养学生的学习能力，突出基础理论，加强实践性教学环节，理论联系实际，拓宽专业口径，注意精选保留传统测绘技术的基本内容，适当充实了数字测图、全站仪的应用、3S技术等较多的测绘科学新技术。教材内容精炼，文字通俗易懂，便于自学，专业覆盖面广。

本书为普通高等教育土木工程、水利工程、路桥工程、农林工程等有关专业的"测量学"课程的教材，有较宽的适用面，亦可供广大工程技术人员阅读参考。

图书在版编目（CIP）数据

测量学/李希灿，齐建国主编. —北京：化学工业
出版社，2014.3（2018.7 重印）
普通高等教育规划教材
ISBN 978-7-122-19748-1

Ⅰ. ①测…　Ⅱ. ①李…②齐…　Ⅲ. ①测量学-高等
学校-教材　Ⅳ. ①P2

中国版本图书馆 CIP 数据核字（2014）第 023735 号

责任编辑：王文峡　　　　　　　　文字编辑：刘莉珺
责任校对：边　涛　　　　　　　　装帧设计：史利平

出版发行：化学工业出版社（北京市东城区青年湖南街13号　邮政编码100011）
印　　刷：北京京华铭诚工贸有限公司
装　　订：三河市骏发装订厂
787mm×1092mm　1/16　印张16¼　字数420千字　2018年7月北京第1版第4次印刷

购书咨询：010-64518888（传真：010-64519686）　售后服务：010-64518899
网　　址：http://www.cip.com.cn
凡购买本书，如有缺损质量问题，本社销售中心负责调换。

定　　价：35.00元　　　　　　　　　　　　　　　版权所有　违者必究

编 写 人 员

主　　编　李希灿　齐建国
副主编　刁海亭　赵立中　厉彦玲　常小燕
参　　编　万　红　杜　琳　董　超　丛康林
　　　　　胡　晓　齐广慧
主　　审　梁　勇

前　言

为满足我国当前高等教育改革和高校素质教育的需要，由山东农业大学测绘系根据高校农林工程、水利工程、土木工程、路桥工程等专业的测量学课程教学大纲的要求编写此书。

本书重视培养学生的学习能力，突出基础理论，加强实践性教学环节，理论联系实际，拓宽专业口径，注意精选保留传统测绘技术的基本内容，适当充实了数字测图、全站仪的应用、3S 技术等较多的测绘科学新技术。教材内容精炼，文字通俗易懂，便于自学，专业覆盖面广。除可作为有关专业的"测量学"教材外，亦可供广大工程技术人员阅读参考。

本书共分 16 章，参加本书编写工作的有：李希灿（编写第 1、12 章），刁海亭（编写第 2、6 章），万红（编写第 3 章），董超（编写第 4 章），厉彦玲（编写第 5 章），杜琳（编写第 7 章），胡晓（编写第 8 章），齐广慧（编写第 9 章），齐建国（编写第 10、16 章），丛康林（编写第 11 章），赵立中（编写第 13、14 章），常小燕（编写第 15 章）。全书由李希灿、齐建国担任主编并统稿，刁海亭、赵立中、厉彦玲、常小燕担任副主编。本书由山东农业大学梁勇担任主审，在此深表谢意！对于本书中参考的有关文献资料的原作者表示诚挚的谢意！感谢化学工业出版社所做的辛勤工作！

由于编者水平有限，书中不妥之处在所难免，敬请读者批评指正。

编者
2014 年 1 月

目　　录

第1章 绪 论

测量学是一门古老而又年轻的学科，具有悠久的历史，又随着现代科学技术的发展而不断发展。本章主要介绍测量学的任务与作用、地球的形状与大小、地面点位置的表示方法、测量工作的基本原则。

1.1 测量学的任务与作用

1.1.1 测量学的概念

测量学是研究地球的形状和大小以及测定地面点或空间点相对位置的一门科学，其目的是为人们了解自然和改造自然服务。

测量学已广泛应用于资源勘察、农田水利建设、工业与民用建筑、交通及矿产开采、城市规划、军事等领域，为社会经济发展、国防建设、科学研究提供基础资料和技术支持。

现代科学技术的发展，为测量提供了新的技术手段，同时丰富了测量学科的内涵。现代测量学是利用先进测绘仪器和技术，研究空间数据的采集、传输、处理、存储、分析、制图、应用的科学与技术。

测绘学是测量学与制图学的统称。它是研究空间实体（包括地球整体、表面以及外层空间的各种自然和人造物体）的各种几何、物理、人文及其随时间变化的空间和属性信息的采集、处理、管理、更新、利用的科学与技术。可见，测量学是测绘学的重要组成部分。但一般而言，测量学等同于测绘学，不需要严格区分。

1.1.2 测量学的分类

随着科学技术的发展，测量学的分支越来越细，根据其研究对象、应用范围和技术手段的不同，测量学分为以下几个主要分支学科。

（1）普通测量学 普通测量学是研究地球表面小区域内测量的基本理论、方法和技术的学科。由于范围较小，在研究过程中不考虑地球曲率对测量结果的影响。普通测量学也称为地形测量学。

（2）大地测量学 大地测量学是研究整个地球的形状、大小和重力场，或研究在大区域内进行精密测量的理论和方法的学科。由于范围较大，在其研究过程中要顾及地球曲率对测量结果的影响。现代大地测量学可分为几何大地测量学、物理大地测量学和空间大地测量学。

（3）摄影测量学 摄影测量学是利用摄影技术研究地表物体的形状、大小及空间位置的学科。根据摄影平台不同，摄影测量学可分为地面摄影测量、航空摄影测量和航天摄影测量；按技术处理方法，其可分为模拟法摄影测量、解析法摄影测量和数字摄影测量。

（4）工程测量学 工程测量学是研究测量学的基本理论、方法和技术在工程建设中的应用，解决工程建设中施工放样、竣工测量和变形监测等实际问题的学科。工程测量学按其应用领域可分为土木工程测量、水利水电测量、矿山测量、道路工程测量和精密工程测量等。

（5）地图制图学 地图制图学是研究利用测量的数据资料，编制、印刷、出版地图、地形图和专题图的理论和方法的学科。地图是测绘工作的重要产品形式。地图制图学为生产国标的地图产品提供技术和方法。

（6）海洋测量学　海洋测量学是以海洋水体和海底为对象，研究海洋定位、测定大地水准面、海底地形、海洋重力、海洋磁力、海洋环境等自然和社会信息的地理分布及其编制各种海图的理论和技术的学科。海洋测量学为海洋资源监测和管理、船舶和潜艇导航等方面提供服务。

随着电子计算机、信息技术、激光技术、遥感技术等现代科技的发展，尤其是以"3S"技术（GPS、GIS、RS）为核心的测绘科学技术与其他学科的交叉发展，测绘学科的各个分支学科开始由独立走向综合，逐渐形成一门新兴学科——地球空间信息学（Geo-spatial Information Science，简称 Geomatics）。

1.1.3　测量学的任务

测量学是一门用途极为广泛的应用科学，一般而言，其主要任务有两个：测图和测设。利用测量仪器和工具，通过测量地面点的有关数据，按一定的方法将地表形态及其信息绘制成图，这项工作称为地形图测绘，简称测图；利用测量仪器和工具，将在图纸上设计好的建筑物或构筑物的位置在地面上标定出来，这项工作称为施工放样，简称测设。可见，测图与测设的工作过程是相反的。

1.1.4　测量学的作用

测量学已广泛应用在经济建设、国防建设和科学研究等领域，如资源勘察、城市规划、农田水利建设、河道治理、工业与民用建筑、道路与桥梁工程建设、风景区与园林规划设计、矿产开采等。测量工作贯穿于工程建设的全过程，测绘工作者是工程建设的尖兵。对于土建类工程，在工程的规划、设计、施工、竣工和运行阶段都离不开测量工作。国防工程修建也需要测量工作，"地形图是将军的眼睛"形象表达了测绘在战争的重要作用，战略、战役布置，行军路线的选择，后勤供应站的设置等，尤其是现代化战争，要想精确打击目标，都要以准确的测绘资料为依据。在科学研究方面，诸如地壳变形、地震预报、滑坡监测、灾害预报、航天技术等其他科学研究中，都需要测量技术的支持。

在农业、林业生产中，诸如农林资源调查、土地利用规划、土地平整、灌溉工程设计与布置、苗木定植、绿化面积统计、水土保持等方面均需要进行测量工作。

随着信息农业的发展，各种精细农业信息的获取与传输，包括土壤养分、作物种植、施肥浇灌、灾害防治、农产品产销信息发布等，需要一个庞大的信息监测网络的支持，其中"3S"技术及其集成技术被越来越广泛地应用，成为信息农业技术的一部分。

1.1.5　测量学的发展概况

1.1.5.1　传统测量技术

测绘科学是人类长期以来改造自然、从事生产建设的经验总结，是一门古老而又年轻的学科。我国古代夏禹治水、古埃及尼罗河泛滥后农田边界再划分中，就已使用简单的测量工具和方法。夏禹治水所用的"准、绳、规、矩"，就是当时的测量工具。

据历史记载，我国的测量始于公元前 7 世纪前后。公元前 5 世纪～公元前 3 世纪，我国就制造出了世界上最早的定向工具"司南"。公元前 130 年，西汉初期的《地形图》为目前我国所发现的最早的地图。东汉张衡（78—139 年）发明了世界上最早的"浑天仪"和"地动仪"。西晋裴秀（224—271 年）的《制图六体》是世界上最早的制图规范。公元 724 年，我国历史上第一次应用弧度测量的方法测定地球的形状和大小，也是世界上最早的一次子午线弧长测量。北宋沈括（1031—1095 年）创造分层筑堰法，用水平尺和罗盘进行地形测量，其制作的立体地形模型（"木图"），比欧洲最早的地形模型早 700 多年。元代郭守敬

(1231—1316 年）在全国进行了 27 个点的纬度测量。18 世纪初，我国绘制了全国地图《皇舆全览图》，1761 年又改编成《大清一统舆图》。我国的万里长城、四川都江堰等宏伟的历史性建筑工程，至今仍蕴含着我国测量技术发展的历史辉煌。

随着社会生产力的发展，测绘科学也随之发展和更新。1492 年，欧洲人哥伦布发现美洲新大陆，促进了航海事业的发展。从而对测绘科学提出了新的要求，也激发了人们对制图学以及地球形状和大小的研究。17 世纪初，测绘科学在欧洲得到较大发展。1608 年荷兰人汉斯发明了望远镜，使测量仪器和方法有了很大的改进，克服了测绘工作者的视觉限制。1617 年荷兰人斯纳留斯首次进行了三角测量。1683 年法国通过弧度测量证明地球是两极略扁的椭球体。19 世纪，德国数学家高斯提出了基于最小二乘法的测量平差方法，而后又提出横圆柱投影学说，进一步完善了测绘科学的基本理论。1903 年，飞机的出现和摄影测量理论的发展，航空摄影技术开始应用于测绘领域，使测绘手段有了巨大的变革。

1.1.5.2 现代测量技术

20 世纪中期，随着电子技术、激光技术、电子计算机技术和空间科学技术等的迅速发展，测绘科学的理论、方法和手段都发生了根本变化，形成了以"3S"技术为代表的现代测量技术。

20 世纪 40 年代出现了自动安平水准仪，提高了水准测量速度。20 世纪 60 年代中期，激光测距仪的问世，使距离测量实现了自动化和高精度。1968 年，电子经纬仪的诞生，标志着角度测量开始自动化。1990 年电子水准仪的问世，实现了水准测量的自动化。随后，激光测距技术、自动测角技术和计算机技术的集成应用，促进了测绘仪器的大发展，电子速测仪（全站仪）、自动全站仪（测量机器人）的问世，实现了测量、记录、计算和成果输出的自动化、数字化，实现了测量内外业的一体化，从而大大提高了测量工作效率。

1957 年，前苏联成功发射的人类历史上第一颗人造地球卫星，拓展了测绘科学的研究范围和方法。1966 年，开始进行卫星大地测量。20 世纪 80 年代，美国的全球定位系统（GPS）问世，因其具有全球、全天候、快速、高精度、不受通视条件限制等优点，GPS 技术被广泛应用于大地测量、工程测量、地形测量，以及导航、通信、定位的军事、管理等领域。目前，全球导航卫星系统（GNSS）包含了美国的 GPS、俄罗斯的 GLONASS、中国的 Compass（北斗）、欧盟的 Galileo 系统。

20 世纪 50 年代，摄影测量由模拟法向解析法过渡；20 世纪 80 年代末，解析法摄影测量发展为数字摄影测量；将 GPS 定位技术与 CCD 摄影技术相结合，数字摄影测量又发展到实时摄影测量。20 世纪 70 年代末，遥感技术（RS）趋于成熟，并在资源勘查、环境监测、自然灾害预警、军事等领域得到广泛应用，摄影测量发展为摄影测量与遥感。目前，遥感技术正向高光谱、超光谱遥感方向发展，其应用前景更为广阔。

随着计算机技术的发展，20 世纪 80 年代出现了地理信息系统（GIS）。GIS 因其具有数据综合、模拟与分析评价等技术优势，已被广泛应用在社会、经济、军事等领域的管理方面。随着计算机和网络技术的迅速发展，GIS 正朝着一个可运行的、分布式的、开放的、网络化的全球 GIS 发展，其中三维 GIS、时态 GIS 和网络 GIS 已经成为 GIS 发展的趋势和研究热点。

近几十年来，随着测绘"3S"技术的发展，以及计算机和网络通信技术的普及，测绘科学的研究领域早已从陆地扩展到海洋和宇宙空间，由地球表面延伸到内部；测绘成果从三维发展到四维、从静态转向动态；测绘技术体系从模拟转向数字、从地面转向空间，并进一步向网络化和智能化方向发展。

1.2 地球的形状与大小

1.2.1 水准面与大地体

测量的大部分工作是在地球表面进行的，所以必须首先研究地球的形状与大小。地球的自然表面高低起伏、错综复杂，有高山、丘陵、平原、海洋、河流和湖泊等。最高的山峰珠穆朗玛峰高达 8844.43m，最深的马里亚纳海沟深达 11022m。从总体看，海洋约占整个地球表面积的 71%，陆地约占 29%。虽然地球表面的高低起伏很大，但与地球的半径相比却微乎其微（假设地球的半径为 700mm，则珠穆朗玛峰的相对高度约为 1mm），可以忽略不计。因此，可以把地球总的形状看成是被海水包围的球体。

假想静止不动的海水面延伸穿过所有的陆地与岛屿，形成一个封闭的曲面，这个曲面称为水准面。水准面是水在地球重力作用下形成的静止闭合曲面，因此水准面处处与铅垂线相垂直。受海水潮汐的影响，海水面时高时低，所以水准面有无数个。由于地球内部质量分布不均匀，造成水准面是一个不规则的曲面。测量上把通过平均海水面的水准面称为大地水准面。大地水准面在一个时期内是唯一的。大地水准面所围成的形体称为大地体。

如图 1-1 所示，大地体可以代表地球的形状与大小。测量上把大地水准面作为高程测量的基准面。

1.2.2 参考椭球体

由于大地水准面是一个不规则的曲面，无法用严密的数学公式表达，不能作为测量上计算的基准面。因此，人们用一个既可以用数学公式表达又很接近大地水准面的参考椭球面代替它。如图 1-1 所示，参考椭球面是由一个椭圆绕其短轴旋转而形成的椭球面。参考椭球面所围成的形体称为参考椭球体。通常用这个参考椭球面作为测量与制图的基准面。

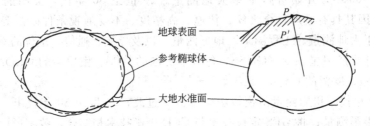

图 1-1　地球的形状　　　　　图 1-2　参考椭球定位

参考椭球体的形状和大小由椭圆的长半轴 a 和短半轴 b（或扁率 e）决定。随着空间科学技术的发展，可以越来越精确地测定椭球参数。目前，我国采用 1975 年国际大地测量与地球物理联合会（IUGG）通过并推荐的椭球参数：

$$a = 6378137\text{m}$$
$$b = 6356752\text{m}$$
$$e = (a-b)/a = 1/298.257$$

由于参考椭球体的扁率很小，接近于圆球，当测区面积不大或测量精度要求不高时，可以近似的将其视为圆球体，其半径取参考椭球三半轴的平均值，即 $R = (2a+b)/3 \approx 6371$（km）。

1.2.3 参考椭球定位

如图 1-2 所示，在地球上选择适当的点 P，设想把参考椭球与大地体相切，切点 P' 点位

于 P 点的铅垂线方向上，这时椭球面上 P' 点的法线与大地水准面的铅垂线相重合，使椭球的短半轴与地轴保持平行，且椭球面与大地水准面的差距尽量小。因此，椭球表面与大地水准面的相对位置就得以确定。这项工作称为参考椭球定位。地球上的 P 点若为一个国家的坐标起算点，则称大地原点。若对参考椭球面的数学表达式加入地球重力异常变化等参数的改正，便可得到大地水准面的较为近似的数学表达式，可以把观测结果归化到参考椭球面上。

从严格意义上讲，测绘工作是选取参考椭球面作为测量的基准面，但在实际工作中，为了使用方便仍选取大地水准面作为测量的基准面。大地水准面和铅垂线便成为实际测绘工作的基准面和基准线。

1.3　地面点位的表示方法

测量工作的根本任务是确定地面点的空间位置，而点的空间位置是用三维坐标来表示的。在工程上，为方便使用通常采用平面直角坐标和高程表示地面点位的位置。

1.3.1　地面点的坐标

1.3.1.1　地理坐标系

用经纬度表示地面点空间位置的坐标系称为地理坐标系。地理坐标系属于球面坐标系，依据采用的基准面和基准线的不同，又分为天文地理坐标系和大地地理坐标系。

(1) 天文地理坐标系　天文地理坐标系又称天文坐标系，用天文经度 λ 和天文纬度 φ 表示地面点投影在大地水准面上的位置。如图 1-3 所示。确定球面坐标 (λ, φ) 所依据的基准线为铅垂线，基准面为大地水准面。

过地面点 A 与地轴的平面称为子午面。子午面与球面的交线称为子午线，也称经线。子午面与首子午面间的夹角为天文经度 λ。自首子午面向东 $0°\sim180°$ 称为东经，向西 $0°\sim180°$ 称为西经。垂直于地轴的平面称为纬面。纬面与球面的交线称为纬线。垂直于地轴并通过地球中心 O 的平面称为赤道面。赤道面与球面的交线称为赤道。过 A 点的铅垂线与赤道面的交角称为天文纬度 φ。纬度从赤道面向北 $0°\sim90°$ 称为北纬，向南 $0°\sim90°$ 称为南纬。如泰山玉皇顶的天文地理坐标为东经 $117°05'$，北纬 $36°15'$。

天文地理坐标可以在地面上用天文测量的方法确定。因其定位精度不高（测角精度 $0.5''$，相当于地面长度 10m），常用于天文控制网、卫星导弹发射或独立工程控制网起始点的定位定向。

(2) 大地地理坐标系　大地地理坐标系又叫大地坐标系，是以参考椭球面和法线为基准建立的坐标系。大地地理坐标表示地面点投影在参考椭球面上的位置，其坐标原点并不与地球质心相重合。这种原点位于地球质心附近的坐标系，又称参心大地坐标系。如图 1-4 所示，地面点 A 沿着法线投影到椭球面上为 A'，过 A' 点的子午面和首子午面间的夹角为大地经度 L，过 A 点的法线与赤道面的交角为大地纬度 B，过 A 点沿法线到椭球面的铅垂距离称为大地高，用 $H_{大}$ 表示，所以地面点 A 的大地坐标为 $(L, B, H_{大})$。

根据大地原点（该点的大地经纬度与天文经纬度一致）的坐标，按大地测量方法所得的数据可以推算出任意地面点的大地经纬度，而大地原点坐标是经过天文测量获得的天文经纬度。采用不同的椭球时，大地坐标系是不一样的。采用参考椭球建立的坐标系叫参心坐标系，采用总地球椭球并且坐标原点在地球质心的坐标系叫地心坐标系。我国目前常用的坐标系中，1954 年北京坐标系和 1980 年国家大地坐标系是参心坐标系，而 WGS-84 大地坐标系

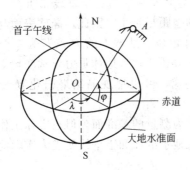

图 1-3 天文地理坐标系

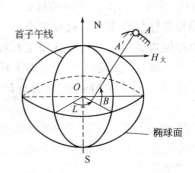

图 1-4 大地地理坐标系

和 2000 国家大地坐标系是地心坐标系。四种坐标系的对比分析见表 1-1。

表 1-1 我国常用坐标系

项目	1954 年北京坐标系	1980 年西安坐标系	WGS-84 大地坐标系	2000 国家大地坐标系
原点位置	苏联的普尔科沃	陕西省泾阳县永乐镇	地球质心	整个地球质心
长半径 a	6378245m	6378140m	6378137m	6378137m
椭球扁率	1/298.3	1/298.257	1/298.257223563	1/298.257222101
启用年份	1954 年	1980 年	1987 年	2008 年
坐标系类别	参心坐标系	参心坐标系	地心坐标系	地心坐标系

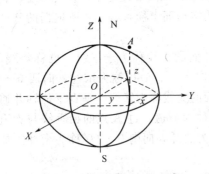

图 1-5 空间直角坐标系

1.3.1.2 空间直角坐标系

空间直角坐标系是以地球质心为原点的坐标系，坐标原点 O 选在地球椭球中心，对于总地球椭球，坐标原点与地球质心重合；Z 轴指向地球北极；X 轴为格林尼治子午面与地球赤道面交线；Y 轴垂直于 XOZ 平面，构成右手坐标系。如图 1-5 所示，地面点 A 的空间位置用三维直角坐标（x，y，z）来表示。

地面点可以用大地坐标表示，也可以用空间直角坐标表示，两种坐标之间可以进行坐标转换。具体计算方法请参考有关文献，不再赘述。

1.3.1.3 WGS-84 坐标系

WGS-84 坐标系是全球定位系统（GPS）采用的坐标系统，属地心空间直角坐标系。WGS-84 坐标系采用 1979 年国际大地测量与地球物理联合会第 17 届大会推荐的椭球参数（见表 1-1）。WGS-84 坐标系的原点位于地球质心；Z 轴指向 BIH（国际时间服务机构）1984.0 定义的协议地球极（CTP）方向；X 轴指向 BIH184.0 的零子午圈和 CTP 赤道的交点；Y 轴垂直于 X、Z 轴。X、Y、Z 轴构成右手直角坐标系。

1.3.1.4 高斯平面直角坐标系

（1）地图投影的概念 大地坐标可以使全球的坐标统一，但只能用来表示地面点在椭球上的位置，不能直接用来测图，对工程测量等很不方便。在工程建设中均使用平面图纸反映地面形态，测量计算和绘图多采用平面直角坐标。球面是一个不可展的曲面，就需要将球面上的大地坐标按照一定的数学法则归算到平面上，转换为平面直角坐标。把球面上的图形或数据归算到平面上的过程称为地图投影。将曲面转化成平面就会产生变形，包括长度变形、面积变形和角度变形。为计算方便，往往要求一个要素不变。角度不变的投影称为等角投影。

地图投影的方法有很多，我国采用高斯横圆柱投影的方法来建立平面直角坐标系统，称为高斯平面直角坐标。

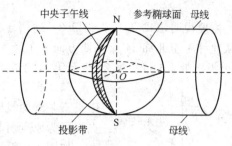

图 1-6　高斯投影

（2）高斯投影的思想　高斯-克吕格投影简称高斯投影。设想用一个大小合适的圆柱面，横套在参考椭球面的外面，如图 1-6 所示。椭球表面上只有一条子午线与圆柱面相切，在保持投影前后相应图形等角的条件下，将椭球面上的图形投影到圆柱面上，然后将圆柱面沿过南、北极点的母线切开，展成平面，就得一张平面图形。椭球面上的点与平面上的点建立起一一对应的关系，于是曲面就转换成平面。与圆柱面相切的子午线称为中央子午线。

高斯投影具有如下特点：

① 中央子午线投影后为直线，且长度不变；其他子午线投影后为曲线，长度发生变形。

② 赤道投影后为直线，长度发生变形；其他纬线投影后为曲线，长度发生变形。

③ 经纬线投影后角度不变，仍保持相互正交关系。

（3）高斯投影分带　高斯投影中，除中央子午线投影后长度不变外，其他经纬线均存在长度变形，且距中央子午线愈远，变形愈大。当长度变形达到一定限度后，就会影响测量的精度。为了控制长度变形，将投影区域限制在中央子午线两侧的有限范围内，这种确定投影带宽的工作，叫做投影分带。如图 1-7 所示，带宽一般分为经差 6° 和 3°。

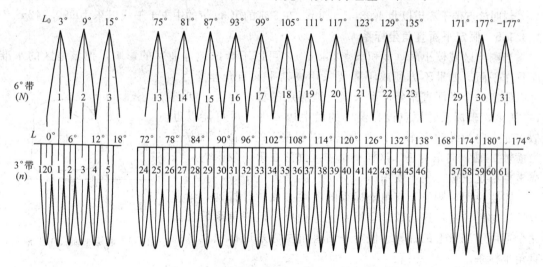

图 1-7　高斯分带投影

如图 1-7 所示，从首子午面开始，由西向东按经差 6° 进行分带，称为 6° 带。全球共分 60 个带，带号依次编为 1，2，…，60。第 1 带的中央子午线的经度为 3°，第 2 带为 9°，以此类推，设带号为 N，第 N 带的中央子午线的经度为 λ_0^6，则

$$\lambda_0^6 = 6°N - 3° \tag{1-1}$$

6° 带投影的变形误差只能满足 1∶25000 或更小比例尺地形图测绘的精度要求，而 1∶10000 或更大比例尺地形图测绘应采用 3° 带投影。如图 1-7 下半部分所示。3° 带是从东经 1°30′ 开始，由西向东每 3° 分为一带，全球共分 120 个带。设 3° 带的带号为 n，中央子午线的

经度为 λ_0^3，则

$$\lambda_0^3 = 3°n \qquad (1\text{-}2)$$

需要说明，式(1-1)、式(1-2)适用于东半球，西半球则不同。我国幅员辽阔，南北方向从北纬 4° 至北纬 54°，东西方向从东经 72° 至东经 138°，6° 带从第 13 带至第 23 带共跨越了 11 个投影带，3° 带从第 24 带至第 45 带共跨越了 22 个投影带。

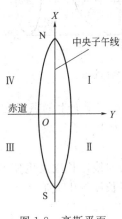

图 1-8　高斯平面
直角坐标系

(4) 高斯平面直角坐标系的建立　在每个高斯投影带中，以中央子午线的投影为纵轴 X，以赤道的投影为横轴 Y，以它们的交点投影为原点所构成的平面直角坐标系，称为高斯平面直角坐标系，如图 1-8 所示。

我国位于北半球，在高斯平面直角坐标系内，X 坐标均为正值，而 Y 坐标值有正有负。为了使用坐标的方便，避免 Y 坐标出现负值，规定将所有点的 Y 坐标值均加上 500km，因为在一个投影带中，$y_{min} > -400km$。Y 坐标值的变换相当于 X 坐标轴向西平移 500km，改正后的 Y 坐标恒为正。同时，为区分地面点位于哪一个投影带，在 Y 坐标值前冠以投影带的带号（我国 6° 带和 3° 带的带号不重叠）。经过以上两项处理后的坐标称为通用坐标。测绘部门提供的坐标成果均为通用坐标。

例如，中国某点 P 的高斯平面直角坐标为：

$$X_P = 4008441.664m$$
$$Y_P = 39510990.242m$$

说明该点位于赤道以北 4008441.664m，在 3° 带的第 39 带的中央子午线以东 10990.242m。

1.3.1.5　假定平面直角坐标系

当测绘区域较小时（面积 $S < 25km^2$），可以不考虑地球曲率的影响，把该地区的水准面看作平面。如果不方便或不需要采用高斯平面直角坐标系，可以假定一个平面直角坐标系来确定地面点的相对位置。如图 1-9 所示，坐标系的原点设在测区的西南边界外，尽可能以近似南北方向为纵轴 X 轴，向北为正；以相垂直的近似东西方向为横轴 Y 轴，向东为正。这样整个测区都落在第一象限内，纵横坐标都是正值，便于使用。

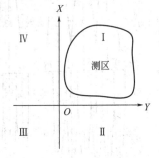

图 1-9　假定平面直角坐标系

需要说明，测量上直角坐标系的象限按顺时针排列，角度也按顺时针计量，这与数学坐标系正好相反，但三角函数公式完全适用于测量上的计算。假定平面直角坐标系也称独立平面直角坐标系。

1.3.2　地面点的高程

1.3.2.1　高程与高差

地面点到大地水准面的铅垂距离称为该点的绝对高程（高程），又称海拔。地面点到假定水准面的铅垂距离称为相对高程，也称假定高程。绝对高程是全国的统一高程系统，对于某些局部地区，不需要或联测统一高程有困难时，可采用相对高程。

地面点的高程通常用大写字母 H 表示，如图 1-10 中，A、B 两点的高程分别表示为 H_A、H_B。地面上两点间的高程之差称为高差，通常用小写字母 h 表示。在图 1-10 中，A、B 两点高差为

$$h_{AB}=H_B-H_A \qquad (1-3)$$

高差有正负之分，但高差与采用的水准面没有直接关系。

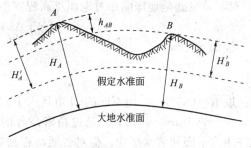

图 1-10 高程和高差

1.3.2.2 测量高程系

1949 年前，我国采用的高程系统很不统一。新中国成立后，根据青岛验潮站 1950～1956 年的观测资料，把推算的黄海平均海水面作为我国高程起算的基准面，其绝对高程为零。凡由此基准起算的高程，统称为"1956 年黄海高程系"。该高程系的水准原点（中华人民共和国水准原点）设在青岛市观象山上，其高程为 72.289m。

20 世纪 80 年代，我国又根据青岛验潮站 1952～1979 年潮汐的观测资料计算出新的平均海水面，重新推算该水准原点的高程为 72.260m。我国从 1987 年开始启用新的高程系统，并命名为"1985 国家高程基准"。在远离国家高程控制点的情况下，为了便于施工，在局部地区亦可建立假定高程系统。

1.4 地球曲率对基本观测量的影响

地球表面是一个曲面，将曲面上的图形投影到平面上，总会产生一些变形。本节讨论用水平面代替水准面对水平距离、水平角和高程的影响，以便明确可以代替的范围，或必要时加以改正。

1.4.1 地球曲率对水平距离的影响

在图 1-11 中，A、B、C 为地面点，设 A、B 两点在水准面上投影的距离为 D，在水平面上投影的距离为 D'，两者之差为 ΔD，将水准面近似地看成半径为 R 的圆球面。

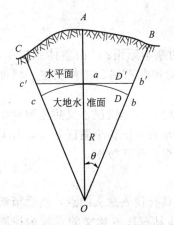

图 1-11 水平面代替
水准面的影响

则
$$\Delta D=D'-D \qquad (1-4)$$

经推导可得
$$\Delta D=\frac{D^3}{3R^2} \qquad (1-5)$$

或用相对误差表示为
$$\frac{\Delta D}{D}=\frac{D^2}{3R^2} \qquad (1-6)$$

取 $R=6371\text{km}$，用不同的 D 值代入上式，当 $D=10\text{km}$ 时，$\Delta D=0.0082\text{m}$，$\Delta D/D\approx1:1217000$；当 $D=20\text{km}$ 时，$\Delta D=0.0657\text{m}$，$\Delta D/D\approx1:304000$。因此，对精度要求较高的距离测量，在半径为 10km 的范围内，地球曲率对水平距离的影响可以忽略不计，可以用水平面代替水准面；对一般精度要求的距离测量，半径范围可放宽到 20km。当半径大于 20km 时，则必须考虑地球曲率的影响。

1.4.2 地球曲率对高程的影响

在图 1-11 中，Δh 是由于用水平面代替水准面对地面点高程所产生的误差，即 $\Delta h=$

$Bb-Bb'$，也就是地球曲率对地面点高程产生的影响。根据勾股定理可知

$$(R+\Delta h)^2 = R^2 + D'^2 \tag{1-7}$$

经推导可得

$$\Delta h = \frac{D^2}{2R} \tag{1-8}$$

取 $R=6371km$，用不同的 D 值代入上式，当 $D=100m$ 时，$\Delta h=0.8mm$；当 $D=200m$ 时，$\Delta h=3.1mm$，该误差已超过精密高程的精度要求。因此，在进行精密高程测量时，不允许用水平面代替水准面。但对普通高程测量而言，距离在 100m 之内时，也尽量采取措施避免地球曲率的影响。

1.4.3　地球曲率对水平角度的影响

由球面三角学可知，同一个空间多边形在球面上投影的各内角之和（β）大于其在平面上投影的各内角之和（β'），差值 $\varepsilon=\beta-\beta'$，称做球面角超。其计算公式为

$$\varepsilon = \rho'' \frac{P}{R^2} \tag{1-9}$$

式中，P 为球面多边形的面积；R 为地球半径；ρ'' 为一弧度对应的秒值，$\rho''\approx 206265''$。

球面角超的大小与图形面积成正比，当 $P=100km^2$ 时，$\varepsilon=0.51''$。因此，对于面积在 $100km^2$ 内的多边形，地球曲率对水平角度的影响只有在最精密的测量中才考虑，一般测量工作是不用考虑的。

1.5　测量工作概述

1.5.1　测量的基本工作

测量工作的基本目的是为了确定地面点的空间位置。地面点的空间位置通常用坐标和高程表示，而坐标和高程是通过测定待定点相对已知点之间的距离、角度和高程（高差），经过计算获得的。距离、角度和高程称为确定地面点位的基本定位元素。所以，测量的基本工作包括距离测量、角度测量和高程测量。

1.5.2　测量工作的基本原则

为保证测量成果满足精度要求，测量工作必须遵循一定的基本原则："由整体到局部，先控制后碎部；由高级到低级，步步有校核"。这一原则是针对控制布局、工作次序、精度要求、测量过程而言的，可全面地指导整个测绘工作。

遵循测量工作的基本原则，既可以保证测区控制的整体精度，杜绝错误，又防止测量误差积累而保证碎部测量的精度。另一方面，在完成整体控制测量后，把整个测区划分成若干局部，各个局部可以同时展开测图工作，从而加速工作进度，提高作业效率。

1.5.3　测量的几个基本概念

（1）控制测量与碎部测量　在测区范围内，选择一定数量具有代表意义的点，然后精确测出这些点的平面坐标和高程，这项工作称为控制测量。这些具有代表意义的点称为控制点。以控制点为基础，利用仪器和工具测定控制点周围的地表信息，然后按照规定比例尺和符号缩绘成地形图，这项工作称为碎部测量。根据"先控制后碎部"的测量工作原则，测量工作必须在测区内先进行控制测量，再进行碎部测量。控制测量必须遵循"由高级到低级"的原则，逐级控制。

（2）外业与内业　在室外进行的测量工作称为外业。外业工作主要是获取必要的数据，

如水平距离、角度和高差等。在室内进行的测量工作称为内业。内业工作主要是根据外业获取的测量数据进行计算、绘图和资料整理。无论哪种测量工作都必须认真严谨，随时检查，杜绝错误，遵循"步步有校核"的工作原则。

（3）地物与地貌　地面上固定性的物体，称为地物。根据地物形成的原因，地物又分自然地物和人工地物，如河流、湖泊、水库、果园、房屋、公路、路灯等。地球表面高低起伏的各种形态，称为地貌，如高山、丘陵和平原等。地物和地貌统称为地形。地形图测绘就是测量地表的地形信息，并绘制成图。

（4）平面图与地形图　地球表面高低起伏，形态各异。为满足科学研究和各项工程建设的需要，将地面上的点位和各种物体沿铅垂线方向投影到同一水平面上，然后相似地将这水平面上的图形按一定的比例和规定符号缩绘成图，这样制成的图形称为平面图。平面图只反映地物确切的位置、大小和相互间的距离，不反映地表形态的地势变化。按照一定的比例尺，表示地面上的地物与地貌的正射投影图，这种地图称为地形图。地形图不仅表示地面上各种物体的位置、形状和大小，而且还用特定的符号把地面高低起伏的形态表示出来。

本 章 小 结

本章主要介绍了测量学的研究对象、学科分类和基本任务，地球的形状与大小，地面点位的表示方法，地球曲率对基本观测量的影响，测量工作的基本原则。

1. 测绘学是对空间信息进行采集、处理、管理、更新和利用的科学与技术。现代测量学分为普通测量学、大地测量学、摄影测量学、工程测量学、地图制图学和海洋测量学。测量学的基本任务包括地形图测绘和施工放样。

2. 大地体代表了地球的形状与大小，大地水准面是测量的基准面，参考椭球面是计算的基准面。地面点的位置可用坐标和高程表示，常用的坐标系有地理坐标系、空间直角坐标系、WGS-84 坐标系、高斯平面直角坐标系。高程分为绝对高程和相对高程。

3. 测量的基本工作包括距离测量、角度测量和高程测量，测量工作的基本原则是"由整体到局部，先控制后碎部，由高级到低级，步步有校核"。用水平面代替水准面对水平距离的影响在 10km 范围内可以忽略，而对高程测量必须考虑其影响。

思 考 题

1. 测绘学科的研究对象是什么？什么是测图？什么是测设？
2. 什么是水准面？水准面有何特性？何谓大地水准面？
3. 测量中采用的平面直角坐标系与数学中的平面直角坐标系有何不同？
4. 何谓高斯投影？高斯投影为什么要分带？如何分带？
5. 地面上某点的经度为东经115°35′，求该点所在高斯投影6°带和3°带的带号及其中央子午线的经度？
6. 高斯平面直角坐标系是如何建立的？什么是通用坐标？
7. 什么叫绝对高程？什么叫相对高程？什么叫高差？
8. 用水平面代替水准面，地球曲率对水平距离、高程和水平角有何影响？
9. 测量的基本工作有哪些？测绘工作应遵循哪些原则？

第2章 水 准 测 量

高程是确定地面点相对位置的三个基本要素之一。利用仪器测定地面点高程的工作称为高程测量。根据所用仪器和方法的不同，高程测量可分为水准测量、三角高程测量、GPS高程测量、气压高程测量等。其中，水准测量的精度最高，在控制测量和工程测量中的应用最为广泛。本章主要介绍水准测量的原理、水准仪的使用、普通水准、四等水准测量的方法及内业计算，水准测量误差的来源及消减方法等。

2.1　水准测量的原理

水准测量的原理是利用仪器提供的水平视线测得两点之间的高差，然后由已知点的高程推算出未知点的高程。

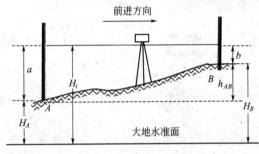

图 2-1　水准测量原理

如图 2-1 所示，已知 A 点高程为 H_A，欲求得 B 点高程。先在 A、B 两点上各立一根带有刻划的尺子（水准尺），并在 A、B 两点间安置一台能提供水平视线的仪器（水准仪），通过观测计算可求得 B 点的高程。

2.1.1　高差测量

设水平视线在 A、B 尺上的读数分别 a、b，图中测量工作的前进方向是从 A 点到 B 点，称 A 点为后视点，B 点为前视点，读数 a、b 分别称为后视读数和前视读数。从图 2-1 可知，A、B 两点间的高差等于后视读数 a 减去前视读数 b，即

$$h_{AB} = a - b \tag{2-1}$$

当 $a > b$ 时，高差为正，说明 B 点高于 A 点；当 $a < b$ 时，高差为负，说明 B 点低于 A 点；当 $a = b$ 时，高差为零，说明 A、B 两点等高。另外，h_{AB} 与 h_{BA} 符号相反，即 $h_{AB} = -h_{BA}$。

2.1.2　高程计算

高程的计算有两种方法：高差法和视线高法。

（1）高差法　由于 A 点高程 H_A 已知，根据所测高差 h_{AB}，则可计算 B 点高程：

$$H_B = H_A + h_{AB} = H_A + (a - b) \tag{2-2}$$

（2）视线高法　如图 2-1 所示，水平视线到大地水准面的铅垂距离称为视线高程，简称视线高，用 H_i 表示。

$$H_i = H_A + a \tag{2-3}$$

则 B 点的高程为：

$$H_B = H_i - b = (H_A + a) - b \tag{2-4}$$

视线高法只需安置一次仪器就可测出多个前视点的高程。此法在工程测量中比较常用。

2.2　微倾水准仪及其使用

水准测量使用的仪器和工具主要有水准仪、水准尺和尺垫。水准仪是水准测量的主要仪器，按其精度可分为 DS_{05}、DS_1、DS_3、DS_{10} 和 DS_{20} 五个等级。"D"和"S"分别表示中文"大地测量"和"水准仪"中首个汉字的汉语拼音的首字母；下标"05"、"1"、"3"等数字表示精度，即该类仪器每公里往返测量高差中数的中误差，以 mm 为单位。DS_3 型和 DS_{10} 型水准仪称为普通水准仪，DS_{05} 型和 DS_1 型水准仪称为精密水准仪。水准仪按其结构可分为微倾式水准仪、自动安平水准仪和电子水准仪等类型。

本节主要介绍工程上常用的 DS_3 型微倾式水准仪和其他常用测量工具。

2.2.1　微倾式水准仪的构造

图 2-2 为国产 DS_3 型微倾水准仪，它主要由望远镜、水准器和基座三部分组成。

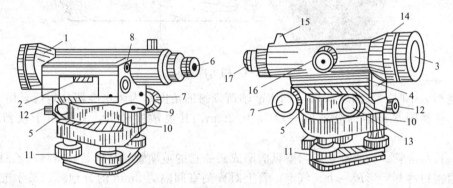

图 2-2　DS_3 型水准仪的结构

1—望远镜；2—符合水准器；3—物镜；4—连接弹簧；5—支架；6—目镜；7—微倾螺旋；
8—符合水准器观察窗；9—圆水准器；10—基座；11—脚螺旋；12—制动螺旋；
13—微动螺旋；14—准星；15—照门；16—物镜调焦螺旋；17—目镜调焦螺旋

2.2.1.1　望远镜

望远镜的主要作用是观测不同距离的目标，并提供一条水平视线。望远镜由物镜、调焦透镜、目镜和十字丝分划板等组成。

观测目标经过物镜进入水准仪，通过调节调焦螺旋可改变调焦透镜的位置，使观测目标的像清晰地落在十字丝的分划板上。目镜能将十字丝和目标像同时放大。十字丝分划板是安装在物镜与目镜之间的一块平板玻璃，上面刻有两条相互垂直的细线，称为十字丝，如图 2-3 所示。竖的一条是竖丝，中间横的一条称为中丝（或横丝）。上下两根短丝为视距丝，又称上丝和下丝。十字丝的作用是精确瞄准目标。瞄准目标或在水准尺上读数时，应以十字丝的中心交点为准。十字丝交点与物镜光心的连线称为视准轴。人眼通过目镜看到的目标像的视角与肉眼直接看到目标的视角之比，称做望远镜的放大倍数。DS_3 微倾式水准仪望远镜的放大倍数一般不小于 30 倍。

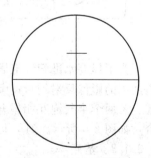

图 2-3　十字丝示意图

为控制望远镜的左右转动，水准仪上都安装了一套制动和微动装置，用来固定望远镜或让其微小转动，确保精确瞄准目标。为方便瞄准目标，望远镜上还安置了准星与照门。

2.2.1.2 水准器

水准器有圆水准器和长水准管两种。

（1）圆水准器 圆水准器是一个安装在基座上的圆柱形玻璃盒，其内装有酒精和乙醚的混合液，高温密封冷却后形成圆气泡。圆水准器顶面内壁为球面，中央刻有直径 5～8mm 的圆圈，其圆心即是水准器的零点，连接零点与球心的直线为圆水准器的水准轴，简称圆水准轴。气泡居中时，圆水准轴就处于铅垂位置，如图 2-4 所示。此时只要圆水准轴平行仪器竖轴，则仪器竖轴就处于铅垂位置。

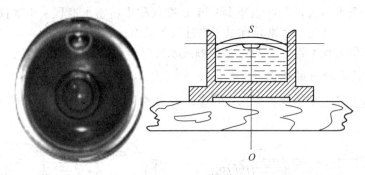

图 2-4 圆水准器

气泡不居中时，每偏离 2mm，圆水准轴所倾斜的角度称为圆水准器分划值，用"τ"表示。DS$_3$ 仪器圆水准器的分划值一般为 8$'$/2mm，其灵敏度较低，只能用于仪器的粗略整平。

（2）长水准管 长水准管是内壁纵向磨成圆弧状的玻璃管，其内装有酒精和乙醚的混合液，高温密封冷却后形成一个长气泡，管上对称刻有间隔为 2mm 的分划线。长水准管内壁圆弧中心点称为长水准管的零点。管内圆弧中点处的切线称为水准管轴。当气泡居中时，长水准管轴水平，此时若水准管轴平行于视准轴，则视准轴也就水平了，如图 2-5 所示。

长水准管每 2mm 弧长所对应的圆心角称为水准管分划值。DS$_3$ 仪器的长水准管分划值一般为 20$''$/2mm，其灵敏度较高，因此长水准管用于精平视线。

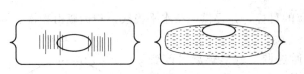

图 2-5 水准器示意图（长水准管）

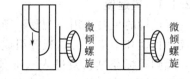

图 2-6 气泡调节

为了提高水准管气泡居中精度，便于观测，在长水管上方装有一组棱镜，将长水准管气泡两端的影像反射到目镜旁边的气泡观察孔中。当气泡居中时，两个半泡的影像就符合在一起；若两个半气泡互相错开，则表明长水准管气泡不居中，此时可旋转微倾螺旋使气泡符合，如图 2-6 所示。测量上将这种带有符合棱镜的水准器称为符合水准器。

2.2.1.3 基座

基座主要由轴座、脚螺旋和连接螺旋组成。轴座用来支撑仪器上部；脚螺旋用来调节圆水准器，使圆水准气泡居中，从而实现仪器粗平；连接螺旋用来连接仪器与三脚架。

2.2.2 水准尺和尺垫

2.2.2.1 水准尺

水准尺是供测量照准读数用的标尺。水准尺按尺形分为直尺、折尺以及塔尺等，直尺和塔尺较为常用。如图 2-7(a) 所示为直尺；按尺面分为单面尺和双面尺。单面水准尺起始读数为零，按 1cm 的分划涂以黑白相间的分格。双面水准尺又称红、黑面尺，每两根组成一对，尺长均为 3m。尺子黑面同单面尺，红面也按 1cm 的分划涂以红白相间的分格，但尺底起点不同，一根为 4.687m，另一根为 4.787m，这样注记的目的是为了校核观测时的读数。双面尺一般用于精度要求较高的水准测量，必须成对使用。

2.2.2.2 尺垫

尺垫用生铁铸成，一般呈三角形，下有 3 个尖脚，中央有一个突起的小半球，如图 2-7(b) 所示。尺垫使用时将其尖脚踩入土中，防止水准尺下沉和点位移动，在半球顶部竖立水准尺，但在已知或待测的水准点禁止使用尺垫。

2.2.3 水准仪的使用

水准仪的使用包括水准仪的安置、粗平、调焦与瞄准、精平、读数。

2.2.3.1 安置

打开三脚架，调节架腿长度，张开放置脚架，使其高度适中；然后从箱中取出仪器，并记住仪器在箱中的位置，将仪器放在架头上，用连接螺旋将其与三脚架连紧；调节仪器的各脚螺旋至适中位置，固定两条架腿，调整第三条架腿的位置，使其大致成等边三角形，并目估架头大致水平，再将三脚架踩实。

2.2.3.2 粗平

粗平是转动脚螺旋使圆水准气泡居中，目的是使仪器竖轴铅直，视线大致水平。如图 2-8 所示，

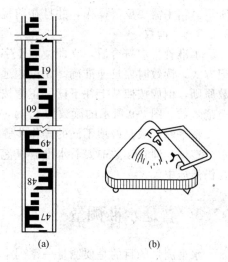

图 2-7 水准尺与尺垫

先任选一对脚螺旋，按气泡运行的方向（与左手大拇指旋转方向一致），用双手同时反向转动两个脚螺旋，将气泡调至这两个脚螺旋连线的垂直平分线上，再调节第三个脚螺旋使气泡居中。此项操作需要反复进行，直至圆水准气泡居中为止。

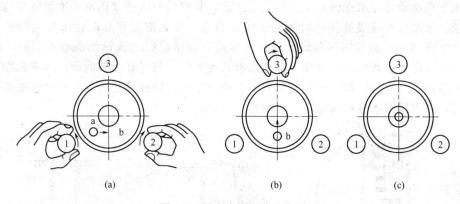

图 2-8 圆水准器调节示意图

2.2.3.3 调焦与瞄准

调焦与瞄准的作用是使观测者能通过望远镜看清楚并瞄准水准尺，以便正确读数。

① 目镜调焦 将望远镜照准远处明亮背景，旋转目镜调焦螺旋使十字丝最清晰。

② 粗略瞄准 松开制动螺旋，转动望远镜，用缺口和准星瞄准水准尺后，拧紧制动螺旋。

③ **物镜调焦**　转动物镜调焦螺旋使水准尺的像清晰地落在十字丝分划板上。

④ **精确瞄准**　转动水平微动螺旋使十字丝竖丝照准水准尺的中间。

⑤ **消除视差**　当眼睛在目镜前上下移动时，发现十字丝和尺像有相对移动的现象称为视差。产生视差的原因是由于调焦不准，水准尺的像没有严格落在十字丝分划板上。视差的存在会影响测量结果的准确性，因此测量中必须消除视差。消除视差的方法是再仔细地进行目镜调焦和物镜调焦，使得十字丝调到最清晰，水准尺的像清晰地落在十字丝分划板上。

2.2.3.4　精平

精平是在读数前转动微倾螺旋使符合水准气泡严格居中，从而使视准轴精确水平。旋转微倾螺旋时，右手大拇指的运动方向与符合气泡左侧半个气泡像的移动方向一致，如图 2-6 所示。精平需要反复操作，并且在前视、后视读数之前都要进行精平。

2.2.3.5　**读数**

水准管气泡符合后，立即读取十字丝横丝在水准尺上的读数。读数前要清楚水准尺的注记方式，读数时要迅速准确。无论望远镜成正像还是成倒像，在读数时应遵循从小到大的读数原则，倒像按照从上往下读，正像按照从下往上读，分别读出米、分米、厘米数，并估读至毫米数。图 2-9 所示的读数为 0714，四位读数，单位为 mm。

精平和读数是两项不同的操作步骤，但在水准测量的使用过程中，常把这两项操作视为一个整体，即在读数前要看水准管气泡是否吻合，精平后再读数，读数后要立即检查气泡是否仍然居中。

2.3　普通水准测量

水准测量的目的是要测量一系列未知点的高程。水准测量按精度高低可以分为Ⅰ、Ⅱ、Ⅲ、Ⅳ四个等级。工程建设中多采用Ⅳ等水准测量及Ⅳ等以下的普通水准测量。

2.3.1　水准点与水准路线

2.3.1.1　水准点

用水准测量的方法测算出高程的点，称为水准点，通常用 *BM*（Beach Mark）表示。国家等级水准点必须埋设水准标志，并绘出点之记，其埋设方法在《国家水准测量规范》中有明确规定。水准点按等级及保存时间的长短分为永久性水准点和临时性水准点两种，如图 2-10、图 2-11 所示。需长期保存的永久性水准点一般用混凝土或钢筋混凝土制成，桩顶嵌入顶面为半球形的金属标志，桩面上标明水准点的等级、编号和设置时间。不需长期保存的临时性水准点，可选用地面上突出的坚硬岩石或固定建筑物的墙角等处，用红色油漆进行标记和注记，也可用大木桩打入地下，桩顶钉一个钢钉。

图 2-9　水准尺读数

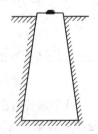

图 2-10　永久性水准点

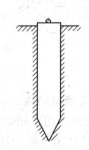

图 2-11　临时性水准点

2.3.1.2　水准路线

水准测量所经过的线路称为水准路线。水准路线有单一水准路线和水准网两种，单一水准路线有 3 种基本布设形式。

① 闭合水准路线　从某一已知高程水准点出发，沿若干待测高程点进行水准测量，最后又回到原已知点所构成的环形路线称为闭合水准路线，如图 2-12(a) 所示。

② 附合水准路线　从某一已知高程水准点出发，沿若干待测高程点进行水准测量，最后测到另一已知高程水准点所构成的路线称为附合水准路线，如图 2-12(b) 所示。

③ 支水准路线　从某一已知高程水准点出发，沿若干待测高程点进行水准测量，既不闭合也不附合的路线称为支水准路线，如图 2-12(c) 所示。为了校核，支水准路线应进行往返测量。

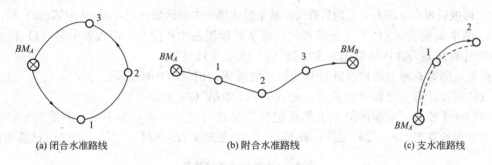

(a) 闭合水准路线　　　　　　(b) 附合水准路线　　　　　　(c) 支水准路线

图 2-12　水准路线的种类

2.3.2　水准测量的实施

水准测量时，当地面上两点之间的距离较远或地势起伏较大时，仅安置一次仪器不可能测出它们之间的高差，此时需要选择若干个过渡点，连续多次安置水准仪，才能测出两点之间的高差。这些起传递高程作用的过渡点称为转点，用 TP（Turning Point）表示，如图 2-13 所示。

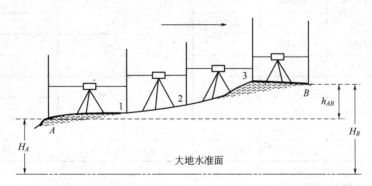

图 2-13　连续水准测量

显然，每安置一次仪器就可测出一段高差，即

$$h_1 = a_1 - b_1$$

$$h_2 = a_2 - b_2$$

$$\vdots$$

$$h_n = a_n - b_n$$

将上述各式相加得：

$$\sum h_i = \sum_{i=1}^{n} a_i - \sum_{i=1}^{n} b_i \qquad (2\text{-}5)$$

测出两点间的高差后，根据起始点 A 的高程，计算 B 点高程：

$$H_B = H_A + \sum h \qquad (2\text{-}6)$$

由式(2-5)可知，A、B 两点间的高差等于两点间各测站高差的代数和，也等于后视读数之和减去前视读数之和。在测量计算时，式(2-5)通常用于计算校核。

现仍以图 2-13 为例，介绍普通水准测量的观测步骤、记录计算方法。

(1) 测站观测与记录计算　选好第一个转点 TP_1，在 BM_A 和 TP_1 两点间安置仪器进行第一站观测。测站观测步骤如下。

① 安置并粗平仪器。

② 瞄准后视点（BM_A）上的后视尺，精平后读黑面中丝读数，记入表 2-1 中第（3）栏。

③ 瞄准前视点（TP_1）上的前视尺，精平后读黑面中丝读数，记入表中第（4）栏。

④ 计算高差，并将结果记入表中第（5）或第（6）栏。

按上述测站观测方法依次进行其他测站的观测、记录和计算工作。

(2) 高程计算　计算 B 点高程，记入表 2-1 中第（7）栏。

(3) 计算校核　水准测量要求每页记录都要进行计算校核，如表 2-1 中最后一栏的计算，先分别计算出 $\sum a$、$\sum b$、$\sum h$，若 $\sum a - \sum b = \sum h$ 及 $H_B - H_A = \sum h$，则说明计算正确。

表 2-1　水准测量观测手簿

测站	点号	水准尺读数/m		高差/m		高程/m	备注
		后视(a)	前视(b)	+	−		
(1)	(2)	(3)	(4)	(5)	(6)	(7)	(8)
1	A	0.576		0.236		49.872	
	TP_1		0.340				
2	TP_1	1.263		0.572			
	TP_2		0.691				
3	TP_2	0.743		0.319			
	TP_3		0.424				
4	TP_3	1.005			0.411		
	B		1.416			50.588	
计算		$\sum a = 3.587$	$\sum b = 2.871$	$\sum = +1.127$	$\sum = -0.411$		
校核		$\sum a - \sum b = +0.716$		$\sum h = +0.716$		$= +0.716$	

2.3.3　水准测量的校核方法

计算校核只能检查出计算有无错误，不能检查观测是否有误。因此，水准测量中还要采用一定的方法进行校核。

2.3.3.1　测站校核

为保证测量精度，在每站观测时都要进行测站校核。测站校核常用的方法有双面尺法和变动仪器高法。

① 双面尺法　用双面尺的红、黑面所测高差进行校核，当这两个高差之差不大于 6mm 时，取其平均值作为该站高差，否则应重测。

② 变动仪器高法　在每个测站上观测一次高差后，在原地重新升高或降低仪器高度 10cm 以上，再测一次高差，若这两个高差之差不大于 6mm，则取其平均值，否则应重测。

2.3.3.2　路线校核

即使每个测站的观测计算符合要求，对一条水准路线而言，有些误差在一个测站上的反映不很明显，但随着测站数的增多，这些误差积累起来就有可能使整条水准路线的测量成果产生较大的差异。因此，水准测量外业结束后，还要对水准路线高差测量成果进行校核计算。

测量上把水准路线高差观测值与其理论值之差称为水准路线的高差闭合差 f_h。单一水准路线高差闭合差的计算公式如下。

(1) 闭合水准路线　由于闭合水准路线高差的理论值 $\sum h_{理}$ 等于零，所以其高差闭合差为

$$f_h = \sum h_{测} - \sum h_{理} = \sum h_{测} \tag{2-7}$$

(2) 附合水准路线　附合水准路线高差理论值为 $\sum h_{理} = H_{终} - H_{始}$，其高差闭合差为

$$f_h = \sum h_{测} - \sum h_{理} = \sum h_{测} - (H_{终} - H_{始}) \tag{2-8}$$

(3) 支水准路线　支水准路线一般采用往返观测进行校核，往返观测高差的绝对值理论上应该相等，其高差闭合差为

$$f_h = |\sum h_{往}| - |\sum h_{返}| \tag{2-9}$$

《国家水准测量规范》对各等级水准测量路线高差闭合差的最大容许值作了具体的规定。普通水准测量的路线高差闭合差容许值为

$$f_{h容} = \pm 40\sqrt{L}(\text{mm}) \tag{2-10}$$

或

$$f_{h容} = \pm 12\sqrt{n}(\text{mm}) \tag{2-11}$$

式中　L——水准路线长度，km；

n——测站总数；支水准路线的 L 或 n 以单程计。

平坦地区进行水准测量时，用式(2-10) 计算，山区测量（每公里测站数＞15）时采用式(2-11) 计算。

2.4　四等水准测量

在小区域进行地形图测绘或施工放样时，一般以三等或四等水准网作为首级高程控制。三、四等水准测量应从附近的国家一、二级水准点引测。本节主要介绍四等水准测量的技术要求与实施方法。

2.4.1　四等水准测量的技术要求

2.4.1.1　四等水准路线的布设

根据工程建设和测图的需要，在充分收集相关资料的基础上，通过实地勘察，选择地面坡度较小、便于施测的地方布设水准路线。水准路线一般布设成闭合或附合水准路线，在特殊情况下，可布设成支水准路线。

2.4.1.2　四等水准的技术要求

四等水准路线长度应不超过 15km，闭合或附合水准路线进行单程观测，支水准路线必须进行往返观测。四等水准测量应采用不低于 DS₃ 级精度的水准仪施测，配用 3m 长的双面水准尺，并成对使用。

在每个测站上，要求视线长不大于 100m，前后视距差不大于 5m，前后视距差的积累值不大于 10m，红黑面尺的读数差不大于 3mm，红黑面高差之差不大于 5mm，望远镜视线的高度以十字丝上、中、下丝均能在水准尺上读数为宜，视线应高出地面 0.2m 以上。

2.4.2 四等水准测量的实施

2.4.2.1 一个测站上的观测程序

如表 2-2 所示，在一个测站上整平仪器后，其观测顺序如下：

① 照准后视尺黑面，精平水准管气泡后，读取下丝、上丝、中丝读数。记入表中（1）、（2）、（3）的位置。

② 照准后视尺红面，精平水准管气泡后，读取中丝读数。记入表中（4）的位置。

③ 照准前视尺黑面，精平水准管气泡后，读取下丝、上丝、中丝读数。记入表中（5）、（6）、（7）的位置。

④ 照准前视尺红面，精平水准管气泡后，读取中丝读数，记入表中（8）的位置。

这样的观测程序称之为"后—后—前—前"，即"黑—红—黑—红"。在每个测站上读数完毕后，应立即进行计算与校核，符合各项要求后方能迁站。

2.4.2.2 测站上的记录、计算与校核

（1）记录　四等水准测量的记录见表 2-2。表中（1）～（8）栏是记录每个测站上的 8 个读数。观测员报出读数后，记录员在复诵后立即记入表中的对应位置，所记数字要书写工整、清晰，不能随意涂改。记录员还要边记录边计算，计算结果填入（9）～（18）的相应栏中。

（2）计算与校核　四等水准测量在一个测站上的计算与校核主要有视距计算、黑红面读数差计算、黑红面高差计算和高差中数的计算。

① 视距计算

后视距（9）＝[（1）－（2）]×100，表中第一站后视距为（1.573－1.199）×100＝37.4（m）。

前视距（10）＝[（5）－（6）]×100，表中第一站前视距为（0.739－0.363）×100＝37.6（m）。

前后视距差（11）＝（9）－（10），表中第一站前后视距差为 37.4－37.6＝－0.2（m）。

前后视距累积差（12）＝本站（11）＋前站（12），表中的第一站为－0.2m，第二站为（－0.1）＋（－0.2）＝－0.3（m）。

② 黑红面读数差计算与校核

后视尺黑红面读数差（14）＝K_1＋（3）－（4）≤±3mm，表中第一站 4.787＋1.384－6.171＝0（mm）。

前视尺黑红面读数差（13）＝K_2＋（7）－（8）≤±3mm，表中第一站为 4.687＋0.551－5.239＝－1（mm）。

③ 黑红面高差计算与校核

黑面高差（15）＝（3）－（7），表中第一站为 1.384－0.551＝＋0.833（m）。

红面高差（16）＝（4）－（8），表中第一站为 6.171－5.239＝＋0.932（m）。

黑红面高差之差（17）＝（15）－[（16）±0.1]，表中第一站为 0.833－（0.932－0.1）＝＋1（mm）。

校核(17)＝(14)－(13)，表中第一站 0－(－1)＝＋1(mm)。

④ 高差中数的计算

高差中数(18)＝{(15)＋[(16)±0.1]}/2，表中第一站为[0.833＋(0.932－0.1)]/2＝＋0.8325(m)。

由于一对尺子的红面尺常数之差为 0.1m，所以两尺的红面中丝读数相减所得的高差与黑面尺高差相差 0.1m。在高差计算时，以黑面为准，若红面高差大于(或小于)黑面高差，则将红面高差减去(或加上)0.1m 后，再与黑面高差取平均值作为高差中数。记录计算时，应特别注意数据的单位。表 2-2 中，(1)～(8)项为原始数据，记录时以 mm 为单位；(13)、(14)、(17)为观测误差，以 mm 为单位；(9)～(12)、(15)～(16)、(18)以 m 为单位。

(3) 每页计算的总校核　在每测站校核的基础上，应进行每页计算的校核。具体方法如下：

$\sum(15)=\sum(3)-\sum(7)$；

$\sum(16)=\sum(4)-\sum(8)$；

$\sum(9)-\sum(10)=$本页末站(12)－前页末站(12)；

测站数为偶数时，$\sum(18)=[\sum(15)+\sum(16)]/2$；

测站数为奇数时，$\sum(18)=[\sum(15)+\sum(16)±0.1]/2$。

表 2-2　四等水准测量观测手簿

测站号	测点号	后尺 下丝 上丝	前尺 下丝 上丝	方向及尺号	水准尺中丝读数 黑面	水准尺中丝读数 红面	K＋黑－红	平均高差	备注
		后视距离	前视距离						
		前后视距差	累积差						
		(1)	(5)	后	(3)	(4)	(14)		
		(2)	(6)	前	(7)	(8)	(13)		
		(9)	(10)	后－前	(15)	(16)	(17)	(18)	
		(11)	(12)						
1	A	1573	0739	后1	1384	6171	0		
		1199	0363	前2	0551	5239	－1		
		37.4	37.6	后－前	＋0.833	＋0.932	＋1	＋0.8325	
	1	－0.2	－0.2						
2	1	2121	2195	后2	1933	6620	0		
		1747	1820	前1	2007	6795	－1		
		37.4	37.5	后－前	－0.074	－0.175	＋1	－0.0745	
	2	－0.1	－0.3						
3	2	1914	2055	后1	1727	6514	0		
		1539	1678	前2	1867	6555	－1		
		37.5	37.7	后－前	－0.140	－0.041	＋1	－0.1405	
	3	－0.2	－0.5						
4	4	0694	2917	后1	0470	5258	－1		
		0236	2467	前2	2690	7577	0		
		45.8	45.0	后－前	－2.220	－2.319	－1	－2.2195	
	B	＋0.8	＋0.3						
校核计算		$\sum(9)-\sum(10)=158.1-157.8=+0.3$ 末站(12)＝＋0.3			$\sum(15)=-1.601$ $\sum(16)=-1.603$ $[\sum(15)+\sum(16)]÷2=-1.602$			$\sum(18)=-1.602$	

2.4.2.3 四等水准测量的内业成果整理

当一条水准路线的测量工作完成以后，首先应将手簿的记录和计算进行详细检查。如果没有错误，即可计算水准路线的高差闭合差。高差闭合差在规定的限差以内时，方能进行高差闭合差的调整和高程计算，具体方法见下节。四等水准测量闭合差的计算公式如下：

$$f_{h容} = \pm 20\sqrt{L} \text{(mm)} \tag{2-12}$$

或

$$f_{h容} = \pm 6\sqrt{n} \text{(mm)} \tag{2-13}$$

2.5 水准测量成果的内业计算

2.5.1 水准测量成果的内业计算步骤

2.5.1.1 路线高差闭合差的计算

根据不同的水准路线，分别选用前述式(2-7)、式(2-8) 或式(2-9)计算其路线高差闭合差 f_h。

2.5.1.2 路线容许闭合差的计算

根据水准路线的等级选用相应公式计算 $f_{h容}$，若 $|f_h| \leqslant |f_{h容}|$，则认为外业测量精度合格，可以进行下一步高差闭合差的调整计算；若 $|f_h| > |f_{h容}|$ 时，应查明原因，返工重测。

2.5.1.3 高差闭合差的调整

一般情况下，同一条水准路线的观测条件基本相同。因此，可以认为每个测站观测时产生的误差大致相等。高差闭合差的调整原则是：将高差闭合差反符号，按与路线长度或测站数成正比进行分配。各测段的高差改正数为

$$V_i = \frac{-f_h}{\sum L} \times L_i \quad \text{或} \quad V_i = \frac{-f_h}{\sum n} \times n_i \tag{2-14}$$

式中，V_i 为每测段的改正数；L_i 为第 i 测段的路线长度，km；n_i 为第 i 测段的测站数。

在计算出 V_i 后，要用公式 $\sum V_i = -f_h$ 检查计算正确与否。

2.5.1.4 计算各点高程

将各测段的实测高差分别加上相应的 V_i 可得各测段调整后的高差 h'，然后根据起始点高程，利用式 (2-2) 逐一计算各待测点的高程。计算中要注意高程校核。

2.5.2 闭合水准路线计算

设有一闭合水准路线，从 BM_A 点开始，采用普通水准观测，经过 1、2、3 点，最后回到起始点 BM_A。将测得各段的高差和距离各项数据填入表 2-3，其中高差以 m 为单位，距离以 km 为单位。计算过程如下：

① 计算 f_h $\quad f_h = \sum h - (H_终 - H_始) = \sum h = +0.040$ （m）

② 计算 $f_{h容}$ $\quad f_{h容} = \pm 40\sqrt{L} = \pm 40\sqrt{4} = \pm 80$(mm)

③ 高差闭合差调整 因为 $f_h \leqslant f_{h容}$，所以，外业测量成果符合规定的容许误差要求，可按式(2-14) 对 f_h 进行调整。具体见表 2-3。

④ 计算各点高程 根据 BM_A 点高程和各段改正后高差，分别计算各待定点高程，最后比较计算的 BM_A 点高程是否等于已知高程，以校核计算的准确性。

表 2-3　闭合水准路线高差误差配赋表

点　号	距离 /km	高差			高程 /m	备　注
		观测值/m	改正数/m	改正后高差/m		
BM_A	1.20	+1.636	−0.012	+1.624	30.000	已知高程
1	0.65	+1.824	−0.006	+1.818	31.624	
2	1.30	−1.420	−0.013	−1.433	33.442	
3	0.85	−2.000	−0.009	−2.009	32.009	
BM_A					30.000	校核
$\sum$	4.00	+0.040	−0.040	0.000		
辅助计算	$f_h = \sum h = +0.040(\text{m})$ $f_{h容} = \pm 40\sqrt{L} = \pm 40\sqrt{4} = \pm 80(\text{mm})$　$\lvert f_h \rvert \leqslant \lvert f_{h容} \rvert$，成果合格					

2.5.3　附合水准路线计算

设有一附合水准路线，起点 BM_A、终点 BM_B 为两个已知水准点，1、2、3 为未知点，采用四等水准测量观测。将测得各段高差和距离各项数据填入表 2-4，其中高差以 m 为单位，距离以 km 为单位。计算过程如下：

① 计算 f_h　　$f_h = \sum h - (H_终 - H_始) = +38$（mm）

② 计算 $f_{h容}$　　$f_{h容} = \pm 6\sqrt{n} = \pm 6\sqrt{54} = \pm 44$（mm）

③ 高差闭合差调整　因为 $f_h \leqslant f_{h容}$，外业测量成果符合规定的容许差要求，可根据式 (2-14) 对 f_h 进行调整。具体见表 2-4。

表 2-4　附合水准路线高差误差配赋表

点　号	测站数	高差			高程 /m	备　注
		观测值/m	改正数/mm	改正后高差/m		
BM_A	12	+2.785	−8	+2.777	56.345	已知高程
1	18	−4.369	−13	−4.382	59.122	
2	13	+1.980	−9	+1.971	54.740	
3	11	+2.345	−8	+2.337	56.711	
BM_B					59.048	已知高程
$\sum$	54	+2.741	−38	+2.703		
辅助计算	$f_h = \sum h - (H_B - H_A) = +38(\text{mm})$ $f_{h容} = \pm 6\sqrt{n} = \pm 6\sqrt{54} = \pm 44(\text{mm})$　$\lvert f_h \rvert \leqslant \lvert f_{h容} \rvert$，合格					

④ 计算各点高程　根据 BM_A 点高程和各段改正后高差分别计算各待定点高程，最后计算 BM_B 点高程以做校核。

2.5.4　支水准路线计算

支水准路线测量成果计算时，若高差闭合差满足限差要求，则取往测高差和返测高差相反数的平均值作为改正后的高差，然后由已知点的高程依次推算出各点的高程。因支导线计算无校核条件，应两人同时计算，防止出现错误。

2.6 水准仪的检验与校正

水准仪出厂前，虽然进行了严格的检验与校正，但由于长期使用以及在运输过程中振动和碰撞等原因，使得仪器各轴线的几何关系逐渐发生变化。因此，要定期对水准仪进行检验与校正。

水准仪有四条主要轴线，即视准轴 CC、水准管轴 LL、圆水准器轴 $L'L'$、仪器竖轴 VV。水准仪主要轴线之间的几何关系如图 2-14 所示，应满足下列条件：

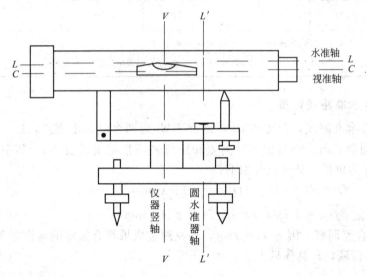

图 2-14 水准仪的圆水准轴与竖轴

① 水准管轴平行于视准轴，即 $LL//CC$。
② 圆水准器轴平行于仪器的竖轴，即 $L'L'//VV$。
③ 十字丝横丝垂直于竖轴 VV。

在进行水准测量之前，必须对上述多项条件进行检验和校正，使各轴线满足上述关系。

2.6.1 圆水准器轴的检验与校正

（1）校正目的　使圆水准器轴平行于仪器竖轴。

（2）检验方法　安置仪器后，转动脚螺旋使圆水准气泡居中，如图 2-15（a）所示，转动望远镜 180°，若气泡仍居中，说明条件满足，否则，两轴线不平行，如图 2-15（b）所示。

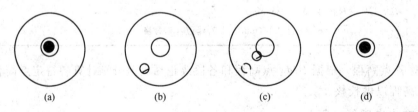

图 2-15 圆水准器轴的检验与校正

（3）校正方法　在上述检验的基础上，首先转动脚螺旋使气泡回到偏离零点的一半位置，此时仪器竖轴处于铅垂位置，如图 2-15（c）所示，拨动圆水准器校正螺丝，使气泡居中，此时，圆水准器轴与竖轴平行，如图 2-15(d) 所示。注意此项校正应反复进行，直至仪器旋转到任何位置圆水准气泡都居中为止。

2.6.2　十字丝横丝的检验与校正

(1) 校正目的　使十字丝横丝垂直于仪器竖轴。

(2) 检验方法　安置仪器，用十字丝横丝对准远处一明显标志，固定制动螺旋，缓缓转动微动螺旋，若标志始终沿着横丝移动，说明十字横丝垂直竖轴，如图 2-16(a) 所示。否则，应进行校正，如图 2-16(b) 所示。

(3) 校正方法　取下十字丝护罩，松开十字丝环的 4 个固定螺钉，微微转动十字丝环使横丝水平，最后拧紧固定螺钉，旋回护罩。

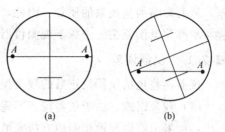

图 2-16　十字丝横丝的检验与校正

2.6.3　水准管轴的检验与校正

(1) 校正目的　当水准管气泡居中时，使水准管轴平行于视准轴。

(2) 检验方法　若水准管轴不平行于视准轴，则当水准管气泡居中（即水准管轴水平）时，视准轴呈倾斜位置，此时在水准尺上读数所产生的误差大小与仪器到水准尺的距离成正比。若仪器距前后视两点距离相等，则两尺上的读数误差也相等。因此，可采用下述方法进行检验。

① 选择场地　如图 2-17(a) 所示，在地面选取大致成直线的 A、C、B 三点，并使 AC 和 CB 都等于 50m，用木桩或尺垫做好标志。

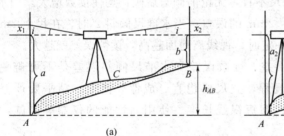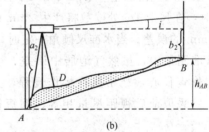

图 2-17　水准管轴的检验与校正

② 测出 A、B 两点间的正确高差　在 C 点安置仪器，用双面尺法或变动仪器高法连续两次测定 A、B 两点高差，若这两个高差之差不大于 3mm，取其平均值作为正确高差 h_{AB}。

③ 计算正确读数　在 A 点附近 3～5m 处 D 点安置仪器，如图 2-17(b) 所示，精平后读数 a_2 和 b_2，因仪器离 A 点很近，读数 a_2 中的误差可忽略不计。因此，B 尺上的正确读数就为 $b_2' = a_2 - h_{AB}$。

若 $b_2 = b_2'$，说明两轴平行，否则存在误差（测量上习惯称为 i 角误差）。若 b_2 与 b_2' 相差超过 5mm，一般应进行校正。

(3) 校正方法　转动微倾螺旋，使横丝对准正确读数 b_2'，此时视准轴水平，但水准管气泡不居中，用校正针先松开水准管一端的左右两个校正螺钉中的一个，然后再拨动上下两个校正螺钉，使偏离的气泡居中。此项校正均需反复进行，直到满足要求为止。

2.7　水准测量的误差来源及消减方法

由于仪器本身构造、观测者及外界条件的影响，使水准测量成果中不可避免地存在误差，从而影响测量成果的质量。因此，必须了解水准测量的误差来源，并采取消减措施。

水准测量误差主要来源于观测仪器、观测者和观测时的外界条件。

2.7.1　仪器误差

仪器误差包括仪器校正后的残余误差和水准尺误差等。

（1）残余误差　由于仪器校正不完善，校正后仍存在 i 角误差。由于 i 角误差与距离成正比，可采用前后视距相等的方法来消除对高差的影响。

（2）水准尺误差　水准尺的刻画不准、尺长变化、变形弯曲、尺底的零点不准等因素都会影响测量成果的精度，因此水准尺要经过检验后才能使用。

2.7.2　观测误差

观测误差包括气泡居中误差、读数误差和水准尺倾斜误差等。

（1）气泡居中误差　符合水准器的气泡居中误差与长水准管分划值 τ 和视线长度 D 成正比，当 $\tau = 20''$，$D = 100\text{m}$ 时，气泡居中误差为 0.75mm。

（2）读数误差　在水准尺上估读毫米数的误差与观测者眼睛的分辨率（一般为 $60''$）及视线长度成正比、与望远镜的放大倍数（ρ）成反比。当 $\rho = 30$，$D = 100\text{m}$ 时，读数误差为 0.97mm。

（3）水准尺倾斜误差　水准尺立尺不直，无论前倾与后倾，均使读数增大。当水准尺倾斜 $3°30'$ 时，在尺上 1m 处读数将产生 2mm 的误差；当水准尺倾斜 $2°$ 时，在尺上 2m 处读数将产生 1mm 的误差。当水准尺倾角一定时，视线离地面越高，读数误差就越大。

在水准测量中，虽然气泡居中误差、读数误差和水准尺倾斜误差是不可避免的，但要增强工作责任心，严格执行操作规程，立尺要稳直、成像要清晰、精平要严格、读数要准确，并采取前后视距尽量相等、缩短视线长度、使用高性能的仪器等措施，减小观测误差。

2.7.3　外界条件影响

外界条件包括仪器及尺垫下沉、地球曲率及大气折光、温度、雾气等。

（1）仪器下沉　仪器下沉使视线降低，引起测量误差。观测时可采用一定的观测程序，如"后—前—前—后"来减弱其影响，另外，安置仪器要稳固。

（2）尺垫下沉　尺垫下沉将增大下一站的后视读数，尺垫一般是放在转点上，因此会造成高程传递的误差。观测时可用往、返观测并取其平均值的方法来减弱其影响。

（3）地球曲率及大气折光的影响　用水平面代替大地水准面会使读数增大，且与距离的平方成正比；大气折光会使视线弯曲，改变水准尺的实际读数，且是读数减小。水准测量时，通常采用前后视距相等的方法减弱其影响。

（4）温度的影响　温度变化不仅引起大气折光变化，而且会影响水准气泡的移动，产生气泡居中误差。为减少温度的影响，要选择较好的观测时间段，观测时应撑伞遮挡阳光，防止仪器受阳光的暴晒。

2.8　自动安平水准仪和电子水准仪

2.8.1　自动安平水准仪

2.8.1.1　自动安平原理

自动安平水准仪是指当望远镜视线有微量倾斜时，补偿器在重力作用下对望远镜做相对移动，利用补偿器自动获取视线水平时水准标尺读数的水准仪。图 2-18 所示为国产 DSZ_3 型自动安平水准仪。自动安平水准仪的特点是用补偿器取代符合水准器。目前，各种精度的自动安平水准仪已普遍使用于各等级水准测量中。其原理是：当望远镜视线水平时，水平光线恰好与十字丝交点所在位置重合，读数正确无误。当望远镜视线倾斜一个角度，十字丝交点移动一段距离，这时按十字丝交点读数，显然有偏差。如果在望

图 2-18　国产 DSZ_3 型自动安平水准仪

远镜光路上安置一个补偿器，使进入望远镜的水平光线经过补偿器后偏转一个角度，恰好通过十字丝交点，这样十字丝交点上读出的水准尺读数，即为视线水平时应该读出的水准尺读数。由此可知，补偿器的作用，是使水平光线发生偏转，而偏转角的大小正好能够补偿视线倾斜所引起的读数偏差。使用自动安平水准仪，能简化操作，提高作业速度，减少外界条件变化所引起的观测误差，有利于提高观测成果的精度。

2.8.1.2　自动安平水准仪的使用

首先把自动安平水准仪安置好，使圆水准气泡居中，即可用望远镜瞄准水准尺进行读数。为了检查补偿器是否起作用，有的仪器安置一个按钮，按此钮可把补偿器轻轻触动，待补偿器稳定后，看尺上读数是否有变化，如无变化，说明补偿器正常。如仪器没有此装置，可稍微转动一下脚螺旋，如尺上读数没有变化，说明补偿器起作用，仪器正常，否则应进行检查和校正。

2.8.2　电子水准仪

2.8.2.1　电子水准仪的原理

电子水准仪又称数字水准仪，是一种新型的智能化水准仪，如图 2-19 所示。电子水准仪是以自动安平水准仪为基础，在望远镜光路中增加了分光镜和读数器（CCD Line），并采用条码标尺和图像处理电子系统而构成的光机电测一体化的产品。电子水准仪使用的是条码标尺，各厂家标尺编码的条码图案各有不同，因此条码标尺一般不能互通使用。目前照准标尺和望远镜的调焦工作仍需人工目视进行。人工完成照准和调焦之后，标尺条码一方面被成像在望远镜的分划板上，供目视观测，另一方面通过望远

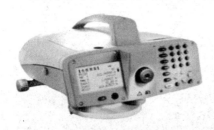

图 2-19　徕卡电子水准仪 DNA03

镜的分光镜，标尺条码又被成像在光电传感器或探测器上，即线阵 CCD 器件上，供电子读数。

当前，电子水准仪采用原理上相差较大的三种自动电子读数方法：①相关法，如徕卡的 NA3002/3003 电子水准仪；②几何法，如蔡司 DiNi10/20 电子水准仪；③相位法，如拓普

康 DL101C/102C 电子水准仪。上述电子水准仪的测量原理各有其优点，经过实践证明，能满足精密水准测量工作需要。

2.8.2.2 电子水准仪的特点

电子水准仪与传统的水准仪相比，具有以下特点。

① 读数客观　不用肉眼读数，避免了人为的读数误差。

② 精度高　视线高和视距读数都采用大量的条码分划图像经处理后取平均值得出来的，削弱了水准尺分划误差的影响，多数仪器都有进行多余观测取平均值的功能，因此可以削弱外界条件的影响。

③ 速度快、效率高　自动读数、记录、处理等，节省测量时间，减轻了劳动强度，提高了作业效率。

④ 价格贵　一般电子水准仪的价格是普通水准仪的 10～100 倍，精密仪器的价格更高。一般用于国家大型工程和精密水准测量工程。

本 章 小 结

1. 水准测量是一种精度比较高的测定高差的方法。它是利用水平视线配合水准尺测定两点间的高差，根据已知点高程来推算未知点的高程。水准仪是水准测量的主要工具之一，水准仪的基本操作步骤包括安置、粗平、照准、精平和读数。

2. 水准测量时要布设水准点，选择合理的水准路线布设形式。当两点相距较远或高差较大时，必须安置若干次仪器才能测得两点间的高差。四等水准测量的技术要求较高，观测记录计算时要严格按照步骤去实施。

3. 水准测量外业完成后，要根据不同类型的水准路线进行内业成果的整理。

4. 水准仪在出厂前和使用过程中都要进行检验与校正，必须满足的首要条件是水准管轴平行于视准轴。水准测量时，将仪器放在距前后视距相等处，目的在于消减地球曲率、大气折光和视准轴不平行于水准管轴残余误差的影响。

思 考 题

1. 试绘图说明水准测量的原理。

2. 计算待定点高程有哪两种方法？各在什么情况下应用？

3. 什么叫视准轴、长水准管轴、圆水准器轴？

4. 试述水准仪的使用操作步骤。

5. 什么叫视差？它是怎样产生的？如何消除？

6. 什么是精平？为什么微倾水准仪必须精平后才能读数？

7. 试述单一水准测量路线的各种布设形式及其特点。

8. 什么叫转点？转点在水准测量中起什么作用？

9. 简述普通水准测量中一个测站的观测程序。

10. 水准测量中有哪些校核方法？各有什么作用？各采用什么方法？

11. 简述四等水准测量在一个测站上的观测程序及各项技术要求。

12. 图 2-20 为闭合水准路线的观测成果，试计算高差闭合差，若符合要求，计算出各点高程。

13. 图 2-21 为附合水准路线的观测成果，试计算高差闭合差，若符合要求，计算出各点高程。

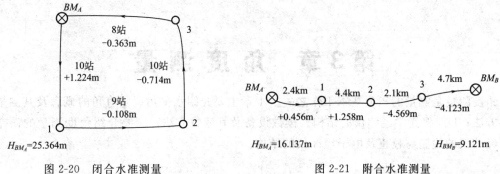

图 2-20 闭合水准测量   图 2-21 附合水准测量

14. 水准仪有哪些主要轴线？它们间应满足什么条件？

15. 影响水准测量成果的因素有哪些？用前后视距相等的观测方法可消除哪些误差的影响？

第3章 角度测量

角度测量是测量的三项基本工作之一。本章主要介绍水平角、竖直角的概念及其测量原理与方法；DJ₆ 级光学经纬仪的结构、读数设备及其读数方法；简要介绍角度测量的误差来源、经纬仪的检验与校正及电子经纬仪的结构。

3.1 角度测量原理

角度测量包括水平角观测和竖直角观测。

3.1.1 水平角测量原理

空间两相交直线在水平面上投影后的夹角称为水平角。水平角通常用 β 表示，其角值在 $0°\sim360°$。如图 3-1 所示，地面上任意三点 A、C、B，空间直线 CA 和 CB 投影到水平面 P 上，其投影 ca 与 cb 的夹角 $\angle acb$，即水平角 β。实际上，水平角 β 就是通过 ca 与 cb 的两铅垂面所形成的二面角。

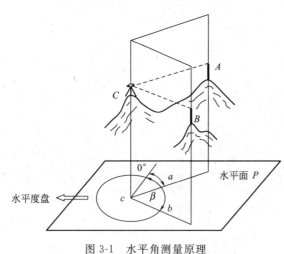

图 3-1 水平角测量原理

为了测定水平角的大小，测角仪器要具有一个水平放置的带有分划的度盘、对中设备和瞄准高低目标的瞄准设备。如图 3-1 所示，可在 cC 线上的 C 点安置一有分划的圆盘，使圆盘的中心在 cC 线上，并处于水平位置。过 CA 竖面与圆盘的交线得一个读数 a，再从过 CB 竖面与圆盘的交线得另一读数 b，则水平角 β 就是两读数之差，见式（3-1）。

$$\beta = b - a \tag{3-1}$$

3.1.2 竖直角测量原理

在同一竖直面内，目标方向线和水平方向线之间的夹角称为竖直角，简称竖角。如图 3-2 所示，竖直角通常用 α 表示，其角值在 $0°\sim\pm90°$。当目标方向线向上倾斜时所构成的竖直角称为仰角，α 取正值；当目标方向线向下倾斜时所构成的竖直角称为俯角，α 取负值。

为了测定竖直角的大小，测角仪器还必须在竖直面内装有一个竖直度盘（简称竖盘）。如图 3-2 所示，设照准目标点 A 时视线的读数为 n，水平视线的读数为 m，则竖直角 $\alpha = n - m$。与水平角观测不同的是，竖直度盘固定在望远镜的旋转轴上，当视线水平时，其读数应为定值，一般是 $90°$ 的整倍数。所以，在测定竖直角时只需瞄准目标方向进行竖直度盘读数，即可计算出竖直角。

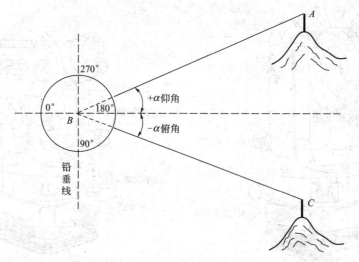

图 3-2　竖直角测量原理

3.2　DJ₆ 光学经纬仪及其使用

根据测角原理设计制造的测角仪器称为经纬仪。它既可测水平角，又可测竖直角。经纬仪的类型很多，按测角方法不同，可分游标经纬仪、光学经纬仪和电子经纬仪，目前广泛使用的主要有光学经纬仪和电子经纬仪。按精度不同，可分为普通经纬仪和精密经纬仪。我国生产的光学经纬仪有 DJ₀₇、DJ₁、DJ₂、DJ₆、DJ₁₅ 五个等级，其中"D"、"J"分别为"大地测量"和"经纬仪"的第一个汉字的拼音字母，下标数字为观测一测回方向中误差，以秒（″）为单位。DJ₆ 级光学经纬仪常用于一般工程测量、地形测量等；精度要求较高时，采用 DJ₂ 级光学经纬仪。

3.2.1　经纬仪的构造

DJ₆ 光学经纬仪的一测回方向的中误差为 ±6″。它主要由照准部、度盘、基座三部分组成，如图 3-3 所示。

3.2.1.1　照准部

照准部主要由望远镜、长水准管、竖直度盘、读数装置等组成。望远镜是照准部的主要部件，安装在横轴的支架上，可以瞄准高低不同的目标，为控制其上下转动，设有望远镜制动螺旋和微动螺旋。读数显微镜是读数设备，其目镜与望远镜并列，并有调焦螺旋。整个照准部由竖轴与水平度盘部分和基座部分连接，照准部的转动就是绕竖轴在水平方向内转动。照准部配有水平制动螺旋和水平微动螺旋，用以控制整个照准部的水平旋转。照准部装有管水准器，使得水平度盘处于水平位置，即用于精平仪器。

3.2.1.2　度盘

度盘主要由水平度盘、竖直度盘、度盘变换手轮（又称复测机构）等组成。度盘由光学玻璃制成，整个圆周分为 360°，顺时针注记。DJ₆ 级经纬仪一般每隔 1° 有一分划。

水平度盘固定装置于竖轴上，一般不随照准部转动而转动。若需要将水平度盘设置在某一读数位置，可用度盘变换手轮来改变水平度盘的读数；对装有复测扳手的经纬仪，先旋转照准部找到某一读数位置，扳下复测扳手，将水平度盘与照准部结合在一起，瞄准目标后，然后松开复测扳手即可。

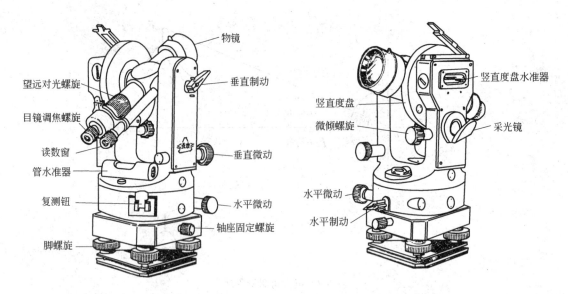

图 3-3 DJ₆ 经纬仪的结构

竖直度盘安装在照准部上，固定在望远镜的横轴上，当望远镜上下转动时，竖盘也随之一起转动，通过垂直制动和垂直微动螺旋控制望远镜的上下转动，为了能够按固定的指标位置进行读数，还装有竖盘指标水准器，通过调节竖盘指标水准管使气泡居中。

3.2.1.3 基座

基座是支撑仪器的底座，通过仪器中心螺旋固定在三脚架上。基座主要由圆水准器、脚螺旋和连接板等组成。中心螺旋的正中装有挂垂球的挂钩，观测时使所挂垂球对准地面点标志中心，以保证仪器竖轴轴线与测站点的铅垂线重合。一般经纬仪都备有铅垂，但其对中精度较低，现在大部分经纬仪都装有光学对中器。使用光学对中器对中比垂球对中方便，且对中精度较高，光学对中器一般都装在仪器的照准部。基座装有圆水准器，用于粗略整平仪器。此外，基座上还有轴座固定螺钉，使用时切莫随意松动，以免仪器照准部与基座分离。

3.2.2 经纬仪的读数方法

光学经纬仪的水平度盘和竖直度盘都具有很细密的分划线，需要放大后才能看清楚和读准确。因此，需通过一系列棱镜和透镜组成的光路成像显示在望远镜旁的读数显微镜内，图 3-4 为 DJ₆ 光学经纬仪的读数系统的光路原理图。从图中可看出，经水平度盘的光线由反光镜 1 反射后穿过照明进光窗 2，经转向棱镜 3 的折射、透镜 4 的聚光，后经水平度盘照明棱镜 6 由水平度盘显微镜组 7 和转向棱镜 8 将水平度盘光线 5 的分划线转向后，在读数窗与场镜 9 的平面上成像。光线通过读数窗与场镜 9 后，再经过转向棱镜 10 和转向透镜 11，在读数显微镜目镜 12 的焦平面成像。经竖直度盘的光线由反光镜 1 反射后穿过照明进光窗 2，经照明棱镜 13 的折射，则照亮竖盘 14 的分划线，然后由转向棱镜 15 和竖盘显微镜组 16，转向棱镜 17 及菱形棱镜 18，将竖盘的分划线在读数窗与场镜 9 的平面上成像。光线通过读数窗与场镜 9 后，与水平度盘的光线沿同一路线继续前进。

DJ₆ 级光学经纬仪一般采用分微尺读数装置或单平板玻璃测微器装置读数。

3.2.2.1 分微尺读数装置

很多 DJ₆ 光学经纬仪都采用分微尺读数装置，它是在显微镜的读数窗与场镜内设置一个带分划尺的分划板，称为分微尺或测微尺。分微尺的长度刚好等于度盘 1° 分划间的长度，分为 60 小格，每小格代表 1′，每 10 小格注有数字，表示 10′ 的倍数。因此，在分微尺上可

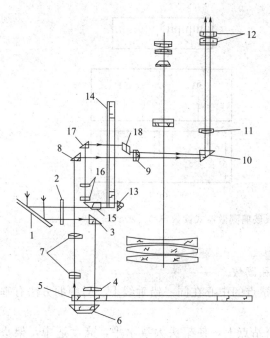

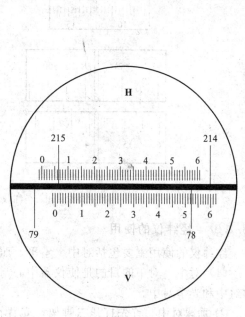

图 3-4　光学经纬仪的光路原理　　　　图 3-5　DJ$_6$ 光学经纬仪分微尺读数窗

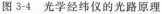

直接读到 1′，估读到 0.1′，即 6″。读数视窗里有两个窗口，上面注有"水平"或字母"H"（Horizontal）为水平度盘读数，下面注有"竖直"或字母"V"（Vertical）为竖直度盘读数。图 3-5 为读数显微镜内所见到的度盘和分微尺的影像。

读数时，首先判断哪一根度盘的分划线被测微尺所覆盖，度数就是这根分划线的注记读数，然后从分微尺零刻划线开始，自左向右数，读取分的整数，不足 1′ 的估读到 0.1′ 并直接化成秒。如图 3-5 所示中，水平度盘的读数为 215°06′30″，竖盘的读数为 78°52′18″。

这种读数设备的读数精度因受显微镜放大率与测微尺长度的限制，一般仅用于 DJ$_6$ 以下的光学经纬仪。

3.2.2.2　平板玻璃测微器

单平板玻璃和测微尺用金属结构连接在一起，称为单平板玻璃测微器。北京光学仪器厂生产的 DJ$_6$-1 型经纬仪和瑞士生产的威尔特 T$_1$ 经纬仪等均采用单平板玻璃测微器读数法。根据光学原理可知，光线以一定入射角穿过平板玻璃时，将发生移动现象。平板玻璃和测微尺用金属结构连在一起，转动测微手轮时，平板玻璃和测微尺就绕同一轴转动。度盘分划线的影像因此而产生的移动量就可在测微尺上读取。

图 3-6 为这种读数显微镜的读数窗口，下面为水平度盘读数窗，中间为竖盘读数窗，度盘读数窗上有双指标线。上面为两个度盘共用的测微尺的读数窗，有单指标线。度盘的最小分划为 30′，每隔一度有数字注记。测微尺共分划 90 小格，当度盘分划线影像移动 30′ 间隔时，测微尺转动 90 小格，所以测微尺上每小格为 20″，每三小格为一大格（1′），每一大格有数字注记。

在测角时，转动测微手轮使双指标线旁的度盘分划线精确位于双指标线的中间，双指标线中间的分划线即为度盘上的读数；然后再从测微尺上读取不足 30′ 的分数和秒数，估读到 1/4 格，即 5″。最后所测角度为二者之和。应当注意，这种装置的读数设备，水平盘与竖盘读数应分别转动测微手轮读取。如图 3-6（b）中竖盘的读数为 92°17′25″。

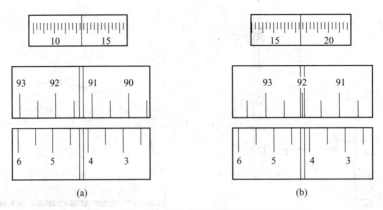

图 3-6 DJ$_6$ 经纬仪平板玻璃测微器式读数窗

3.2.3 经纬仪的使用

经纬仪的使用主要包括对中、整平、照准和读数。

（1）对中 对中的目的是使仪器中心与测站点的中心在同一铅垂线上。对中的方法有垂球对中和光学对中。

① 垂球对中 首先打开三脚架，安置在测站点上，使架头大致水平，高度适中，架头中心大致对准测站点。然后，装上仪器，拧紧中心螺旋并挂上垂球。此时若垂球尖偏离测站点较远，可平行地移动脚架，使之初步对中。再将脚架尖踩入土内，使仪器保持稳定。若仍稍有偏差，可略松中心螺旋，在架头上移动仪器，使垂球尖精确地对准测站点，再拧紧中心螺旋。至此，仪器中心和测站点就处在同一铅垂线上，完成对中。

② 光学对中 将仪器安置在测站上，调节光学对中器焦距，使其分划圈及地面成像清晰，固定三脚架的一条腿于适当位置，两手分别握住另外两条腿，移动这两条腿并同时从光学对中器中观察，使对中器对准测站点，放下脚架并踩稳，若对中有偏移，则调节脚螺旋精确对中。

（2）整平 整平的目的是使仪器的竖轴竖直，即水平度盘上处于水平位置。整平方法因对中方法不同略有差异。

若采用垂球对中法对中，首先转动脚螺旋，使圆水准器气泡居中，粗平仪器。转动照准部，使照准部水准管平行于任意两个脚螺旋的连线，如图 3-7（a）所示，按气泡运行方向与左手大拇指旋转方向一致的规律，以相反方向同时旋转这两个脚螺旋，使水准管气泡居中。然后，将照准部旋转 90°，使水准管垂直于原先的位置，如图 3-7（b）所示，只旋转第三个

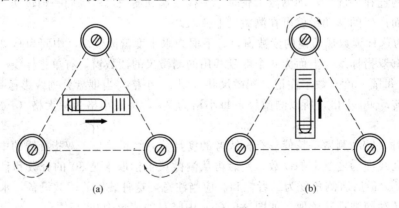

图 3-7 经纬仪的整平

脚螺旋，使气泡居中。如此反复进行，直至水准管气泡在任何方向都居中，偏离值不超过1 格。

若采用光学对中法对中，光学对中与整平是相互影响的。首先依次伸缩任意两根三脚架的架腿，使圆水准器气泡居中，再用上述方法精确整平。整平后应检查对中，若对中破坏，可松开中心连接螺旋，在架头上平移仪器，重新对中，锁紧中心连接螺旋。重复精平过程，直至对中偏差 2mm 以内，气泡居中偏离值不超过 1 格。

（3）照准 测角时要照准观测标志，观测标志一般是竖立于地面点上的标杆、测钎或觇牌。测水平角时，用望远镜中十字丝的竖丝照准目标中心；测竖直角时，常用望远镜十字丝横丝切住目标顶端。

照准目标前，首先目镜对光，将望远镜对向明亮的背景（如白墙、天空），转动目镜对光螺旋，使十字最清晰。然后粗瞄目标，松开望远镜制动螺旋和照准部水平制动螺旋，用望远镜上的缺口和准星对准目标，在视场内看到目标后，旋紧望远镜的制动螺旋。转动对光螺旋，使目标的像十分清晰，再旋转望远镜微动螺旋和水平微动螺旋，精确瞄准目标。最后，消除视差，转动对光螺旋使目标的像清晰后，左右微动眼睛，观察目标像与十字丝是否有相对移动；如有晃动现象，说明存在视差，应重新进行目镜对光和物镜对光。

（4）读数 旋转读数显微镜的目镜，使度盘刻划线及分微尺的像十分清晰，根据前面所讲的读数方法进行读数。水平盘读数与竖直度盘的读数方法基本一样，DJ$_6$ 型光学经纬仪可以估读至 $6''$。

需要指出的是，当望远镜倾斜较大时，度盘和测微尺的成像会发生倾斜，这是正常现象，不影响实际读数。

3.3 水平角测量

在角度观测中，为了消除某些误差，提高测量精度，需要用盘左、盘右两个位置进行观测。当观测者对着望远镜的目镜时，竖直度盘在望远镜的左侧，称为盘左，又称正镜；反之，当观测者对着望远镜的目镜时，竖直度盘在望远镜的右侧，称为盘右，又称倒镜。常用的水平角观测方法有测回法和方向观测法。测回法仅适用于观测两个方向形成的单角，一个测站上需要观测的方向数在 2 个以上时，则采用方向观测法。

3.3.1 测回法

3.3.1.1 观测方法

用测回法观测水平角，如图 3-8 所示，设观测的水平角∠AOBβ，具体操作如下。

（1）安置仪器 在测站点 O 安置经纬仪，进行对中、整平后，使望远镜处于盘左位置（竖盘在望远镜左侧），分别在 A、B 两点竖立觇标（花杆、觇牌等）。

（2）盘左观测 松开照准部和望远镜制动螺旋，精确瞄准左目标 A，转动度盘变换手轮，使水平度盘读数略大于 $0°$，读取水平度盘读数 $a_左$ 并记入观测手簿；松开照准部和望远镜制动螺旋，顺时针转动望远镜，精确瞄准右目标 B 后，读取水平度盘读数 $b_左$ 并记录。

以上操作称为上半测回，测得的水平角值为：

$$\beta_左 = b_左 - a_左 \tag{3-2}$$

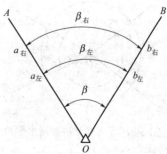

图 3-8 测回法观测水平角

（3）盘右观测　松开制动螺旋，倒转望远镜，将仪器变为盘右位置，逆时针旋转照准部，先瞄准右目标 B，读取水平度盘读数 $b_右$ 并记入观测手簿；松开照准部和望远镜制动螺旋，逆时针旋转照准部，瞄准左目标 A，读取水平度盘读数 $a_右$ 并记入观测手簿。此步操作称为下半测回，测得的水平角值为

$$\beta_右 = b_右 - a_右 \tag{3-3}$$

上半测回与下半测回合在一起，统称为一个测回。利用盘左、盘右观测水平角，可以抵消某些仪器误差对测角的影响，同时又可检查观测中有无错误。对 DJ$_6$ 级经纬仪，如果 $\beta_左$ 和 $\beta_右$ 的差数的绝对值不大于 $40''$，则可取上、下半测回角值的平均值作为一个测回的角值，即

$$\beta = \frac{1}{2}(\beta_左 + \beta_右) \tag{3-4}$$

由于水平度盘刻划是按顺时针方向注记的，因此计算水平角总是用右边方向的读数减去左边方向的读数。如不够减时，则在右边方向读数上加 $360°$ 再减左边方向读数，但不能倒过来相减。

当测角精度要求较高，需要测多个测回时，为了消除水平度盘刻划不均的误差，第一测回以后各测回的起始读数应累加 $180°/n$（n 为测回数）。各测回测得角值的互差称为测回差。使用 DJ$_6$ 级经纬仪测角其测回差不应超过 $\pm 24''$。

3.3.1.2　记录与计算

测回法观测水平角的记录与计算手簿，如表 3-1 所列。

表 3-1　测回法观测手簿

测站	目标	竖盘位置	水平度盘读数 /(° ′ ″)	半测回角值 /(° ′ ″)	一测回角值 /(° ′ ″)	平均角值 /(° ′ ″)
O	A	盘左	0 01 24	56 35 12	56 35 18	56 35 14
	B		56 36 36			
	A	盘右	180 01 12	56 35 24		
	B		236 36 36			
O	A	盘左	90 01 42	56 35 06	56 35 09	
	B		146 36 48			
	A	盘右	270 01 24	56 35 12		
	B		326 36 36			

3.3.2　方向观测法

当观测目标为三个或三个以上时，常采用方向观测法。如图 3-9 所示，用方向观测法观测 O 到 A、B、C、D 各方向之间的水平角。

3.3.2.1　观测方法

（1）盘左观测　在 O 点安置经纬仪，对中、整平后，使望远镜处于盘左位置。将度盘配置在稍大于 $0°00'$ 的读数处（便于计算），先观测所选定的起始方向 A，然后按顺时针方向依次观测 B、C、D 各方向，读取水平度盘读数并记录。最后还应回到起始方向 A，读数并记录，这一步称为"归零"，其目的是为了检查水平度盘的位置在观测过程中是否发生变动。以上操作称为上半测回。

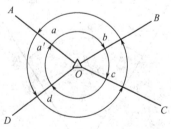

图 3-9　方向观测法观测水平角

（2）盘右观测　倒转望远镜，将望远镜变换为盘右位置，按逆时针方向依次照准 A、

D、C、B、A，观测并记录。此步操作称为下半测回。

　　以上是方向观测法一测回的观测工作。如果需观测 n 个测回，同测回法一样，要变换水平度盘的起始读数。

3.3.2.2　记录与计算

　　表 3-2 为方向观测法 2 个测回的观测记录和计算示例。其记录和计算方法基本上与测回法一样，但由于有"归零"观测，因此起始方向有两个读数，最后取平均值记于有关列的上面，如第一测回的 14″ 是 12″ 和 15″ 的平均值。一测回方向值是把观测的方向值减去起始方向"归零"后的平均值而算得的。

表 3-2　方向观测法观测手簿

测站	测回数	目标	水平盘读数		2C /″	平均读数 /(° ′ ″)	一测回归零后方向值 /(° ′ ″)	各测回平均值方向值 /(° ′ ″)	备注
			盘左 /(° ′ ″)	盘右 /(° ′ ″)					
1	2	3	4	5	6	7	8	9	10
O	1					(0　03　14)			
		A	0　03　06	180　03　18	−12	0　03　12	0　00　00	0　00　00	
		B	91　54　06	271　54　00	+06	91　54　03	91　50　49	91　50　50	
		C	153　32　48	333　32　48	0	153　32　48	153　29　34	153　29　38	
		D	214　06　12	34　06　06	+06	214　06　09	214　02　55	214　03　02	
		A	0　03　12	180　03　18	−06	0　03　15			
			$\Delta_左=-06''$	$\Delta_右=0''$					
	2					(90　06　18)			
		A	90　06　12	270　06　18	−06	90　06　15	0　00　00		
		B	181　57　00	1　57　18	−18	181　57　09	91　50　51		
		C	243　35　54	63　36　06	−12	243　36　00	153　29　42		
		D	304　09　36	124　09　18	+18	304　09　27	214　03　09		
		A	90　06　18	270　06　24	−06	90　06　21			
			$\Delta_左=-06''$	$\Delta_右=-06''$					

　　有关读数要在现场及时记入相应栏内，表中共有如下几项计算。

　　① 计算半测回的归零差，即半测回中起始方向两次读数之差；

　　② 计算 2 倍照准误差（2C）；即 $2C=左-(右\pm180°)$；

　　③ 计算盘左盘右读数的平均值，平均值 $=[左+(右\pm180°)]/2$；

　　④ 计算各测回归零方向值的平均值。

　　方向观测法有三项限差要求，因使用的仪器不同，要求亦不同。

　　① 归零差　对于 J_2 级仪器不应超过 12″；对于 J_6 级仪器不应超过 18″。

　　② 测回差　对于 J_2 级仪器不应超过 ±9″；对于 J_6 级仪器不应超过 ±24″。

　　③ 2C 互差　在一个测回中，2C 值相互之差称为 2C 互差。对于 J_2 级仪器不应超过 ±18″。对于 J_6 级仪器由于存在偏心差的影响，规范没作要求。

　　当测角精度要求较高时，可以适当增加测回数。

3.4　竖直角测量

3.4.1　竖盘构造

　　竖直结构主要包括竖直度盘、读数指标、指标水准管及调节指标水准管气泡居中的微动

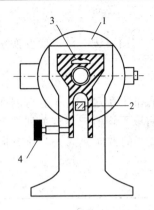

图 3-10　竖盘构造

1—竖盘；2—读数指标
棱镜；3—指标水准管；
4—指标水准管微动螺旋

螺旋，如图 3-10 所示。

竖盘的注记有多种形式，常见的注记形式分为顺时针注记和逆时针注记。目前常用的经纬仪，一般为顺时针注记，如图 3-11 所示。

竖盘与望远镜固连在一起，随望远镜同步转动。读数指标与指标水准管固连，不随望远镜转动，且读数指标与指标水准管轴保持垂直关系。当指标水准管气泡居中时，指标应指在正确位置。当望远镜视线水平，指标水准管气泡居中时，读数指标在竖盘上的读数称为竖盘起始读数，通常是一个特定的数值 90°或 270°（见图 3-11）。反之，读数指标没有指在相应的特定位置上，而是比该特定值（90°或 270°）大了或小了一个小角值，这个小角值称为竖盘指标差，简称指标差，常以 x 表示。如图 3-13 所示，在竖盘读数中包括了指标差，因而在计算竖直角时，必须消除它的影响。

3.4.2　竖直角及指标差的计算方法

由于竖盘注记形式的不同，竖直角与指标差计算的公式也各不同。现以顺时针注记的竖盘为例，推导竖直角和指标差的计算公式。

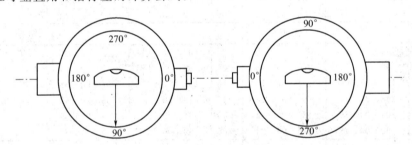

图 3-11　竖盘注记形式

3.4.2.1　竖直角的计算方法

如图 3-12(a)、(b) 所示为盘左位置，当望远镜视线水平时，竖盘读数为 90°；望远镜上倾瞄准某一目标（仰角）后，读数减小为 L，则盘左位置时，竖直角的计算公式为：

$$\alpha_左 = 90° - L \tag{3-5}$$

如图 3-12(c)、(d) 所示为盘右位置，当望远镜视线水平时，竖盘读数为 270°；望远镜上倾瞄准一目标，读数增大为 R。则盘右位置时，竖直角的计算公式为：

$$\alpha_右 = R - 270° \tag{3-6}$$

由于观测过程中存在测量误差，通常 $\alpha_左$ 与 $\alpha_右$ 不相等，应取盘左、盘右的平均值作为最

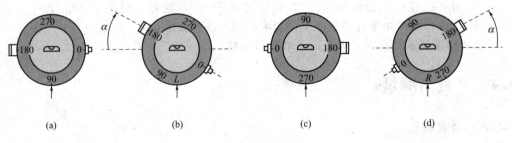

(a)　　　　　　(b)　　　　　　(c)　　　　　　(d)

图 3-12　竖盘读数与竖角计算

后的观测结果，即

$$\alpha=\frac{1}{2}(\alpha_左+\alpha_右)=\frac{1}{2}[(R-L)-180°] \qquad (3\text{-}7)$$

按上式计算出的竖直角有正、负之分，正值表示为仰角，负值表示为俯角。

同理，对于各种不同的竖盘注记，在盘左位置，首先将望远镜大致放平，从读数显微镜中观察竖盘读数，确定视线水平时的始读数值。然后，将望远镜徐徐上仰，从读数显微镜中观察竖盘读数是逐渐增加还是逐渐减少，从而根据仰角是正值的原则，确定竖直角的计算公式。

3.4.2.2　竖盘指标差的计算方法

如图 3-13 所示，盘左和盘右观测同一目标时，由于存在指标差，度盘读数受到影响，盘左时竖直角应为：

$$\alpha=(90°+x)-L=\alpha_左+x \qquad (3\text{-}8)$$

盘右时，竖盘读数指标没动，因此竖直应为：

$$\alpha=R-(270°+x)=\alpha_右-x \qquad (3\text{-}9)$$

上述两式相加得

$$\alpha=[(R-L)-180°]/2=(\alpha_左+\alpha_右)/2 \qquad (3\text{-}10)$$

由上式可见，取盘左、盘右观测值的平均值，可以消除竖盘指标差的影响。

由式(3-8) 减去式(3-9) 得

$$x=(R+L-360°)/2 \qquad (3\text{-}11)$$

由式(3-11) 可见，正倒镜读数之和与360°之差的一半即为竖盘指标差，竖盘指标差有正、负之分。

对同一台经纬仪在同一段时间内而言，其竖盘指标差变化很小，可视为定值。但由于观测误差的存在，使指标差 x 有所变化。测量规范通常规定了两倍指标差的变化容许范围，如果超限，则应该重测。如 J_6 经纬仪指标差的变化容许范围为±25″，而 J_2 经纬仪的为±15″。

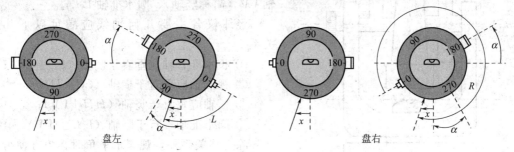

盘左　　　　　　　　　　　　盘右

图 3-13　竖盘指标差

3.4.3　竖直角的观测方法

竖直角的测定一般应用在三角高程测量中，竖角的大小与仪器高和觇标高有关。在测站上安置仪器，对中、整平，量取仪器高 i。

① 盘左　瞄准目标，使十字丝中丝切于目标某一位置。如为标尺，则读取中丝在标尺上的读数；如照准的是觇标上某整刻度线，或量取觇标高，即为觇标高 v。转动竖盘水准管微动螺旋，使竖盘水准管气泡居中，读取竖盘读数 L。

② 盘右　倒转望远镜，盘右位置照准目标同一位置，同上法读取盘右位置的竖盘读数 R。

③ 根据竖盘注记形式，确定竖直角计算公式并计算其大小。同时应判断指标差是否超

限。若超限，应重测。竖直角观测手簿及计算见表 3-3。

表 3-3　竖直角观测记录、计算表

测站	目标	竖盘位置	竖盘读数 /(° ′ ″)	半测回竖直角 /(° ′ ″)	平均竖直角 /(° ′ ″)	指标差 /″	备注
O	A	左	71　44　12	+18　15　48	+18　16　00	+12	
		右	288　16　12	+18　16　12			
	B	左	114　03　42	−24　03　42	−24　03　24	+18	
		右	245　56　54	−24　03　06			

3.4.4　竖盘指标自动补偿装置

　　观测竖直角时，竖盘指标水准管气泡必须居中，否则指标位置不正确，读数就不正确。然而，每次都必须进行这项操作会影响观测速度，且十分费事，所以一些经纬仪采用自动归零补偿装置来代替竖盘水准管，从而简化了操作程序，提高了工作效率。

　　所谓自动归零补偿装置，就是当经纬仪有微量倾斜时，这种装置会自动地调整光路，使读数为水准气泡居中时的数值，正常情况下，这时的指标差为零。竖盘自动归零补偿装置的基本原理与自动安平水准仪的补偿装置原理相同。

3.5　经纬仪的检验和校正

　　为了保证角度测量达到规定的精度，经纬仪的主要轴线之间必须满足角度观测所提出的

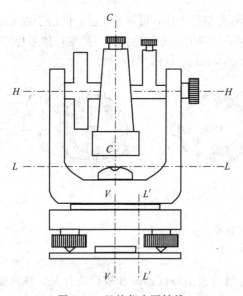

图 3-14　经纬仪主要轴线

要求。如图 3-14 所示，经纬仪的主要轴线有：望远镜的视准轴 CC、照准部的长水准管轴 LL、望远镜的旋转轴 HH（简称横轴）、仪器的旋转轴 VV（简称竖轴）、圆水准轴 $L'L'$。

　　经纬仪各主要几何轴线应满足以下几何关系：

① 长水准管轴应垂直于竖轴（$LL \perp VV$）；
② 视准轴应垂直于横轴（$CC \perp HH$）；
③ 横轴应垂直于竖轴（$HH \perp VV$）；
④ 圆水准轴平行于竖轴（$L'L' // VV$）。

　　除上述关系外，观测水平角时，为方便可用十字丝竖丝去瞄准目标，还要求十字丝的竖丝垂直于横轴；另外，竖盘指标差应接近于零。

　　由于仪器在使用和搬运过程中发生各种变动，上述条件有时会被破坏。因此使用仪器前必须对各项条件进行检验。如不能满足要求，应进行校正。

3.5.1　长水准管轴的检验与校正

　　此项检验与校正的方法及原理与前述水准仪圆水准器的检验校正方法相仿。

　　（1）检验　安置仪器，将其大致整平；使照准部水准管平行于任意两个脚螺旋的连线，调整脚螺旋使气泡精确居中，然后旋转照准部 180°，若气泡仍然居中，则说明条件满足；

否则应进行校正。

若水准轴不垂直于竖轴，交叉成 α 角，如图 3-15(a) 所示，此时竖轴必然也偏斜 α 角；松开照准部，旋转 180°，仪器竖轴方向不变，但水准管两端支架互换了位置，水准管轴与水平度盘仍夹 α，但水准管轴与水平线间的夹角却为 2α，如图 3-15(b)，则需校正。

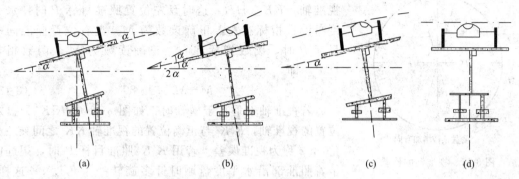

图 3-15　照准部水准管轴的检验与校正

（2）校正　先用校正针拨水准管校正螺钉，使气泡返回偏离量的一半，如图 3-15(c) 所示；然后再用脚螺旋将气泡完全居中，如图 3-15(d) 所示。校正后，应再将照准部旋转 180°，若气泡仍不居中，应按上法再进行校正。如此反复进行，直至条件满足。

3.5.2　十字丝的检验与校正

角度观测时，通常用十字丝交点瞄准目标。若十字丝的竖丝垂直于横轴，则会给观测工作提供方便。所以，在观测前应对此项条件进行检验。

（1）检验　用十字丝竖丝的一端精确瞄准一个明显目标点 P，上下转动望远镜，看 P 点是否沿竖丝上下移动，若目标点 P 始终没有偏离竖丝，如图 3-16(b) 所示，说明满足要求。否则应予校正。

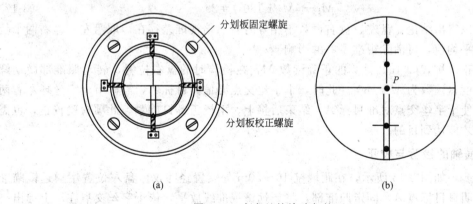

图 3-16　十字丝的检验与校正

（2）校正　松开十字丝环的压环螺钉（分划板固定螺旋），如图 3-16(a) 所示，转动目镜使 P 点始终在十字丝竖丝上移动，使条件满足，再将压环螺钉旋紧。

3.5.3　视准轴的检验与校正

视准轴是物镜光心与十字丝交点的连线。仪器的物镜光心是固定的，但十字丝交点的位置可能变动。因此，若十字丝交点不能处于正确位置，则视准轴不垂直于横轴，形成视准误差，常用 c 表示。

（1）检验　整平仪器后，选择一水平方向的远处明显目标 A，采用盘左盘右观测，其水

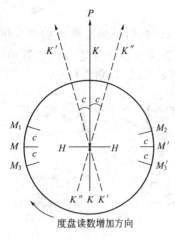

图 3-17 视准轴的检验

平度盘读数分别为 $m_左$ 和 $m_右$。若 $m_左 - m_右 = \pm 180°$，说明视准轴垂直于横轴，否则，说明条件不满足，其差值为二倍视准差，即 $2c$。

如图 3-17 所示，视准轴垂直于横轴。KK 为正确的视准轴，$KK \perp HH$。这时盘左位置照准目标 P 时，水平度盘读数指标在左，正确读数为 M。盘右位置照准同一目标 P 时，读数指标在右，正确读数为 M'。两数相差 $180°$，即

$$M - M' = \pm 180° \tag{3-12}$$

若视准轴不垂直于横轴时，如图 3-17 中 $K'K'$ 为盘左位置的视准轴，$K'K'$ 与正确位置的视准轴 KK 之间夹一小角 c，c 称为视准误差。若用 $K'K'$ 照准目标 P 时，望远镜带着照准部沿水平度盘顺时针多旋转一个角度 c。这样，M_1 读数比正确的读数 M 就增大了一个 c 角，即

$$M = M_1 - c \tag{3-13}$$

在盘右位置，原盘左的视准轴 $K'K'$ 转到正确的视准轴 KK 的右边位置，用 $K''K''$ 表示。当用 $K''K''$ 瞄准目标 P 点时，望远镜带着照准部必然逆时针旋转一个小角 c。此时度盘读数 M_2 比正确读数 M' 少了一个 c 角，即

$$M' = M_2 + c \tag{3-14}$$

由式(3-13)和式(3-14)相加，并顾及式(3-12)得：

$$M' = [(M_1 \pm 180°) + M_2]/2 \tag{3-15}$$

或

$$M = [M_1 + (M_2 \pm 180°)]/2 \tag{3-16}$$

由式(3-13)和式(3-14)两式相减得：

$$M_1 - (M_2 \pm 180°) = 2c \tag{3-17}$$

由此可以得出结论：盘左、盘右读数不相等时有二倍视准差存在。取盘左、盘右两个位置观测值的平均值，可消除视准误差的影响。

（2）校正 按式(3-16)计算的正确读数 M，在检验时的盘右位置，转动照准部微动螺旋，使水平度盘读数为 $M \pm 180°$。此时，十字丝交点必偏离目标 A，需调节十字丝环左右两校正螺钉，使十字丝交点对准目标 A，结束后将上、下校正螺钉旋紧。此项检验校正，也需重复进行，才能达到目的。

3.5.4 横轴的检验与校正

（1）检验 如图 3-18 所示，在距墙壁 $10 \sim 20m$ 处安置经纬仪。盘左位置用望远镜瞄准墙壁高处一明显目标点 A，固定照准部，将望远镜视准线放平，依十字丝交点在墙上标出一点 a_1，用盘右重复上述步骤标出 a_2，若 a_1 与 a_2 重合，则说明横轴与竖轴垂直。若 a_1 与 a_2 不重合，则说明横轴不垂直于竖轴，需要校正。

（2）校正 取 a_1 与 a_2 连线的中点 a，用十字丝交点瞄准 a，然后将望远镜徐徐上仰，十字丝交点不通过 A 点而移到 A' 点。用专用工具调整横轴的一端，将其升高或降低，使十字丝交点对准 A 点。此项校正需由仪器检修人员来做，学生只进行检验，此项误差亦可以用盘左、盘右观测取中数的方法予以消除。

光学经纬仪的横轴是密封的，一般仪器均能保证横轴垂直于竖轴的正确关系。若发现较大的横轴误差，应送检修部门进行校正。

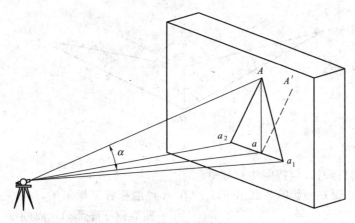

图 3-18　横轴的检验与校正

3.6　角度测量的误差来源及消减方法

由于受到各种不同因素的影响，角度观测不可避免地产生误差。误差来源主要有仪器误差、观测误差和外界条件的影响。掌握误差来源及其作用规律，以便在角度观测中采取必要措施加以消减。

3.6.1　仪器误差

仪器误差包括 2 个方面：①由于仪器检校不完善而存在的残余误差，如视准轴误差、横轴倾斜误差、竖盘指标差等；②由于仪器制造不完善而引起的误差，如度盘偏心差、度盘刻画不均匀等。因此，在角度测量前，需对仪器进行检验与校正，在测量时采取适宜的观测方法加以消减。

采用盘左盘右的观测方法，可消除视准轴误差、横轴倾斜误差、竖盘指标差、度盘偏心差；采用多测回观测方法，通过变换度盘位置，可减少度盘刻画不均匀对测角的影响。

由于水准管轴应垂直于仪器竖轴的检校不完善（或水准管没有严格整平）而引起的残余误差，采用盘左、盘右观测时也不能消除其影响。这种残余误差的影响，与望远镜视准轴的倾角有关，倾角越大，影响越大。所以在山区进行测量时，要特别注意水准管的整平，并要严格检验校正水准管。

3.6.2　观测误差

3.6.2.1　仪器对中误差与目标偏心误差

（1）仪器对中误差　如图 3-19 所示，O 为测站中心，O' 为仪器中心，对中误差 $OO'=e$，e 称为偏心距。β 为正确的角度，β' 为有对中误差时的实测角度，则 $\beta=\beta'-(\delta_1+\delta_2)$，而

$$\delta_1=\frac{e\cdot\sin\theta}{d_1}\rho''$$

$$\delta_2=\frac{e\cdot\sin(\beta'-\theta)}{d_2}\rho''$$

所以，由对中误差引起的水平角误差为 $\Delta\varepsilon=\beta'-\beta=\delta_1+\delta_2$，即

$$\Delta\varepsilon=e\cdot\rho''\left(\frac{\sin\theta}{d_1}+\frac{\sin(\beta'-\theta)}{d_2}\right)\tag{3-18}$$

由式（3-18）可知，仪器对中误差对水平角的影响与边长成反比，边长越短，误差越大；与 θ 和 $\beta'-\theta$ 的大小有关，θ 和 $\beta'-\theta$ 越接近 $90°$，误差越大。因此，在观测较近的目标和水

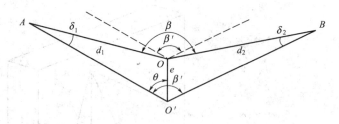

图 3-19 仪器对中误差

平角接近 180° 的目标时，应特别注意对中。

（2）目标偏心误差　如图 3-20 所示，立在 A 点的标杆是倾斜的，在观测水平角时，未照准标杆底部 A，而瞄准了顶部。设其投影为 A'。这样就相当于目标偏离了点位一小段距离 e，由此而引起的测角误差为 $\Delta\beta = \beta - \beta'$，即

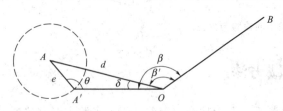

图 3-20 目标偏心误差

$$\Delta\beta = \frac{e}{d}\rho'' \tag{3-19}$$

由式（3-19）可知，目标偏心误差对水平角的影响与测站至目标的距离 d 成反比，距离越短，影响越大，与目标偏心差 e 成正比，e 越大，误差越大，但与角度 β 的大小无关。因此，在瞄准目标时，要尽量瞄准目标的底部。

3.6.2.2 照准误差与读数误差

望远镜照准误差一般以 $60''/v$ 来计算，v 为望远镜放大率。照准误差还与其他因素有关，诸如人眼的分辨力，目标的大小、形状、颜色、亮度、背景的衬度，以及空气的透明度等。因此，在进行水平角观测时，要注意尽量减少以上情况对观测成果的影响。

读数误差的影响大小，主要取决于仪器的读数设备。对于测微尺读数装置的 J_6 级光学经纬仪的读数误差一般不超过 ±6″。另外，若观测者操作不熟练，调焦不佳，估读误差可能还会增大。因此，测量时尽量选用高精度的仪器，同时还要提高观测者的技术水平。

3.6.3　外界条件的影响

角度测量是在野外进行的，大气透明度、风力、日晒、温度等都对测角精度产生影响，尤其当视线接近地面或障碍物时，其辐射出来的热量往往使影像跳动，严重影响照准目标的准确度。为了提高测角的精度，应选择有利的观测时间，视线要与障碍物保持一定的距离，晴天观测要用测伞给仪器遮住阳光，以使外界条件的影响降低到最小限度。

3.7　电子经纬仪简介

电子经纬仪是一种采用光电元件实现测角自动化、数字化的电子测角仪器。与光学经纬仪不同的是，电子经纬仪采用电子测角的方法，通过光电转换，以光电信号的形式来表达角度测量的结果。不同厂家生产的电子经纬仪在结构、操作方法上有着一定的差异，但其基本功能、基本原理，以及野外数据采集的程序是大致相同的。

光电法测角不但可以消减人为因素的影响，提高测量精度，更重要的是使测角过程自动化，因而大大减轻了测量工作的劳动强度，提高了作业效率。

3.7.1　电子经纬仪的结构与功能

如图 3-21 所示，电子经纬仪的结构与光学经纬仪相似，增加了角度测量的光电读数设备，不需要人工读数，同时增加了供电电池。

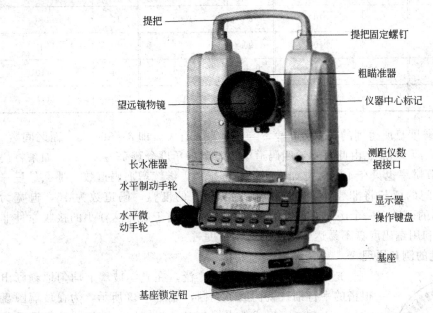

图 3-21　电子经纬仪

电子经纬仪除具备传统光学经纬仪所具有的功能外，还具有自动显示、存储和通信功能。电子经纬仪利用光电转换自动读数，并显示于读数屏，且大部分电子经纬仪都具有存储设备、存储记录测量数据的功能，然后通过数据接口将数据导入计算机或其他数据处理设备，实现测量成果的数字化，改变了传统的观测者目视判读、手工记录的测量模式，避免了人为读数误差和记错现象。

3.7.2　电子经纬仪的测角原理

电子经纬仪测角仍然采用度盘来进行，与光学经纬仪的区别是，电子测角是从度盘上获取电信号，然后根据电信号转换成角度。根据获取电信号方式的不同，度盘可分为编码度盘和光栅度盘。

3.7.2.1　编码度盘的测角原理

图 3-22 为一个四码道度盘的示意图。整个圆周被均匀地分成 16 个区间，每个区间中码道的黑色部分为透光区或导电区，白色部分为不透光区或非导电区。设透光区为 1，不透光区为 0，当望远镜的照准方向落在某一区间时，读数设备反映出的电信号则对应该区间的相对唯一的二进制编码。各区间的编码见表 3-4。依据任意两区间的不同二进制代码，便可测出该两区间的夹角。

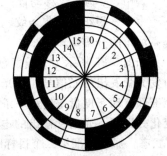

图 3-22　四码道度盘

识别望远镜的照准方向落在哪一个区间是编码度盘测角的关键设备，一般有机电读数系统和光电读数系统两种，其原理此不赘述。但无论哪种读数系统，其输出端的电信号都是望远镜照准方向所在区间的二进制编码。比如望远镜照准一个目标输出端的电信号状态为0110，然后照准第二个目标输出端的电信号状态为1101，那么此两目标间的角值就是由

0110 与 1101 所反映出的 6～13 区间的角度。

表 3-4　四码道度盘的二进制编码

区间	二进制编码	区间	二进制编码	区间	二进制编码	区间	二进制编码
0	0000	4	0100	8	1000	12	1100
1	0001	5	0101	9	1001	13	1101
2	0010	6	0110	10	1010	14	1110
3	0011	7	0111	11	1011	15	1111

可见，这种编码度盘所得到的角度分辨率 δ 与区间数 s 有关，即 $\delta=360°/s$。而区间数 s 又取决于码道数 n，即 $s=2^n$。由此可知，四码道编码度盘的角度分辨率为 $22.5°$。如果将码道增加到 9，角度分辨率也只有 $42.19'$。如果想提高分辨率，继续增加码道数，那么最里一圈的码道在一个区间的弧长将非常小。比如半径为 80mm 的度盘，码道数为 16，道宽为 1mm 时，最里一圈的码道在一个区间的弧长只有 0.006mm。由于制作这样小的接收原件非常困难，所以直接利用编码度盘不易达到较高的测角精度。

3.7.2.2　光栅度盘的测角原理

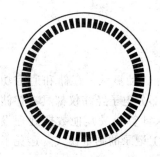

图 3-23　光栅度盘

光栅度盘测角使用较为广泛。在光学玻璃上均匀地刻画出很密的平行细纹就构成了光栅，如图 3-23 所示，为在玻璃圆盘的径向上刻画而形成的光栅度盘。将两块间隔相同的光栅重叠并成很小的交角，在垂直于光栅构成的平面方向上就形成莫尔干涉条纹。

如图 3-24 所示。莫尔条纹按正弦周期性变化，且光栅相对移动时，莫尔条纹在与其垂直的方向上移动（光栅每相对移动一条刻线，莫尔条纹在与其垂直的方向上正好移动一周期），其关系式为：

$$y=\frac{x}{\tan\varphi} \tag{3-20}$$

式中，y 为条纹移动量；x 为光栅相对移动量；φ 为光栅之间的夹角。

由于 φ 很小，莫尔条纹就起到了放大移动量的作用。光栅度盘测角就是利用这一性质来提高测角的分辨率。

如图 3-25 所示为光栅度盘的测角原理示意图。发光管、指示光栅和光电管的位置固定，由发光管发出的光信号通过光栅度盘和指示光栅形成的莫尔条纹落到光电管上。光栅度盘随照准部转动，度盘每转动一条光栅，莫尔条纹就变化一周期，通过莫尔条纹的光信号强度也变化一周期，光电管输出的电流也变化一周期。当望远镜照准起始方向时，使计数器处于 0°状态，那么照准第二个目标时，光电管输出电流的周期数就是两方向之间的光栅数。由于光栅之间的夹角是已知的，所以经过处理就可得到两方向之间的夹角。如果在输出电流的每个周期内再均匀内插 n 个脉冲，对脉冲进行记数，则相当于光栅刻线增加了 n 倍，即角度分辨率提高了 n 倍。

电子经纬仪的使用与经纬仪基本相同，主要包括安置仪器、对中、整平、瞄准和读数，区别在于电子经纬仪自动显示读数，直接记录即可。因不同厂家生产的电子经纬仪在结构、操作方法上有一定的差异，具体使用方法不再赘述。

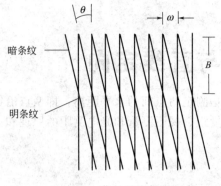

图 3-24　莫尔干涉条纹

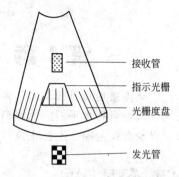

图 3-25　光栅度盘的测角原理

本 章 小 结

1. 角度测量包括测量水平角和竖直角。经纬仪的基本操作包括安置仪器、对中、整平、瞄准和读数。

2. 为了消除仪器的某些误差，水平角测量常采用测回法。测回法是对两个方向的单角进行观测，观测目标的程序是："左一右一右一左"。观测的方向多于两个时需采用方向观测法（全圆测回法），仍采用盘左和盘右进行观测。

3. 竖直角是观测目标的读数与起始读数之差。在观测前，应首先确定竖直角计算公式。观测时，采用测回法，读数前要使竖盘指标水准管气泡居中。DJ$_6$ 经纬仪指标差的变动范围不应超过 25″。

4. 水平角度观测误差主要来源于仪器误差、观测误差和外界因素的影响，经纬仪的结构必须完善，否则在使用前应进行检验与校正。

思 考 题

1. 什么叫水平角？什么叫竖直角？
2. DJ$_6$ 光学经纬仪的读数方法主要有几种？每种如何读数？
3. 经纬仪的基本操作主要分哪几步？每一步的目的是什么？
4. 水平角观测方法主要有几种？试简述其观测步骤。
5. 什么是竖盘指标差？如何计算？
6. 试推导竖直角的计算公式。
7. 试简述竖直角的观测步骤。
8. 经纬仪主要有哪几条几何轴线？其相互关系如何？
9. 经纬仪的主要检校项目有哪些？每一项的目的是什么？
10. 水平角观测的主要误差来源有哪些？怎样消除或减弱？
11. 水平角观测时，采用盘左盘右观测方法可消除哪些误差？
12. 电子经纬仪有哪些特点？

第4章　距离测量与直线定向

距离测量是测量的基本工作之一。距离测量主要是测定两点间的水平距离，即两点沿铅垂线方向投影到水平面上的距离。本章主要介绍钢尺量距、视距测量和光电测距的原理和方法，以及直线定向、坐标正算与坐标反算的基本知识。

4.1　钢尺量距

钢尺量距又称距离丈量，其优点是工具获取简单、使用方便，但其进行普通量距精度较低，在地势起伏较大地区或进行大面积测量时并不适宜，多用于工程测量或小面积测量工作。

4.1.1　丈量工具

钢尺也称钢卷尺，由钢制的尺带缠绕在金属架上制成，如图 4-1(a) 所示。钢尺宽度约 10～15mm，厚约 0.4mm，长度有 20m、30m、50m 等几种。钢尺的最小分划为毫米，在整厘米、整分米、整米处均有注记。钢尺按零点位置不同，可分为端点尺和刻线尺。端点尺是以尺前端的端点为零点，如图 4-2(a) 所示；刻线尺零点位于前端端点向内约 10cm 处，如图 4-2(b) 所示。使用时，须注意钢尺的类型，以防读错。除此之外量距工具还有皮尺，如图 4-1(b) 所示，但由于皮尺弹性大，只适用于精度较低的量距工作中。

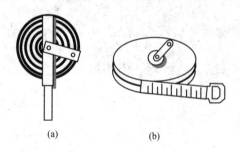

图 4-1　钢尺和皮尺

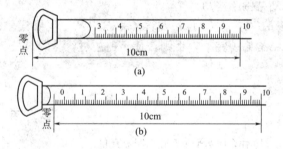

图 4-2　端点尺和刻线尺

除钢尺外，丈量距离还需要标杆、测钎和垂球等工具，如图 4-3 所示。测钎用粗铁丝制成，用于标志尺段的端点和计量整尺段数。标杆（花杆）用于标定直线，用长 2～3m、直径 3～4cm 的木杆或玻璃钢制成，杆上每隔 20cm 涂以红、白油漆，底部装有铁脚，以便插入土中。垂球用来对点、标点和投点。精密钢尺量距时还需拉力计和温度计。

图 4-3　测量辅助工具

4.1.2　直线定线

当两点间距离较长或地面起伏较大时，需要进行分段丈量。为了保证所有尺段在同一条直线上，需要在该待测直线方向上标定出若干个中间点，并且相邻点距不超过整尺长。这种在两点之间确定若干个中间点的工作，称为直线定线。定线方法常用目估定线法和经纬仪定线法。

（1）目估定线法　如图 4-4 所示，先在端点 A、B 上竖立标杆，测量员甲站在 A 点标杆 1~2m 处，由 A 标杆边缘瞄向 B 标杆，同时指挥中间测量员乙持标杆向左或向右移动，直到 A，1，B 三个标杆在一条直线上为止，同法可定出其他点位。由于定线的精度较低，此法一般用于普通钢尺量距。

（2）经纬仪定线法　如图 4-5 所示，定线时测量员在 A 点安置经纬仪，用望远镜十字丝的竖丝瞄准 B 点测钎，固定照准部。另一测量员持测钎由 B 走向 A，按照观测员的指挥，将测钎垂直插入由十字丝交点所指引的方向线上，得 1，2，3，4 等中间点。由于定线的精度较高，此法一般用于精密钢尺量距。

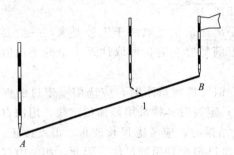

图 4-4　目估定线法

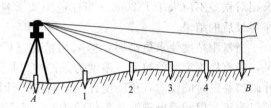

图 4-5　经纬仪定线法

4.1.3　距离丈量的一般方法

（1）平坦地面量距　在平坦地区，量距精度要求不高时，采用整尺法量距。首先在待测直线上定线，然后将钢尺沿地面逐段丈量，丈量时要认清钢尺的零点，用力适当，将钢尺拉直、拉平后再读数。读数时要看清钢尺的注记，读数要迅速、准确。各尺段长度之和即为两点间的水平距离。

（2）倾斜地面量距

① 平量法　倾斜地面各尺段间高差不大，可将尺一端抬高，或两端同时抬高，目估使尺面水平，尺的末端用垂球对点，逐段丈量，各段丈量之和为所求水平距离。如图 4-6 所示。此种情况下，一般按从高向低的方向，分段丈量。

② 斜量法　如图 4-7 所示，倾斜地面坡度较大，且坡度较均匀时，可沿斜坡量出倾斜距离 D'，再测出两点间高差 h，或测出其地面坡度角 α，按式（4-1）或式（4-2）计算水平距离 D。

$$D = \sqrt{D'^2 - h^2} \tag{4-1}$$

$$D = D'\cos\alpha \tag{4-2}$$

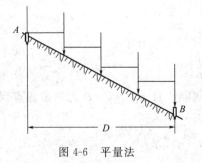

图 4-6　平量法

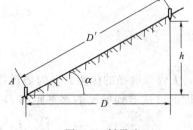

图 4-7　斜量法

4.1.4　距离丈量的精度

为避免丈量错误和提高精度，钢尺量距通常采用往返丈量。钢尺量距的精度一般采用相对误差衡量，即往返丈量结果之差与往返丈量结果平均数的比值，通常用分子化为1的分数形式表示，且分母舍至百位，如式(4-3)。相对误差的分母越大，则量距的精度越高。

$$K = \frac{|D_{往} - D_{返}|}{(D_{往} + D_{返})/2} = \frac{1}{M} \tag{4-3}$$

【例 4-1】丈量直线 AB，往测 $D_{AB} = 512.56\text{m}$，返测 $D_{BA} = 512.35\text{m}$，则该段距离丈量相对误差为：

$$K = \frac{|512.56 - 512.35|}{(512.56 + 512.35)/2} = \frac{0.21}{512.46} \approx \frac{1}{2400}$$

普通钢尺量距的精度能达到 $1/1000 \sim 1/5000$。距离测量精度取决于工程要求，一般要求相对误差不应大于 $1/2000$。当往返距离丈量的精度满足要求后，可取往返丈量的平均值作为最后的结果。

当量距精度要求更高时，应采用精密量距方法。钢尺精密量距时，应选用鉴定过的钢尺，带有以鉴定时的拉力、温度为条件的尺长方程式；定线时必须采用经纬仪定线，用拉力计施加鉴定时的拉力，用温度计测定温度。计算丈量结果时，应考虑尺长改正、温度改正、倾斜改正。但随着电磁波测距仪的普及，精密距离丈量已很少采用钢尺法。因此，相关内容可参阅有关书籍，不再赘述。

4.2　视距测量

视距测量是利用测量仪器上的望远镜的视距装置，根据几何光学原理，同时测定两点间水平距离和高差的一种方法。经纬仪、水准仪等仪器上都有视距丝装置，如图 4-8 所示。

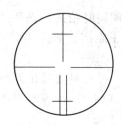

视距测量具有操作方便、观测速度快、不受一般地面起伏限制的优点，但视距测量的精度一般为 $1/200 \sim 1/300$，精度较低，多用于地形测图的碎部测量中。

4.2.1　视距测量的基本原理

(1) 视准轴水平时的距离与高差的测量原理　在图 4-9 中，欲测定 A、B 两点间的水平距离 D 和高差 h。首先在 A 点安置经纬仪，在 B 点立视距尺，使望远镜水平照准视距尺，此时视准轴垂直于视距

图 4-8　视距丝

尺。通过上下视距丝读数可以读出尺上 MN 的长度，称尺间隔，设为 l。由图 4-9 可见，$\triangle FMN \cong \triangle Fmn$，则

$$\frac{d}{l} = \frac{f}{mn} \tag{4-4}$$

$$d = \frac{l}{mn}f = \frac{f}{p}l \tag{4-5}$$

式中，f 为望远镜的焦距；p 为望远镜视距丝间隔，且 $p = mn$；d 为物镜焦点到视距尺的距离。因此，仪器到标尺的水平距离 D 为

$$D = d + f + \delta = \frac{f}{p}l + f + \delta \tag{4-6}$$

令 $k = f/p$，称 k 为视距乘常数，在仪器设计时一般使 $k = 100$。

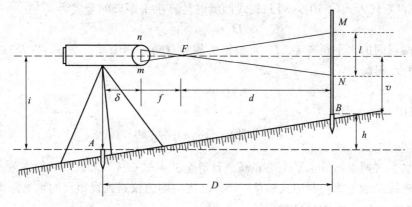

图 4-9　视线水平时视距测量原理

式(4-6) 中 $f+\delta$ 称为外对光望远镜的加常数。目前国内外生产的仪器均为内对光望远镜，$f+\delta$ 值趋近于零，因此内对光望远镜计算水平距离的公式为

$$D=kl=100l \tag{4-7}$$

由图 4-9 可见，A、B 两点间高差计算公式为

$$h=i-v \tag{4-8}$$

式中　i——仪器高；

　　　v——视准轴水平时的中丝读数。

(2) 视准轴倾斜时的距离和高差测量原理　上述式(4-7)、式(4-8) 仅适用于视准轴水平的情况。当两点高差较大时，必须使视准轴倾斜才能读取尺面上的读数，如图 4-10 所示。这种情况下，先设想视距尺以中丝读数 O 这一点为中心转动 α 角，使视距尺仍与视准轴相垂直。这时上、下丝在尺面上截取尺间隔为 $A'B'=l'$，则倾斜距离为 D' 为

$$D'=kl' \tag{4-9}$$

将其化为水平距离则为

$$D=D'\cos\alpha=kl'\cos\alpha \tag{4-10}$$

由于尺间隔 $AB=l$。因此需要找出 l 与 l' 间的关系，以 l 代替式(4-10) 中的 l'，才能算得水平距离 D。如图 4-10 所示，由于 φ 角很小，则又可以得到 l 与 l' 间的关系，即

$$l'=l\cos\alpha \tag{4-11}$$

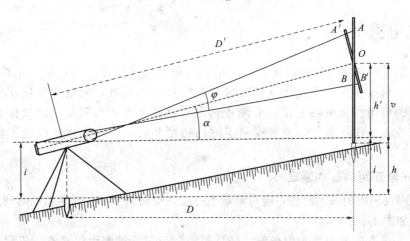

图 4-10　实现倾斜时的视距测量原理

将式(4-11)代入式(4-10)，得到视线倾斜时计算水平距离的公式为

$$D=kl\cos^2\alpha \tag{4-12}$$

在求得两点间的水平距离 D 后，可根据所测竖直角 α 和中丝读数 v，以及仪器高 i，计算出 A、B 两点间高差 h

$$h=D\tan\alpha+i-v \tag{4-13}$$

将式(4-12)代入式(4-13)，则

$$h=\frac{1}{2}kl\sin2\alpha+i-v \tag{4-14}$$

当视线水平时两点间的水平距离和高差计算公式与式(4-7)和式(4-8)一致。在水准测量中，由于视线是水平的，利用式(4-7)计算的视距即为仪器到视距尺的水平距离。

4.2.2 视距测量的观测与计算

（1）安置　测站点上安置经纬仪，量取仪器高 i，记入手簿，在待测点上竖立视距尺。

（2）盘左瞄准与读数　盘左位置瞄准视距尺，读取下丝读数 a、上丝读数 b 和中丝读数 v。

（3）读取竖盘读数　转动指标水准管微动螺旋，使竖盘指标水准管气泡居中，读取竖盘读数，并记入手簿。

（4）计算水平距离与高差

【例 4-2】 已知视距 $kl=100$m，竖直角 $\alpha=-15°29'$，仪器高 $i=1.45$m，中丝读数 $v=1.56$m，求两点间水平距离 D 和高差 h。

解： 由式(4-12)、式(4-14)计算得

$$D=100\times\cos^2(-15°29')=92.9(\text{m})$$

$$h=\frac{1}{2}\times100\times\sin[2\times(-15°29')]+1.45-1.56=-25.84(\text{m})$$

为简化计算和提高观测速度，在观测中可使中丝读数 v 等于仪器高 i，读取竖盘读数 L；然后利用竖直微动螺旋使上丝（正像仪器为下丝）对准整分米数，直接读取视距间隔 l。这种做法适用于地形起伏较大的地区。在平坦地区，首先使竖盘指标水准管气泡居中，然后用竖直微动螺旋使竖盘读数为 $90°$（或 $270°$），即用水平视线观测，从而提高工作效率。

4.3 光电测距

钢尺量距是一项十分繁重的工作，视距法测距克服了地形条件限制，虽然操作简便，但测程较短，精度较低。随着计算机技术和光电技术的发展，光电测距仪在实际生产中已得到广泛的应用。光电测距仪具有测程远、精度高、受地形限制小以及作业效率高等优点，大大改善了作业条件，显著提高了测距精度和效率，革命性地改变了传统测距的方式和方法。

4.3.1 光电测距的基本原理

光电测距仪测距的基本原理：通过测量电磁波在待测两点间往返传播的时间来计算两点间的距离。如图 4-11 所示。

测距仪从 A 点向 B 点发射电磁波，经反射棱镜反射后被测距仪接收，若测出电磁波在 A、B 两点间的传播时间 t，则 A、B 间的距离为

$$D = \frac{1}{2}ct \qquad (4\text{-}15)$$

式中　c——电磁波在大气中的传播
　　　　　速度；

　　　t——电磁波在大气中传播的
　　　　　往返时间。

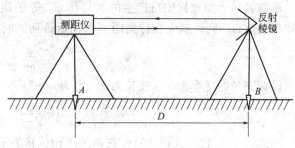

图 4-11　光电测距原理

光波在测线中所经历的时间，既
可以直接测定，也可间接测定。如果
要保证测量距离 D 的精度达到
± 1cm，时间的测定精度必须达到 6.7×10^{-11} s，这样高的测时精度，在目前的技术条件下
是很难达到的。因此对于高精度的测距来说，不能直接测定时间，而是采用间接的测时方
法。根据测定时间 t 的方法不同，光电测距的仪器可以分为脉冲式和相位式两种。下面主要
介绍相位式测距仪。

4.3.2　相位式光电测距仪工作原理

相位式光电测距仪是通过测量电磁波在待测两点间往返传播所产生的相位变化，测定调
制波长的相对值来求出距离。测距仪的基本工作原理和工作过程可用图 4-12 来说明。

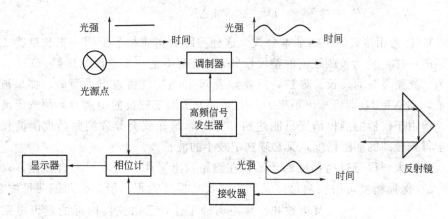

图 4-12　相位式光电测距仪的工作原理

由光源灯产生的光经过调制器后，成为调制光，经过待测点的反射镜后被接收器接收，
然后由相位计将发射信号与接收信号进行相位比较，获得调制光在被测距离上往返传播所引
起的相位移 φ，并利用显示器显示出来。如果将调制光在 A、B 两点间的往程和返程展开，
就会得到图 4-13 所示的图形。

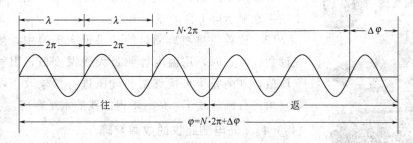

图 4-13　相位式测距原理

调制光在传播过程中所产生的相位移 φ，等于调制光的角速度 ω 乘以传播的时间 t，若已知角速度 ω，则调制光在待测距离上往返传播的时间如式(4-16) 所示。

$$t = \frac{\varphi}{\omega} \tag{4-16}$$

设调制光的频率为 f，波长为 λ，因为 $\omega = 2\pi f$，所以

$$t = \frac{\varphi}{2\pi f} \tag{4-17}$$

将式(4-17) 代入式(4-15)，就得到用相位移表示的测距公式为

$$D = \frac{c\varphi}{4\pi f} \tag{4-18}$$

因为相位移是以 2π 为周期变化的，由图 4-13 可知

$$\varphi = 2\pi N + \Delta\varphi = 2\pi(N + \Delta N) \tag{4-19}$$

式中 N——调制光往返总相位移整周数个数，其值可为零或正整数；

$\Delta\varphi$——不足整周期的相位移尾数，其中 $\Delta\varphi$ 小于 2π；

ΔN——不足整周期的小数，$\Delta N = \Delta\varphi/2\pi$。

将式(4-19) 代入式(4-18)，考虑到 $f = c/\lambda$，则

$$D = \frac{\lambda}{2}(N + \Delta N) \tag{4-20}$$

式(4-20) 即为相位式测距的基本公式。这种测距的实质相当于用一把长度为 $\lambda/2$ 的钢尺来丈量距离一样。N 为被测距离的整尺段数，ΔN 为不足一个整尺的尾数，$\lambda/2$ 为测尺长度，可视为"光测尺"的尺长。显然，只要知道 N 和 ΔN 就可以求出距离。如果被测距离小于半波长，则 $N = 0$，即可算出距离 D。因此，为了测定较长的距离，必须选定波长较大的电磁波，但由于仪器的测相精度只能达到 1/1000，这样就会导致测距精度随波长增大而降低。为了得到较高的测距精度，又必须选定较小的波长。

为了解决扩大测程与提高精度的矛盾，在测距仪上采用一组测尺配合测距，以短测尺（又称精测尺）保证精度，用长测尺（又称粗测尺）保证测程。粗、精两把测尺配合使用，

其读数和计算距离的工作，已由仪器内部的逻辑电路自动完成，测量结果在显示屏上直接显示出来。

4.3.3   光电测距仪的使用

（1）安置   测距时，将测距仪和反射镜（图 4-14）分别安置在测线的两端，仔细对中和整平，照准反射镜，打开电源，若反射镜反射回的光强信号满足要求，则开始测距，测距结果在显示屏上自动显示出来。

（2）读数   将距离测量的结果记入手簿中，接着读取竖盘读数。测距时，用温度计测量大气温度值，用气压计测量气压值，观测完毕可按气温和气压进行气象改正，按测线的竖直角进行倾斜改正，最后求得测线的水平距离。

4.3.4   光电测距仪的成果整理

利用光电测距仪直接测得的距离为包含各种因素影响的斜距，必须经过改正后才能获得两点间的水平距离。这些改

图 4-14   反射镜

正大致包括三类：其一是仪器系统误差改正；其二是大气折射率变化所引起的改正；其三是归算改正。仪器系统误差改正包括加常数改正、乘常数改正和周期误差改正。电磁波在大气中传播时受气象条件的影响较大，因而要进行大气改正。

现代先进的测量仪器，如全站仪具有自动计算功能，通过设置比例因子、改正系数、改正常数等，可自动进行一些改正计算，自动显示改正后的水平距离。

4.3.5　手持激光测距仪简介

手持激光测距仪是一种利用脉冲式激光进行距离测量的仪器，只要按一个测量键就可进行长度、面积和体积测量。其测距范围一般为 $10\sim800\mathrm{m}$，测量结果以数字形式显示，测距精度可达毫米级。手持激光测距仪体积小、重量轻、使用方便，无需合作目标就可测量。在测距时，手不能抖动，精度要求较高时，需要固定仪器，以减少误差。手持激光测距仪在房产测量、古旧建筑物测量以及建筑施工测量中应用较多。

在测量面积时，利用手持激光测距仪测量出两个相互垂直方向的距离后，屏幕上自动显示计算的面积。在体积测量中，分别照准三个相互垂直的方向进行测距，屏幕上自动显示测量的三个距离及其相乘的体积。另外，手持激光测距仪还可以穿过障碍物进行测量，根据需要可设置长度、面积和体积的单位。

4.4　直线定向

在同一平面上，要确定两点间的相对位置，除了测量两点间的水平距离，还要确定直线的方向。确定地面上一条直线与标准方向间夹角的工作，称为直线定向。

4.4.1　标准方向的种类

测量中常用的标准方向有三种：真子午线方向、磁子午线方向和坐标纵轴方向，如图4-15 所示。

4.4.1.1　标准方向

（1）真子午线方向　过地面上某点真子午线的切线方向，称为该点的真子午线方向。真子午线方向可用天文观测方法和陀螺经纬仪测定。

（2）磁子午线方向　过地面上某点磁子午线的切线方向，称为该点的磁子午线方向。也就是磁针在自由静止时其北端所指的方向。磁子午线方向一般用罗盘仪或磁针结合经纬仪测定。由于磁子午线收敛于地磁南、北两极，地面上各点的磁子午线方向，一般来说并不平行。

（3）坐标纵轴方向　直角坐标系纵轴所指的北方向，称为坐标纵轴方向。若采用高斯平面直角坐标系，坐标纵轴方向就是中央子午线的北方向，此时地面各点的坐标北方向相互平行。

我国位于北半球，真子午线方向、磁子午线方向和坐标纵轴方向合称为三北方向，其图又称为三北方向线或三北方向图。

4.4.1.2　子午线收敛角与磁偏角

（1）子午线收敛角　由于真子午线收敛于地轴的南北两极，地面上各点的真子午线方向一般不平行。两地面点真子午线方向间的夹角，称为该两点子午线收敛角，常以 γ 表示，其值为

$$\gamma = \Delta L \sin\varphi \tag{4-21}$$

式中　ΔL——两点间的经度差；

　　　φ——两点间的纬度平均值。

　　在高斯平面直角坐标系中，某点真子午线方向与坐标纵轴方向间的夹角，实际上就是该点的真子午线方向与中央子午线间的收敛角。由图 4-16 可以看出，离中央子午线越远的地面点，其子午线收敛角越大。为了计算方便，规定在中央子午线以东地区的子午线收敛角为正，以西子午线收敛角为负。

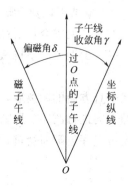

图 4-15　三北方向线

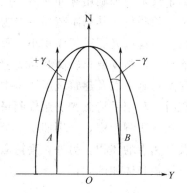

图 4-16　子午线收敛角

　　(2) 磁偏角　由于地球南北磁极与地理南北极不重合，地面上某点的磁子午线方向与真子午线方向并不一致。其两方向间的夹角称为磁偏角，用 δ 表示。如图 4-15 所示，当磁子午线北端在真子午线以东时，称为东偏，δ 取正值；当偏在真子午线以西时，称为西偏，δ 取负值。

　　地球上不同地面点的磁偏角是不同的。我国境内的磁偏角在 $-10°\sim+6°$ 之间。

4.4.2　直线方向的表示方法

　　测量上，表示直线方向的方法有方位角和象限角两种。

4.4.2.1　方位角及其关系

　　(1) 方位角　由标准方向的北端起，沿顺时针方向量至某直线的水平角，称为该直线的方位角。方位角的取值范围为 $0°\sim360°$。如图 4-17 所示。以真子午线作为标准方向的方位角，称为真方位角，用 A 表示。以磁子午线作为标准方向的方位角，称为磁方位角，用 m 表示。以坐标纵轴作为标准方向的方位角，称为坐标方位角，用 α 表示。

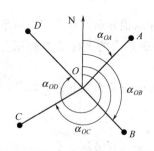

图 4-17　方位角

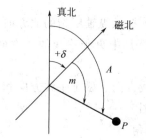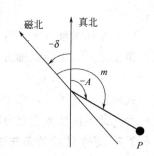

图 4-18　真方位角与磁方位角的关系

　　(2) 不同方位角的关系　根据上述 δ 和 γ 正负号的有关规定，如图 4-18 所示，真方位

角、磁方位角和坐标方位角之间的关系为

$$A = m + \delta \tag{4-22}$$

$$A = \alpha + \gamma \tag{4-23}$$

$$\alpha = m + \delta - \gamma \tag{4-24}$$

式中 δ 和 γ 本身应带有正负号。

（3）正反坐标方位角　在一个直角坐标系中，地面各点的纵坐标轴方向线均是平行的。在一个高斯投影带中，中央子午线的投影为纵坐标轴，其他各处的纵坐标轴方向都与中央子午线平行。因而，在普通测量工作中，以纵坐标轴方向作为标准方向，用坐标方位角来表示直线的方位，计算就方便了。如图 4-19 所示，设直线 A 至 B 的坐标方位角为 α_{AB}，B 至 A 的方位角为 α_{BA}，若方位角 α_{AB} 称为正坐标方位角，则方位角 α_{BA} 称为反坐标方位角。显然，正、反坐标方位角相差 $180°$，即

$$\alpha_{AB} = \alpha_{BA} \pm 180° \tag{4-25}$$

式中，当 α_{AB} 大于 $180°$ 时，则式（4-25）取"$-$"号，当 α_{AB} 小于 $180°$ 时，取"$+$"号。

4.4.2.2　象限角及其与坐标方位角的关系

（1）象限角　有时也用象限角来表示直线的方向。从标准方向的北端或南端起，顺时针或逆时针方向量至某一直线的锐角，称为该直线的象限角。一般用 R 表示，其取值范围为 $0°\sim90°$。由于象限角与所在象限有关，因此用象限角表示直线的方向，不仅要注明角度数值的大小，还要标明角度的偏转方向。如图 4-20 所示，如某直线的象限角可表示为北偏东 $40°$，或者表示为北 $40°$ 东。

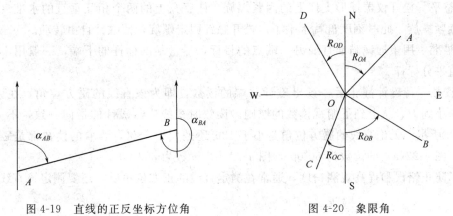

图 4-19　直线的正反坐标方位角　　　　图 4-20　象限角

（2）坐标方位角与象限角的关系　根据坐标方位角与象限角的定义，它们之间的换算关系见表 4-1。

表 4-1　方位角与象限角的关系

直线方向	由 R 推算 α	由 α 推算 R
北东（第Ⅰ象限）	$\alpha = R$	$R = \alpha$
南东（第Ⅱ象限）	$\alpha = 180° - R$	$R = 180° - \alpha$
南西（第Ⅲ象限）	$\alpha = 180° + R$	$R = \alpha - 180°$
北西（第Ⅳ象限）	$\alpha = 360° - R$	$R = 360° - \alpha$

4.4.3　直线定向的方法

4.4.3.1　罗盘仪定向

罗盘仪是测定直线磁方位角的仪器。它构造简单，使用方便，广泛应用于各种精度要求

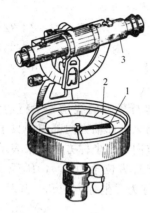

图 4-21 罗盘仪的构造

1—磁针；2—刻度盘；3—望远镜

不高的测量工作中。

（1）罗盘仪的构造 罗盘仪主要由罗盘、望远镜、水准器三部分组成。如图 4-21 所示。

① 罗盘 罗盘包括磁针和刻度盘两部分。磁针用人造磁铁制成，磁针支撑在刻度盘中心的顶针尖端上，磁针可灵活转动。当它静止时，可指示磁子午线方向。地球的北半球对磁针北端的引力较大，造成磁针北端倾斜，从而产生磁倾角，为了使其平衡，在磁针的南端缠绕细铜丝或铝块用以平衡。为了防止磁针的磨损，不用时，可旋紧磁针固定螺旋，将磁针固定。刻度盘基本分划为 1°或 0.5°，按逆时针从 0°注记到 360°。

② 望远镜 罗盘仪的望远镜一般为外对光望远镜，由物镜、目镜、十字丝所组成。用支架装在刻度盘的圆盒上，可随圆盒在水平方向转动，也可在竖直方向转动。望远镜的视准轴与度盘上 0°与 180°直径方向重合。支架上装有竖直度盘，可用于测量竖直角。

③ 水准器 在罗盘盒内装有两个互相垂直的管状水准器或圆水准器，用以整平仪器。此外，还有水平制动螺旋，望远镜的竖直制动和微动螺旋，以及球窝装置和连接装置。

（2）罗盘仪的使用 用罗盘仪测定直线磁方位角的步骤如下：

① 对中 罗盘仪安置在待测直线的一端，使铅垂对准测站点。

② 整平 松开仪器球形支柱上的固紧螺旋，使度盘上的两个相互垂直的水准气泡同时居中，旋紧螺旋，此时刻度盘就水平了。松开磁针固定螺旋，使磁针自由转动。

③ 瞄准 用望远镜瞄准直线另一端点的目标，尽量瞄准标杆的下端，一般用十字丝的竖丝垂直平分标杆。

④ 读数 待磁针静止后，读出磁针北端的读数，即为该直线的磁方位角。在读取时，要遵循从小到大、从上到下俯视读数的原则。读数时视线应与磁针的指向一致，不应斜视。如图 4-22 所示。无论直线的磁方位角是小于 180°还是大于 180°，读取的读数都是磁针北端的读数，图 4-22(a) 的读数为 60°00′，图 4-22(b) 读数为 303°00′。

为了防止错误和提高观测精度，通常在测定直线的正方位角后，还要测定该直线的反方

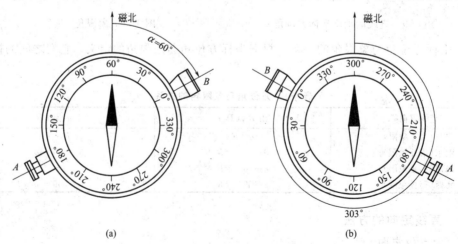

(a)   (b)

图 4-22 罗盘仪刻度和读数

位角。如误差在规定的限差范围内，可取平均数作为最后结果，即

$$\alpha=\frac{1}{2}\left[\alpha_{正}+(\alpha_{反}\pm180°)\right] \tag{4-26}$$

式(4-26)中的180°正负号的选取方法与式(4-25)一致。

4.4.3.2　陀螺仪定向

（1）陀螺仪的定向原理　在直线定向精度要求较高时，一般采用利用力学原理求得真北方向的陀螺经纬仪。陀螺经纬仪由陀螺仪装置和测定角度值的经纬仪组成，其关键装置之一是陀螺仪，简称陀螺，又称回转仪。陀螺仪主要由一个高速旋转的转子、支撑转子的一个或两个框架构成。具有一个框架的称二自由度陀螺仪；具有内外两个框架的称三自由度陀螺仪。经纬仪上安置悬挂式陀螺仪，是利用其指北性确定真子午线北方向，再用经纬仪测出真子午线北方向至待定方向所夹的水平角，即真方位角。指北性是指悬挂式陀螺仪在受重力作用和地球自转角速度影响下，陀螺轴将产生进动、逐渐向真子面靠拢，最终达到以真子面为对称中心，作角简谐运动的特性。

高速旋转物体的旋转轴，对于改变其方向的外力作用有趋向于铅直方向的倾向，而且，旋转物体在横向倾斜时，重力会向增加倾斜的方向作用，而轴则向垂直方向运动，就产生了摇头的运动（岁差运动）。当陀螺经纬仪的陀螺旋转轴以水平轴旋转时，由于地球的旋转而受到铅直方向旋转力，陀螺的旋转体向水平面内的子午线方向产生岁差运动，当轴平行于子午线而静止时，其指向可加以应用。

（2）陀螺仪的构造　陀螺经纬仪由陀螺装置与经纬仪组合而成，陀螺装置由陀螺部分和电源部分组成。如图 4-23 所示。

陀螺本体在装置内用丝线吊起使旋转轴处于水平。当陀螺旋转时，由于地球的自转，旋转轴在水平面内以真北为中心产生缓慢的岁差运动。旋转轴的方向由装置外的目镜可以进行观测，陀螺指针的振动中心方向指向真北。利用陀螺经纬仪的真北测定方法有"追尾测定"和"时间测定"等。

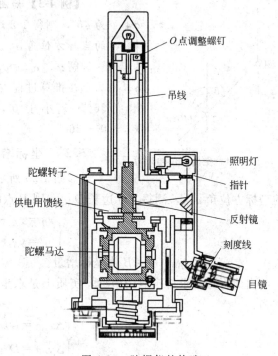

图 4-23　陀螺仪的构造

在地下隧道测量、煤矿巷道测量以及由于不能和已知点通视而无法确定方位、方向角的情况下，广泛应用陀螺经纬仪进行定向。具体观测方法不再详述，可参阅相关文献。

4.5　坐标方位角推算与坐标计算

平面上点与点的相对位置，可用它们的直角坐标表示，也可用两点间的水平距离和坐标方位角表示。实际上二者之间具有内在的联系。地面点的坐标是通过坐标方位角推算和坐标计算确定的。

4.5.1 坐标方位角推算

实际测量工作中，并不是直接测定每条边的坐标方位角，而是根据起始边的已知坐标方位角及转折角 β 按公式来推算。推算时，转折角 β 有左角和右角（按转折角在路线前进方向的左侧或右侧来判断）之分，分别按式（4-27）和式（4-28）来计算。

当转折角 β 为左角时，利用下式计算：

$$\alpha_{前} = \alpha_{后} + \beta_{左} + 180° \qquad (4\text{-}27)$$

当转折角 β 为右角时，利用下式计算：

$$\alpha_{前} = \alpha_{后} - \beta_{右} + 180° \qquad (4\text{-}28)$$

式中　$\alpha_{后}$——转折前已知边的坐标方位角；

　　　$\alpha_{前}$——转折后待求边的坐标方位角。

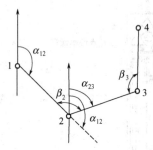

图 4-24　坐标方位角推算

【**例 4-3**】 如图 4-24 所示，已知起始边 1-2 的坐标方位角为 46°，测得 1-2 边与 2-3 边的转折角 $\beta_2 = 125°10'$，试求边 2-3 的坐标方位角 α_{23}。

解：　$\alpha_{23} = \alpha_{12} + 180° + \beta_2 = 46° + 180° + 105°10' = 71°10'$

在推算过程中若推算出的方位角 $\alpha_{前}$ 大于 360°，则应减去 360°；若小于 0°，则应加上 360°，要保证方位角范围为 0°～360°。

4.5.2 坐标增量计算

如图 4-25 所示，已知点 A 的坐标为 (x_A, y_A) 和 AB 边的坐标方位角 α_{AB}，测得 AB 边长 D_{AB}，则 B 点的坐标 (x_B, y_B) 计算公式为：

$$\begin{cases} x_B = x_A + \Delta x_{AB} \\ y_B = y_A + \Delta y_{AB} \end{cases} \qquad (4\text{-}29)$$

式中　Δx_{AB}，Δy_{AB}——AB 边坐标增量。

由此可见，求待定点的坐标，实质上是求坐标增量。由图 4-25 可知，坐标增量计算公式为：

$$\begin{cases} \Delta x_{AB} = D_{AB} \cos\alpha_{AB} \\ \Delta y_{AB} = D_{AB} \sin\alpha_{AB} \end{cases} \qquad (4\text{-}30)$$

4.5.3 坐标正算

根据已知点的坐标、观测边长及其坐标方位角计算待求点的坐标，称为坐标正算。如图 4-25 所示，假设已知点 A 的坐标为 (x_A, y_A) 和 AB 边的坐标方位角 α_{AB}，测得 AB 边长 D_{AB}，先按式（4-30）求出 AB 边坐标增量 Δx_{AB}、Δy_{AB}，再按式（4-29）即可求出点 B 坐标 (x_B, y_B)。计算坐标增量时，sin 和 cos 函数值随着 α 角所在象限的不同有正负之分，坐标增量的计算值也有正负号。

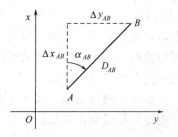

图 4-25　坐标增量的计算

【**例 4-4**】 设 AB 边长为 $D_{AB} = 100\text{m}$，方位角为 $\alpha_{AB} = 77°34'48''$，A 点坐标为 (1000.55, 1200.10)（单位：m），求 B 点坐标。

解： $x_B = x_A + \Delta x_{AB} = 1000.55 + 100 \times \cos77.58° = 1022.06$ （m）

　　　$y_B = y_A + \Delta y_{AB} = 1200.10 + 100 \times \sin77.58° = 1297.76$ （m）

4.5.4　坐标反算

根据某一线段两端点的平面直角坐标，计算两点间的水平距离和该直线的坐标方位角，称为坐标反算。由图 4-24 可得

$$D_{12}=\sqrt{\Delta x_{12}^2+\Delta y_{12}^2}=\sqrt{(x_2-x_1)^2+(y_2-y_1)^2} \tag{4-31}$$

$$\tan\alpha_{12}=\frac{\Delta y_{12}}{\Delta x_{12}}=\frac{y_2-y_1}{x_2-x_1} \tag{4-32}$$

由式(4-32) 经反正切而得出的角值为象限角 α。应根据象限角和方位角的关系计算出方位角。

【例 4-5】 已知直线 AB 的起点 A 的坐标为 $x_A=100.000$m，$y_A=100.000$m，终点 B 的坐标为 $x_B=124.628$m，$y_B=87.389$m，求该线段的水平距离 D_{AB} 及其坐标方位角 α_{AB}。

解： $\Delta x_{AB}=x_B-x_A=124.628-100.000=24.628$（m）

$\Delta y_{AB}=y_B-y_A=87.389-100.000=-12.611$（m）

$D_{AB}=\sqrt{\Delta x_{AB}^2+\Delta y_{AB}^2}=\sqrt{24.628^2+(-12.611)^2}=27.669$（m）

$\alpha=\left(\tan\dfrac{\Delta y_{AB}}{\Delta x_{AB}}\right)^{-1}=-27°06'54''$

因 $\Delta x>0$，$\alpha<0$，所以 $\alpha_{AB}=-27°06'54''+360°=332°53'06''$

本 章 小 结

距离是确定地面点位的基本几何要素之一。本章主要介绍了距离丈量、直线定向和坐标计算的基本原理与方法。

1. 距离测量方法有钢尺量距、视距测量和光电测距等。钢尺量距分为普通钢尺量距和精密钢尺量距。视距测量是根据光学原理进行测距的方法，测距精度较低。光电测距是根据电磁波传播速度和时间测量距离的方法，测距精度较高。按测定时间的方法不同，光电测距的仪器可以分为脉冲式和相位式两种。

2. 标准方向有真子午线方向、磁子午线方向和坐标纵轴方向。直线的方向通常用方位角表示，也可用象限角表示，按标准方向不同，方位角分为真方位角、磁方位角和坐标方位角。坐标方位角有正反方位角之分，其差值为 180°。直线定向方法有罗盘仪法和陀螺仪法。

3. 利用坐标方位角和边长计算坐标增量，由已知点的坐标推算出未知点的坐标，称为坐标正算。反之，称为坐标反算。

思 考 题

1. 简述钢尺量距的基本要求。

2. 为什么要进行直线定线？直线定线的方法有哪几种？

3. 一直线的距离，往测为 327.43m，返测为 327.35m，试求直线距离和相对误差。

4. 简述视距测量的基本原理和观测方法。

5. 测量上的标准方向有哪些？是如何定义的？

6. 什么叫方位角？方位角有哪几种？

7. 已知 A 点坐标为（1000.00，1000.00），B 点到 A 点的水平距离为 200.00m，AB 边的坐标方位角为 $60°00'00''$，试计算 B 点的坐标。

8. 方位角与象限角的关系是什么？

9. 正反坐标方位角的关系是什么？

10. 在 A 点量取经纬仪高度 $i=1.400$m，望远镜照准 B 点标尺，中丝、上丝、下丝读数分别为 $v=1.400$m，$b=1.242$m，$a=1.558$m，$\alpha=3°27'$，试求 A、B 两点间的水平距离和高差。

第5章 测量误差的基本知识

测量结果中一般都含有测量误差。本章主要介绍测量误差的来源与分类、偶然误差的基本特性、衡量测量成果精度的标准、误差传播定律及其基本应用。

5.1 测量误差的来源与分类

5.1.1 测量误差的概念

对某个量进行多次观测，各观测值之间一般都存在一些差异。例如，对两点间的高差进行重复测量，即使同一个人用同一台仪器在相同的外界条件下进行观测，测得的高差也往往不相等；又如，观测一平面三角形的三个内角，测得的三内角之和不等于其理论值180°，等等。这种观测值之间或观测值与真值之间的差异称为测量误差。

由于测量工作是利用测绘仪器和工具在外界环境下通过人的操作完成的，测量结果中不可避免地存在测量误差。研究测量误差的目的是掌握其分布规律，根据含有误差的观测值，通过数据处理（测量平差）求得观测量的最可靠值，评定观测成果的精度。

5.1.2 测量误差的来源

测量误差来源于测量的工作过程，其影响因素概括起来有以下三个方面。

（1）测量仪器 测量仪器对测量结果的影响主要体现在两个方面：一是仪器本身精度的限制，例如用 J_6 经纬仪测角，测微尺上只能读到分，秒值则需要估读；用只有厘米刻划的水准尺进行水准测量，毫米就要估读，而估读就必然产生误差。二是仪器构造的不完善，例如水准仪的水准管轴不平行于视准轴，不论校正工作做得如何仔细，总会残存有 i 角，从而引起读数误差。

（2）观测者 测量成果是由人操作仪器观测取得的，由于观测者感觉器官鉴别能力的限制，所以在对中、整平、照准、读数等每一步操作过程中都将产生误差。此外，观测者的观测习惯、操作熟练程度和责任意识都会对观测成果造成不同程度的影响。

（3）外界环境 测量工作一般都是在野外进行的，测量时的外界环境如温度、湿度、风力、光照、烟雾以及大气折光等在不断地变化，都会对观测成果造成影响，如温度的变化会使钢尺产生伸缩，风吹和暴晒使仪器性能不稳定，烟雾使成像不清晰，大气折光使照准产生偏差等。

测量仪器、观测者和外界环境是产生测量误差的主要因素，统称为"观测条件"。观测条件相同的观测称为等精度观测，相反，称为不等精度观测。不论观测条件如何，观测结果中都会含有误差。因此，在观测过程中，应尽量地减弱其对观测结果的影响。

5.1.3 测量误差的分类

测量误差一般按照其性质分为系统误差和偶然误差。

（1）系统误差 在相同的观测条件下对某个量作一系列观测，如果误差在大小和符号上表现出一定的规律性，这类误差称为系统误差。例如，用一名义长度为30m，而实际长度为30.003m的钢尺丈量某一距离，每丈量一个整尺就将产生0.003m的误差。丈量距离越长，丈量结果中的误差越大，即与距离长度成正比，但误差符号始终不变，这个误差就是系统误差。在水准测量中，因水准尺没有扶直，使尺上读数总是偏大，这项误差的大小虽然没有规律，但符号始终不变，也属系统误差。

系统误差对测量结果的影响具有积累性，所以对成果质量的危害较大。由于系统误差总表现出一定的规律，可以根据它的规律，采取相应措施，把它的影响尽量地减弱直至消除。例如，在距离丈量中，加入尺长改正，可以消除尺长误差；在观测水平角时，取盘左、盘右两半测回角值的平均值可以消除视准轴不垂直于横轴的误差；在水准测量中，使前后视距大致相等，可以减弱 i 角误差、地球曲率和大气折光的影响。

（2）偶然误差　在相同的观测条件下对某个量作一系列观测，如果误差在大小和符号上表面上看都没有规律性，这类误差称为偶然误差。偶然误差是由测量仪器、观测者和外界环境等观测条件共同引起的误差，其大小和符号纯属偶然。例如，水准尺上估读毫米时，可能偏大，也可能偏小，其偏离的大小也不相同；用十字丝照准目标，可能偏左，也可能偏右，而且每次偏离中心线的大小也不一致。因此，读数误差和照准误差都属偶然误差。

偶然误差是不可避免的，也不能被消除，但可以采取一些措施来减弱它的影响。如采用重复观测或多余观测，利用测量平差的方法可求出观测值的最或然值。

一般来说，系统误差根据其特性可以消减，残存的系统误差对观测成果的影响要比偶然误差小得多，影响观测成果质量的主要是偶然误差。因此，在测量误差理论中，通常把偶然误差作为主要的研究对象。

另外，在测量工作中，除了上述两种误差外，还可能出现错误，也称为粗差。例如瞄错目标、读错读数、计算错误、绘图连错点等。在测量成果中是不允许错误存在的，因此粗差一般不列入测量误差分类的范畴。

5.1.4　偶然误差的特性

从表面上看，偶然误差好像不表现任何规律，纯属一种偶然性。但是，偶然与必然是相互联系而又相互依存的，偶然是必然的外在形式，必然是偶然的内在本质。如果统计大量的偶然误差，将会发现在偶然性的表象里存在着必然性规律，而且统计的量越大，这种规律就越明显。下面结合观测实例，来分析偶然误差的特性。

某一测区在相同的观测条件下观测了 217 个三角形的全部内角，由于观测结果中存在着偶然误差，使观测所得三角形的内角和不等于其理论值，其差值称为三角形的角度和闭合差。设第 i 个三角形的内角的观测值分别为 a_i、b_i、c_i，角度闭合差为 f_i，则

$$f_i = a_i + b_i + c_i - 180° \tag{5-1}$$

为了便于分析，将这 217 个闭合差，按正负并按绝对值大小分区间排列于表 5-1 中。

从表 5-1 可以看出，这组误差在大小和符号上显然呈现出一种规律性的趋势。测量工作者通过大量的试验与统计分析，归纳出偶然误差具有如下特性。

① 有界性　在一定的观测条件下，偶然误差的绝对值不会超过一定的限值。
② 大小性　绝对值小的误差比绝对值大的误差出现的概率大。
③ 对称性　绝对值相等的正负偶然误差出现的概率相等。
④ 抵偿性　当观测次数无限多时，偶然误差的算术平均值趋近于零。

上述第四个特性是由第三个特性导出的。从第三个特性可知，在大量的偶然误差中，绝对值相等的正负误差出现的机会相等。因此在求全部误差的代数和时，正负误差就会相互抵消。当误差个数无限多时，其算术平均值就趋近于零。即

$$\lim_{n \to \infty} \frac{[f]}{n} = 0 \tag{5-2}$$

式中，[] 为求和符号；n 为观测次数。

表 5-1　三角形闭合差统计表

误差区间($3''$)	正 误 差		负 误 差		合 计	
	个数(k)	频率(k/n)	个数(k)	频率(k/n)	个数(k)	频率(k/n)
0～3	30	0.138	29	0.134	59	0.272
3～6	21	0.097	20	0.092	41	0.189
6～9	15	0.069	18	0.083	33	0.152
9～12	14	0.065	16	0.073	30	0.138
12～15	12	0.055	10	0.046	22	0.101
15～18	8	0.037	8	0.037	16	0.074
18～21	5	0.023	6	0.028	11	0.051
21～24	2	0.009	2	0.009	4	0.018
24～27	1	0.005	0	0	1	0.005
27 以上	0	0	0	0	0	0
	108	0.498	109	0.502	,217	1.000

　　为了更直观地表示偶然误差的特性，还可用直方图法分析研究。如图 5-1 所示，图中横坐标表示误差的大小，纵坐标表示误差出现于各区间的频率（相对个数）与区间间隔（$3''$）的比值，每一区间按纵坐标做成矩形小长条，则小长条的面积代表误差出现在该区间的频率，而各小长条的面积总和等于 1。当观测次数无限增加时，同时又无限缩小误差区间间隔，则图 5-1 中各长方形顶边所形成的折线将变成一条光滑的曲线，该曲线称为高斯偶然误差曲线。如图 5-2 所示，它服从正态分布，以纵轴为对称轴，以横轴为渐近线。曲线的形状可直观表现偶然误差的特性。

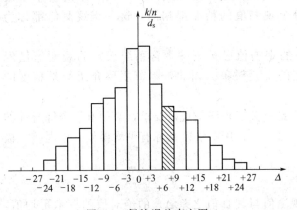

图 5-1　偶然误差直方图

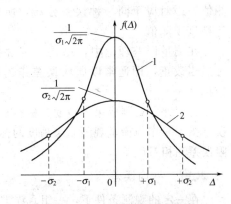

图 5-2　不同精度的误差曲线

　　另外，曲线形状的宽窄与陡缓还体现了观测成果精度的高低。在图 5-2 中，曲线 1 的形状窄而陡，说明该组误差中绝对值小的误差所占比例大，绝对值大的误差所占的比例小，显然这组观测值的精度就高。曲线 2 的形状宽而缓，则该组误差中绝对值小的误差所占的比例较曲线 1 小，而绝对值大的误差所占的比例较曲线 1 大。显然曲线 2 要比曲线 1 所代表的观测值的精度低。

5.2 衡量精度的标准

观测值的质量取决于观测误差（偶然误差、系统误差）和粗差的大小。一般常用精度、准确度、精确度来表示，如图 5-3 所示。

图 5-3 精度、准确度和精确度

精度是指误差分布的密集或离散的程度，即一组观测值离散度的大小。精度是衡量偶然误差大小程度的指标，指观测结果与其数学期望（平均值）接近程度，可从误差分布曲线的陡峭程度看出精度的高低。

准确度是描述系统误差和粗差的指标，指观测值的真值与其数学期望之差。一般地，准确度是衡量系统误差大小程度的指标。

精确度是描述偶然误差、系统误差和粗差的集成指标，指观测结果与其真值的接近程度，包括观测结果与其数学期望接近程度、数学期望与其真值的偏差，是一个全面衡量观测质量的指标。精确度可用观测值的均方误差来描述。

在粗差剔除后，且不存在系统误差时，精确度就是精度。测量平差的主要任务之一，就是评定测量成果的精度。所谓精度高低，是对不同观测组而言的。假如两组观测成果的误差分布相同，则两组观测成果的精度相同；反之，则不同。对于同一组的若干个观测值，因对应于同一种误差分布，所以每个观测值的精度都相同，这一组观测值都称为等精度观测值。

在测量误差理论中，总是假定含粗差的观测值已被剔除，含系统误差的观测值已经过适当改正，即通常以偶然误差作为研究的主要对象。因此，本节主要介绍衡量精度的指标。

为了评定观测成果的精度，检验是否满足有关工程测量规范要求，必须有一个综合性的误差指标来作为衡量观测成果精度的标准。目前，常用的误差指标有平均误差、中误差、极限误差和相对误差。

5.2.1 平均误差

在一定的观测条件下，一组真误差（观测值与其真值之差 Δ）的绝对值的算术平均值，称为平均误差，常用 θ 表示。即

$$\theta = \pm \frac{[|\Delta|]}{n} \tag{5-3}$$

5.2.2 中误差

取各观测值真误差平方和的平均值的平方根作为衡量精度的标准，称其为中误差，常以 m 表示，即

$$m = \pm \sqrt{\frac{[\Delta\Delta]}{n}} \tag{5-4}$$

式中，n 为观测次数；$[\Delta\Delta] = \Delta_1^2 + \Delta_2^2 + \cdots + \Delta_n^2$。

【例 5-1】　设对某三角形分两组进行了多次观测，其角度闭合差为：

第一组：$-3''$，$-3''$，$+4''$，$-1''$，$+2''$，$+1''$，$-4''$，$+3''$；

第二组：$+1''$，$-5''$，$-1''$，$+6''$，$-4''$，$0''$，$+3''$，$-1''$。

分别计算两组真误差的平均误差和中误差。

解：根据上述定义，两组的平均误差分别为

$$\theta_1 = \pm 2.6''$$
$$\theta_2 = \pm 2.6''$$

两组的中误差分别为

$$m_1 = \pm 2.8''$$
$$m_2 = \pm 3.3''$$

可见，平均误差反映了两组观测值的精度相同，而中误差则反映出第一组观测值比第二组观测值的精度高。这就说明用中误差作为衡量精度的标准，可以更充分地反映出大误差的影响；当观测次数有限时，用中误差衡量观测精度更为可靠。

5.2.3　极限误差

由偶然误差的特性可知，偶然误差的绝对值不会超过一定的限值，这个限值称为极限误差。

根据误差理论分析及实践验证，大于两倍中误差的偶然误差出现的可能性为 5%；大于三倍中误差的偶然误差出现的可能性为 0.3%，即大于三倍中误差的偶然误差出现的机会几乎为零。在实际工作中，观测次数总不会太多，所以可以认为大于三倍中误差的偶然误差不可能出现。因此，通常以三倍中误差作为偶然误差的极限值，也称为容许误差，即

$$\Delta_{限} = 3m \tag{5-5}$$

由于实际工作要求不同，精度要求较高时，也可采用 $2m$ 作为极限误差。在测量工作中，如果出现的误差超过了极限误差，就可以认为它是粗差，应将其剔除。

5.2.4　相对误差

真误差、平均误差、中误差以及极限误差，都带有测量单位，统称为绝对误差。但对有些观测值的精度衡量，只用绝对误差还不能完全表达观测成果的质量，需要将绝对误差和观测值的大小联系起来。绝对误差的绝对值与观测值之比，称为相对误差。相对误差一般用分子为 1 的分数形式表示，且分母要舍整。例如，分别丈量了 1000m 和 100m 的两段距离，若它们的中误差均为 ± 2cm，则两段距离的相对误差分别为 1/50000 和 1/5000，显然前者精度明显高于后者。

需要说明，长度测量、面积测量等可用相对误差表示其精度，而高程测量、角度测量的精度，一般用中误差表示而不用相对误差，因为这些观测值的误差大小与观测量的大小无关。

5.3　误差传播定律

在测量工作中，有一些量并非是直接观测值，而是根据直接观测值计算出来的，即未知量是观测值的函数。由于直接观测值不可避免地含有误差，因此由直接观测值求得的函数值，必定受到影响而产生误差，这种现象称为误差传播。描述观测值的中误差与观测值函数

的中误差之间关系的定律，称为误差传播定律。下面就常见的四种函数关系进行分析。

5.3.1 倍数函数

设有函数

$$z = kx \qquad (5\text{-}6)$$

式中，z 为观测值的函数；k 为常数；x 为观测值。

已知观测值的中误差为 m_x，求 z 的中误差 m_z。

设 x 和 z 的真误差分别为 Δ_x 和 Δ_z，由式(5-6) 可以得出 Δ_x 和 Δ_z 的关系为

$$\Delta_z = k \cdot \Delta_x$$

若对 x 共观测了 n 次，则

$$\Delta_{z_i} = k \cdot \Delta_{x_i} \quad (i = 1, 2, \cdots, n)$$

将上式平方，得

$$\Delta_{z_i}^2 = k^2 \cdot \Delta_{x_i}^2 \quad (i = 1, 2, \cdots, n)$$

将上式两边分别求和，并除以 n，得

$$\frac{[\Delta_z^2]}{n} = \frac{k^2 [\Delta_x^2]}{n} \qquad (5\text{-}7)$$

按中误差定义可知

$$m_x^2 = \frac{[\Delta_x^2]}{n}$$

$$m_z^2 = \frac{[\Delta_z^2]}{n}$$

则式(5-7) 可写成

$$m_z^2 = k^2 \cdot m_x^2$$

或

$$m_z = k \cdot m_x \qquad (5\text{-}8)$$

即观测值与常数乘积的中误差，等于观测值的中误差与常数的乘积。

【例 5-2】 在 1∶1000 比例尺的地形图上，量得某两点间的距离为 $d = 23.8$mm，测量中误差为 $m_d = \pm 0.2$mm，试求该两点间的实地长度及其中误差。

解： 实地长度 $D = 1000 \times d = 1000 \times 23.8 = 23800 (\text{mm}) = 23.8 (\text{m})$

中误差 $m_D = 1000 \times m_d = 1000 \times (\pm 0.2) = \pm 200 (\text{mm}) = \pm 0.2 (\text{m})$

一般写成如下形式 $D = 23.8\text{m} \pm 0.2\text{m}$。

5.3.2 和差函数

设有函数

$$z = x \pm y \qquad (5\text{-}9)$$

式中，z 为独立观测值 x、y 的和或差函数。

已知 x 和 y 的中误差为 m_x 和 m_y，求 z 的中误差 m_z。

设 x，y 和 z 的真误差为 Δ_x，Δ_y 和 Δ_z。由式(5-9) 可以得出

$$\Delta_z = \Delta_x \pm \Delta_y$$

当对 x 和 y 均观测了 n 次时，

$$\Delta_{z_i} = \Delta_{x_i} \pm \Delta_{y_i} \quad (i = , 1, 2 \cdots, n)$$

将上式平方，得

$$\Delta_{z_i}^2 = \Delta_{x_i}^2 + \Delta_{y_i}^2 \pm 2\Delta_{x_i} \cdot \Delta_{y_i} \quad (i = , 1, 2 \cdots, n)$$

将上式两边求和并除以 n，得

$$\frac{[\Delta_z^2]}{n}=\frac{[\Delta_x^2]}{n}+\frac{[\Delta_y^2]}{n}\pm 2\frac{[\Delta_x\Delta_y]}{n}$$

由于 Δ_x 和 Δ_y 均为偶然误差，其乘积 $\Delta_x\Delta_y$ 仍具有偶然误差的特性，因此当 n 趋近无穷时，上式中最后一项将趋近于零。根据中误差的定义，上式可以写成

$$m_z^2=m_x^2+m_y^2 \tag{5-10}$$

即和差函数中误差的平方等于各观测值中误差的平方和。

【例 5-3】 在三角形 ABC 中测得了 A 和 B 两角分别为 $\angle A=65°43'24''\pm 3''$，$\angle B=58°26'36''\pm 4''$，求 $\angle C$ 及其中误差。

解： $\angle C=180°-\angle A-\angle B=55°50'00''$，由误差传播定律得

$$m_C=\pm\sqrt{m_A^2+m_B^2}=\pm\sqrt{3^2+4^2}=\pm 5''$$

即 $\qquad\qquad \angle C=55°50'00''\pm 5''$

当 z 是一组观测值 x_1，x_2，$\cdots$，x_n 的代数和时，即

$$z=x_1\pm x_2\pm\cdots\pm x_n \tag{5-11}$$

根据上面的推导方法，同样可以得出和差函数 z 的中误差

$$m_z^2=m_{x_1}^2+m_{x_2}^2+\cdots+m_{x_n}^2$$

或 $\qquad\qquad m=\pm\sqrt{m_{x_1}^2+m_{x_2}^2+\cdots+m_{x_n}^2} \tag{5-12}$

当各观测值的中误差都等于 m 时，即 $m_{x_1}=m_{x_2}=\cdots=m_{x_n}=m$，式(5-12)可以写为

$$m_z^2=nm^2$$

或 $\qquad\qquad m_z=m\sqrt{n} \tag{5-13}$

式(5-13)说明，同精度观测时，和差函数的中误差，与观测值个数的平方根成正比。

5.3.3　线性函数

设有函数

$$z=k_1x_1\pm k_2x_2\pm\cdots\pm k_nx_n \tag{5-14}$$

式中，k_1，k_2，$\cdots$，k_n 为常数；x_1，x_2，$\cdots$，x_n 为独立观测值。中误差分别为 m_1，m_2，$\cdots$，m_n，求 z 的中误差 m_z。

设 $z_1=k_1x_1$，$z_2=k_2x_2$，$\cdots$，$z_n=k_nx_n$，则式(5-14)变为

$$z=z_1\pm z_2\pm\cdots\pm z_n$$

根据式(5-12)，得

$$m_z^2=m_{z_1}^2+m_{z_2}^2+\cdots+m_{z_n}^2$$

根据式(5-8)，得

$$m_{z_1}^2=k_1^2m_1^2,m_{z_2}^2=k_2^2m_2^2,\cdots,m_{z_n}^2=k_n^2m_n^2$$

所以 $\qquad m_z^2=(k_1m_1)^2+(k_2m_2)^2+\cdots+(k_nm_n)^2 \tag{5-15}$

即线性函数中误差的平方等于各观测值的中误差与相应系数乘积的平方和。

【例 5-4】 设有函数 $z=2x_1+3x_2+4x_3$，x_1，x_2，x_3 对应的中误差分别为 $m_1=\pm 0.10$，$m_2=\pm 0.20$，$m_3=\pm 0.30$，求 z 的中误差。

解： 根据式(5-15)，得

$$m_z^2=(2m_1)^2+(3m_2)^2+(4m_3)^2$$
$$=(2\times 0.10)^2+(3\times 0.20)^2+(4\times 0.30)^2=1.84$$

则 $\qquad\qquad m_z=\pm 1.36$

【例 5-5】 在视距测量中，设上、下丝读数的中误差为 $m_{l_下}=m_{l_上}=\pm 1mm$，求当视线

水平时距离的中误差。

解法一： 视距间隔 $n = l_{下} - l_{上}$，由和差函数中误差公式

$$m_n = \pm \sqrt{m_{l_下}^2 + m_{l_上}^2} = \pm 1 \times \sqrt{2} = \pm 1.4 (\text{mm})$$

因视距 $D = kn = 100n$，由倍数函数的中误差公式

$$m_D = 100 m_n = \pm 140 (\text{mm}) = \pm 0.14 (\text{m})$$

解法二： 视距 $D = kn = k(l_下 - l_上) = kl_下 - kl_上$，由线性函数的中误差公式，则

$$m_D = \pm \sqrt{k^2 m_{l_下}^2 + k^2 m_{l_上}^2} = \pm k \cdot m_{l_上} \cdot \sqrt{2}$$

$$= \pm 100 \times 1 \times \sqrt{2} = \pm 0.14 (\text{m})$$

5.3.4 一般函数

设有函数

$$z = f(x_1, x_2, \cdots, x_n) \tag{5-16}$$

式中 x_1，x_2，$\cdots$，x_n 的真误差分别为 Δ_{x_1}，Δ_{x_2}，$\cdots$，Δ_{x_n}，则函数 z 应有真误差 Δ_z，根据上式可写成如下等式

$$z + \Delta_z = f(x_1 + \Delta_{x_1}, x_2 + \Delta_{x_2}, \cdots, x_n + \Delta_{x_n})$$

因为真误差 Δ_{x_i} 通常是个微小量，故上式可按泰勒级数展开，并仅取至一次方项，得

$$z + \Delta_z = f(x_1, x_2, \cdots, x_n) + \frac{\partial f}{\partial x_1} \cdot \Delta_{x_1} + \frac{\partial f}{\partial x_2} \cdot \Delta_{x_2} + \cdots + \frac{\partial f}{\partial x_n} \cdot \Delta_{x_n}$$

用上式减式(5-16)，得

$$\Delta_z = \frac{\partial f}{\partial x_1} \cdot \Delta_{x_1} + \frac{\partial f}{\partial x_2} \cdot \Delta_{x_2} + \cdots + \frac{\partial f}{\partial x_n} \cdot \Delta_{x_n}$$

上式中 $\frac{\partial f}{\partial x_i}$ 是函数对各个变量所取的偏导数。当观测值已是确定值时，则 $\frac{\partial f}{\partial x_i}$ 就是确定的常数，上式就是线性函数的关系式。因此，由线性函数的中误差公式，得

$$m_z^2 = \left(\frac{\partial f}{\partial x_1}\right)^2 \cdot m_{x_1}^2 + \left(\frac{\partial f}{\partial x_2}\right)^2 \cdot m_{x_2}^2 + \cdots + \left(\frac{\partial f}{\partial x_n}\right)^2 \cdot m_{x_n}^2 \tag{5-17}$$

上式说明，一般函数中误差的平方，等于该函数对每个观测值所求得的偏导数与相应观测值中误差乘积的平方和。

在应用误差传播定律求观测值函数的中误差时，具体步骤如下：

① 根据题意，列出所求中误差与观测变量之间的函数表达式。

② 根据函数式判别函数的类型。

③ 根据不同类型函数的误差传播定律，计算函数的中误差。在计算时要保证单位的一致性。

【例 5-6】 测得 AB 两点间的倾斜距离 $L = 150.01\text{m} \pm 0.05\text{m}$，竖直角 $\alpha = 15°00'00'' \pm 20.6''$。求水平距离 D 的中误差。

解： 水平距离 $D = L \cdot \cos\alpha$，D 是 L 和 α 的一般函数，根据式(5-17)，得

$$m_D^2 = \left(\frac{\partial D}{\partial L}\right)^2 m_L^2 + \left(\frac{\partial D}{\partial \alpha}\right)^2 \left(\frac{m_\alpha}{\rho}\right)^2$$

因式中 $\frac{\partial D}{\partial L} = \cos\alpha$，$\frac{\partial D}{\partial \alpha} = -L \cdot \sin\alpha$，所以

$$m_D^2 = \cos^2\alpha \cdot m_L^2 + (-L \cdot \sin\alpha)^2 \cdot \left(\frac{m_\alpha}{\rho}\right)^2$$

$$= (0.966)^2 \times (\pm 0.05)^2 + (-150.01 \times 0.259)^2 \times \left(\frac{\pm 20.6}{206000}\right)^2 = 0.00235 (\text{m}^2)$$

即 $$m_D = \pm 0.048 (\text{m})$$

5.4　观测值的算术平均值及其中误差

5.4.1　观测值的算术平均值

在相同的观测条件下，对某量进行了 n 次观测，其观测值分别为 L_1，L_2，$\cdots$，L_n，则

$$x = \frac{L_1 + L_2 + \cdots + L_n}{n} = \frac{[L]}{n} \tag{5-18}$$

即为该量的算术平均值。

下面从偶然误差的规律来证明算术平均值作为该量的最可靠值的合理性。

设该观测量的真值为 X，相应观测值的真误差为 Δ_1，Δ_2，$\cdots$，Δ_n，即

$$\Delta_i = L_i - X \quad (i = 1, 2, \cdots, n)$$

将上述等式两边分别求和，并除以 n 得

$$\frac{[\Delta]}{n} = \frac{[L]}{n} - X$$

由式(5-18) 可知 $\frac{[L]}{n} = x$，则上式可写为

$$x = X + \frac{[\Delta]}{n}$$

根据偶然误差的第四条特性

$$\lim_{n \to \infty} \frac{[\Delta]}{n} = 0$$

则有 $$x = X$$

上式说明，当观测次数无限增多时，算术平均值趋近于该量的真值。由于在实际工作中，观测次数不可能无限增加，因此算术平均值也就不可能等于真值，但可以认为，根据有限个观测值求得的算术平均值应该是最接近真值的值，称其为观测量的最可靠值，也称为最或然值。一般都将它作为观测量的最后结果。

5.4.2　算术平均值的中误差

在测量成果的整理中，由于将算术平均值作为观测量的最后结果，所以必须求出算术平均值的中误差，以评定其精度。由式(5-18) 知

$$x = \frac{L_1 + L_2 + \cdots + L_n}{n} = \frac{L_1}{n} + \frac{L_2}{n} + \cdots + \frac{L_n}{n}$$

由于观测值为等精度观测，各观测值的中误差均为 m，则根据误差传播定律上式可写为

$$m_x^2 = n \frac{m^2}{n^2} = \frac{m^2}{n}$$

所以 $$m_x = \pm \frac{m}{\sqrt{n}} \tag{5-19}$$

由式(5-19) 可知，观测次数越多，所得结果越精确，即通过增加观测次数可提高算术平均值的精度。但是，观测成果精度的提高仅与观测次数的平方根成正比，当观测次数增加

到一定数量时，其精度提高很慢。另外，观测次数越多，工作量越大，成本越高。所以当观测值精度要求较高时，不能仅靠增加观测次数来提高精度，必须选用较精密的仪器及较严密的测量方法。

5.4.3 由改正数计算中误差

由式(5-4)计算中误差时，需要知道观测值的真误差 Δ_i，但在一般情况下，观测值的真值是不知道的，因而真误差也就无法求得。但在等精度观测的情况下，观测值的算术平均值是容易求得的。算术平均值与观测值之差称为观测值的改正数，用 v 表示，即

$$\left.\begin{array}{c} v_1 = x - L_1 \\ v_2 = x - L_2 \\ \vdots \\ v_n = x - L_n \end{array}\right\} \tag{5-20}$$

将等式两端分别相加得

$$[v] = nx - [L]$$

将 $x = \dfrac{[L]}{n}$ 代入上式得

$$[v] = n\frac{[L]}{n} - [L] = 0 \tag{5-21}$$

可见，在相同的观测条件下，同一个量的一组观测值的改正数之和恒等于零。这一结论可作为计算工作的校核条件。

由于改正数容易求得，在真误差未知时可用改正数计算中误差（推导过程略），其公式如下：

$$m = \pm\sqrt{\frac{[vv]}{n-1}} \tag{5-22}$$

上式即是利用改正数计算观测值中误差的公式，亦称白塞尔公式。

将式(5-22)代入式(5-19)得

$$m_x = \pm\frac{m}{\sqrt{n}} = \pm\sqrt{\frac{[vv]}{n(n-1)}} \tag{5-23}$$

上式即为由改正数计算观测值的算术平均值的中误差的公式。

【例 5-7】 设某水平角观测了 6 个测回，其观测数据列于表 5-2 中，试求该角的算术平均值及其中误差。

解：有关观测数据和计算均见表 5-2。

表 5-2 算术平均值及中误差计算表

测回	观测值	$v/''$	vv	计 算
1	36°50′30″	−4	16	
2	36°50′26″	0	0	$m = \pm\sqrt{\dfrac{[vv]}{n-1}} = \pm\sqrt{\dfrac{34}{6-1}} = \pm 2.6''$
3	36°50′28″	−2	4	
4	36°50′24″	+2	4	$m_x = \pm\sqrt{\dfrac{[vv]}{n(n-1)}} = \pm\sqrt{\dfrac{34}{6\times(6-1)}} = \pm 1.06''$
5	36°50′25″	+1	1	
6	36°50′23″	+3	9	
平均值	36°50′26″	$[v]=0$	$[vv]=34$	

5.5 误差传播定律的应用

5.5.1 距离测量的精度

设一段水平距离 D，用长度为 L 的钢尺丈量，共丈量了 n 个尺段。已知丈量一尺段的中误差为 m_L，求距离 D 的中误差 m_D。

由于
$$D = L_1 + L_2 + \cdots + L_n$$

则
$$m_D^2 = m_{L_1}^2 + m_{L_2}^2 + \cdots + m_{L_n}^2 = n m_L^2$$

$$m_D = m_L \sqrt{n}$$

因为
$$n = D/L$$

所以
$$m_D = m_L \sqrt{\frac{D}{L}} = \frac{m_L}{\sqrt{L}} \sqrt{D}$$

在一定的丈量条件下，m_L 为常数，

令
$$\mu = \frac{m_L}{\sqrt{L}}$$

则
$$m_D = \mu \sqrt{D} \tag{5-24}$$

当 $D=1$ 时，$m_D = \mu$，μ 为单位长度的量距中误差。式(5-24)说明，用钢尺量距时，距离丈量的中误差 m_D 与距离长度的平方根成正比。

5.5.2 水准测量的精度

(1) 一个测站的高差中误差　一个测站的高差等于后视减前视，即
$$h = a - b$$

$$m_h = \pm \sqrt{m_a^2 + m_b^2} = \sqrt{2 m_t}$$

m_t 为普通水准测量的读数中误差。在不考虑外界条件影响的情况下，当使用 S$_3$ 水准仪作业，视距长度在 $80 \sim 100$m 时，经分析，m_t 可取为 ± 1mm，则

$$m_h = (\pm 1) \times \sqrt{2} \approx \pm 1.4 \text{(mm)}$$

(2) 一个测站上两次高差之差的中误差　在水准测量中，为了校核起见，在一个测站上有时变动仪器高观测高差两次，有时采用红、黑面尺观测高差两次，设两次高差之差为 Δh。则

$$\Delta h = h' - h''$$

$$m_{\Delta h} = \pm \sqrt{m_{h'}^2 + m_{h''}^2} = \sqrt{2} m_h = 2 m_t$$

当取 $m_t = \pm 1$mm 时，$m_{\Delta h} = (\pm 1) \times 2 = \pm 2 \text{(mm)}$

取两倍中误差作为容许误差，则

$$m_{\Delta h_{容}} = (\pm 2) \times 2 = \pm 4 \text{(mm)}$$

在四等水准测量时，考虑到外界条件的影响，取 ± 5mm 作为两次高差之差的容许值。

(3) 一条水准路线高差的中误差　设水准路线的长度为 L，共设 n 个测站，则有
$$\sum h = h_1 + h_2 + \cdots + h_n$$

$$m_{\sum h} = \pm \sqrt{m_1^2 + m_2^2 + \cdots + m_n^2} = m_h \sqrt{n} = \sqrt{2} m_t \sqrt{n} \tag{5-25}$$

在平原地区，各个测站的前后视距离都近似相等，设其长度为 d，则测站数 $n = L/2d$，将其代入式(5-25)，则有

$$m_{\sum h}=\sqrt{2}m_t\sqrt{\frac{L}{2d}}=\frac{m_t}{\sqrt{d}}\sqrt{L}=m_0\sqrt{L} \tag{5-26}$$

式中，$m_0=m_t/\sqrt{d}$，当 $L=1$ 时，$m_{\sum h}=m_0$。

m_0 为单位长度的高差中误差，由式（5-25）和式（5-26）可以看出，水准测量中的高差中误差与路线长度（或者测站数）的平方根成正比。

5.5.3 角度测量的精度

（1）一个测回的测角中误差 由水平角观测原理可知，一个角度是两个方向值之差。一个测回观测的角度值实际上是两个方向的一个测回方向值的差值。若观测角度∠AOB，则一测回的平均角度值为

$$\beta=\frac{1}{2}(\beta_左+\beta_右)=\frac{1}{2}[(b_左-a_左)+(b_右-a_右)]$$
$$=\frac{1}{2}[b_左+(b_右-180°)]-\frac{1}{2}[a_左+(a_右-180°)]$$
$$=b_方-a_方$$

根据仪器设计技术指标，用 J_6 经纬仪观测一个测回方向值的中误差 $m_方$ 为 $6''$。由误差传播定律可知，一个测回的角度中误差为

$$m_\beta=\sqrt{2}m_方=(\pm6'')\times\sqrt{2}\approx\pm8.5''$$

（2）测回差的容许值 设 $\Delta\beta$ 是两测回角值 β_1 与 β_2 之差，即

$$\Delta\beta=\beta_1-\beta_2$$
$$m_{\Delta\beta}=\pm\sqrt{m_{\beta_1}^2+m_{\beta_2}^2}=\sqrt{2}m_\beta=\pm12''$$

取两倍中误差作为容许误差，则

$$m_{\Delta\beta_容}=\pm12''\times2=\pm24''$$

（3）上、下两半测回之差的容许值

因
$$\beta=\frac{1}{2}(\beta_上+\beta_下)$$

所以
$$m_\beta^2=\frac{1}{4}(m_{\beta_上}^2+m_{\beta_下}^2)=\frac{1}{2}m_{\beta_半}^2$$

因此，半测回角值中误差为

$$m_{\beta_半}=\sqrt{2}m_\beta=\pm8.5''\times\sqrt{2}=\pm12''$$

设 δ_β 为上、下两半测回角值之差，即

$$\delta_\beta=\beta_上-\beta_下$$

所以
$$m_{\delta_\beta}=\pm\sqrt{m_{\beta_上}^2+m_{\beta_下}^2}=\sqrt{2}m_{\beta_半}=\pm12''\times\sqrt{2}\approx\pm17''$$

取两倍中误差作为容许误差

$$m_{\delta_{\beta_容}}=\pm17''\times2=\pm34''$$

实际工作中取 $\pm40''$ 作为上、下两半测回角值之差的容许值。

（4）三角形角度闭合差的容许值 设三角形的内角为 a，b，c，ω 为其角度闭合差，即

$$\omega=a+b+c-180°$$

则角度闭合差的中误差为

$$m_\omega=\sqrt{m_a^2+m_b^2+m_c^2}=\sqrt{3}m_\beta=\pm8.5''\times\sqrt{3}\approx\pm14.7''$$

取三倍中误差作为容许误差

$$m_{\omega_容} = \pm 14.7'' \times 3 \approx \pm 44''$$

考虑到外界条件影响，规范放宽到 ±60″。

（5）多边形角度闭合差的容许值　设等精度观测的多边形的内角 β_1，β_2，…，β_n 之和为 $\sum\beta$，其内角的测角中误差为 m_β。多边形内角和的理论值为 $f_理 = (n-2)\cdot 180°$，若多边形角度闭合差为 f_β，则

$$f_\beta = \sum\beta - (n-2)\cdot 180° = \beta_1 + \beta_2 + \cdots + \beta_n - (n-2)\cdot 180°$$

上式中的常数无误差，因此，角度闭合差的中误差即为内角和的中误差，即

$$m_{\sum\beta}^2 = m_{\beta_1}^2 + m_{\beta_2}^2 + \cdots + m_{\beta_n}^2 = nm_\beta^2$$

$$m_{\sum\beta} = \sqrt{n}m_\beta$$

取三倍中误差作为容许误差，并顾及 $m_\beta = \pm 8.5''$，则

$$f_{\beta_容} = 3 \times m_\beta\sqrt{n} = 3 \times (\pm 8.5'')\sqrt{n} = \pm 26''\sqrt{n}$$

考虑到外界条件的影响，工程测量规范规定取 $\pm 40''\sqrt{n}$ 作为多边形角度闭合差的容许值。

本 章 小 结

本章主要介绍了测量误差的概念及其产生的原因、测量误差的分类、衡量精度的标准、误差传播定律及其应用等内容。

1. 测量误差主要是由测量仪器、观测者和外界环境等因素引起的。测量误差按其性质分为系统误差和偶然误差。偶然误差表面上没有规律性，但具有内在的统计规律，即有界性、大小性、对称性和抵偿性。

2. 衡量观测值精度的标准包括平均误差、中误差、极限误差和相对误差。误差传播定律描述了观测值的中误差与观测值函数的中误差之间的关系，观测值函数又分线性与非线性函数。算术平均值是观测值的最可靠值。在未知真值时，可用观测值的改正数计算中误差。

思 考 题

1. 测量误差的来源有哪些？

2. 什么是系统误差？什么是偶然误差？

3. 偶然误差有哪些特性？

4. 在相同的观测条件下，绝对值小的误差出现的概率比绝对值大的误差出现的概率大。那么，误差为零的观测值出现的概率是不是最大，你怎样理解？

5. 常用来衡量观测值精度的标准有哪些？

6. 在角度测量中，用正倒镜观测；在水准测量中，使前后视距相等，这些规定都是为了消除什么误差？

7. 用钢尺丈量距离时，下列几种情况会使测量结果中含有误差，试分别判定误差的性质及符号：①尺长不准确；②尺不水平；③估读小数不准确；④尺垂曲；⑤尺端稍偏直线方向（定线不准确）。

8. 在水准测量中，下列几种情况使水准尺读数带有误差，试判别误差的性质及符号：①视准轴与水准轴不平行；②仪器下沉；③读数时估读不准确；④水准尺下沉。

9. 有一段距离，其观测值及其中误差为 $D = 206.30\text{m} \pm 0.05\text{m}$，试估计这个观测值的误差的实际可能

出现的范围是多少？

10. 已知两个角度观测值的大小及其中误差分别为：$44°46'08''\pm10''$，$120°40'16''\pm10''$，试说明这两个角度的真误差是否相等？它们的最大误差 $\Delta_{限}$ 是否相等？它们的精度是否相等？

11. 已知 $S=200.000m\pm10mm$，试求观测值的相对误差，并估计这个观测值的误差可能出现的范围。

12. 已知 $S_1=300.445m\pm4.5cm$，$S_2=660.844m\pm4.5cm$。试说明：它们的真误差是否相等？它们的最大误差是否相等？它们的精度是否相等？它们的相对误差是否相等？

13. 已知圆的半径 $r=15.0m\pm0.1m$，计算圆的周长及其中误差。

14. 测得正方形的一条边长为 $a=25.00m\pm0.1m$，计算该正方形的面积及其中误差。

15. 如果上题的正方形量测了两条边，中误差都是 $\pm0.05m$，计算该正方形的面积及其中误差。

16. 对某段距离进行了 5 次同精度观测，观测值分别为 148.64m，148.58m，148.61m，148.62m，148.60m。试计算这段距离的最或然值及其中误差。

第6章 小区域控制测量

在测量工作中，为限制测量误差的传播和积累，保证必要的测量精度，必须先进行控制测量。本章主要介绍导线测量的布设形式、技术指标，导线测量的外业工作、内业坐标计算，高程控制测量等。

6.1 控制测量概述

测量的基本任务之一是测图。测绘地形图要遵循"从整体到局部，先控制后碎部"的原则。其目的在于控制与减小测量误差，保证测量成果的精度。

测量工作实施时，依据相应的测量技术规范，在测区内按一定的密度，选择若干个具有控制意义的地面点，并精确测出这些点的平面坐标和高程，这项工作称为控制测量。所选择的这些点称为控制点，由控制点构成的几何图形称为控制网。

控制测量分为平面控制测量和高程控制测量。测定控制点平面位置的工作，称为平面控制测量。测定控制点高程的工作，称为高程控制测量。

6.1.1 平面控制测量

根据测量范围及要求的不同，平面控制网可分为国家平面控制网、城市平面控制网、工程平面控制网和图根平面控制网。平面控制测量可采用三角测量、三边测量、导线测量、全球定位系统等方法。

（1）国家平面控制网　国家平面控制网是在全国范围内统一建立的控制网，是确定全国范围内地貌、地物平面位置的坐标体系，按精度分为一等、二等、三等、四等四个级别。一等精度最高，逐级降低。如图 6-1 所示，国家平面控制网主要利用三角测量和精密导线测量

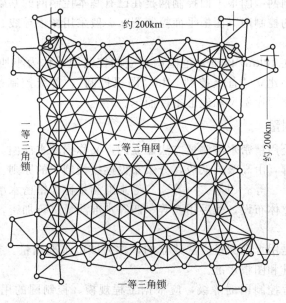

图 6-1　国家一等、二等三角网

的方法，按"先高级后低级、分级布网、逐级加密"的原则建立。目前，国家平面控制网中含三角点、导线点共 154348 个，构成 1954 年北京坐标系统、1980 年西安国家大地坐标系两套系统。它是我国工程建设和测图的基本控制。

近些年来，全球定位系统（GPS）已经得到了广泛的应用。根据我国 1992 年颁布的《全球定位系统（GPS）测量规范》，GPS 控制网划分为 A、B、C、D、E 五级。我国从 20 世纪 90 年代初开始，建立了一系列 GPS 控制网，经整合并于 2000～2003 年进行整体平差处理，建立了统一的、高精度的国家 GPS 控制网，共获得 2524 个 GPS 控制点成果，命名为"2000 国家 GPS 大地控制网"。为全国三维地心坐标系统提供了高精度的坐标框架，为全国提供了高精度的重力基准。

三角网的主要技术要求见表 6-1 规定。

表 6-1　三角网测量的主要技术要求

等　级	平均边长/km	测角中误差/″	起始边边长相对中误差	最弱边边长相对中误差	测回数			三角形最大闭合差/″
					DJ₁	DJ₂	DJ₆	
二等	9	±1	≤1/250000	≤1/120000	12	—	—	±3.5
三等	4.5	±1.8	≤1/150000	≤1/70000	6	9		±7
四等	2	±2.5	≤1/100000	≤1/40000	4	6		±9
一级小三角	1	±5	≤1/40000	≤1/20000		2	4	±15
二级小三角	0.5	±10	≤1/20000	≤1/10000		1	2	±30

（2）城市平面控制网　城市平面控制网是在城市地区建立的控制网。在国家控制点的基础上，根据测区的大小、城市规划和施工测量的要求，布设不同等级的城市平面控制网，以供地形测图和施工放样使用。分为二等、三等、四等三角网和一级、二级小三角网，或三等、四等导线网和一级、二级、三级导线网。

（3）工程平面控制网　工程平面控制网是为了满足工程建设的需要而布设的控制网。根据用途不同分为测图控制网、施工控制网和变形监测网三类。

（4）图根平面控制网　图根平面控制网是在已有基本控制网的基础上进一步加密，布设成直接为测图而服务的控制。图根平面控制测量一般采用图根导线、极坐标法、边角交会法和 GPS 测量等方法。

在小地区（面积在 $10km^2$ 以下）范围内建立的控制网，称为小地区控制网。小地区控制测量应视测区的大小建立"首级控制"和"图根控制"，首级控制是加密图根点的依据。图根点的密度应根据测图比例尺和地形条件而定。

6.1.2　高程控制测量

国家高程控制网是用精密水准测量方法建立的，又称国家水准网。国家水准网的布设也是采用"从整体到局部，由高级到低级，分级布设逐级控制"的原则。国家水准网按精度不同也分为一等、二等、三等、四等。一等、二等水准测量称为精密水准测量，在全国范围内沿主要干道、河流等整体布设，然后用三等、四等水准测量进行加密，作为全国各地的高程控制。

城市高程控制网是用水准测量方法建立的，称为城市水准测量。按精度要求分为二等、三等、四等、五等水准和图根水准。

工程中，首级高程控制网的等级，应根据工程规模、控制网的用途和精度要求合理选择。首级网应布设成环形网，加密网宜布设成附合水准路线或结点网。测区的高程系统，宜采用 1985 年国家高程基准。在已有高程控制网的地区，可沿用原有的高程系统；当小测区联测有困难时，也可采用假定高程系统。水准测量的主要技术要求，见表 6-2。

表 6-2　水准测量的主要技术要求

等级	每千米高差全中误差/mm	路线长度/km	水准仪型号	水准尺	观测次数		往返较差、附合或环线闭合差	
					与已知点联测	附合或环线	平地/mm	山地/mm
二等	2	—	DS₁	铟瓦	往返各一次	往返各一次	$4\sqrt{L}$	—
三等	6	≤50	DS₁	铟瓦		往一次	$12\sqrt{L}$	$4\sqrt{n}$
			DS₃	双面	往返各一次	往返各一次		
四等	10	≤16	DS₃	双面	往返各一次	往一次	$20\sqrt{L}$	$6\sqrt{n}$
等外	15	—	DS₃	单面	往返各一次	往一次	$40\sqrt{L}$	—

注：1. 结点之间或结点与高级点之间，其路线的长度，不应大于表中规定的 0.7 倍。
　　2. L 为往返测段，附合或环线的水准路线长度，km；n 为测站数。
　　3. 数字水准仪测量的技术要求和同等级的光学水准仪相同。

6.2　导线及技术指标

　　导线测量是小地区平面控制测量的常用方法，布设灵活，适宜在建筑密集区、林区等视野不是十分开阔的地区和道路、管线、隧道等狭长地带使用。

　　在测区内，由若干个控制点用线段依次连接而形成的连续折线，称为导线。这些控制点称为导线点。连接两导线点的线段称为导线边，相邻两导线边所夹的水平角称为转折角。导线测量就是测定各导线边的长度和转折角，根据起算数据，推算各边的坐标方位角，从而求出各导线点的坐标。

6.2.1　导线的布设形式

　　依据测距方法不同，导线可分为钢尺量距导线、光电测距导线和视距导线。根据导线的布设形式，单一导线可分为闭合导线、附合导线和支导线。

　　（1）闭合导线　如图 6-2 所示，从一个已知高级控制点 B 和已知方向 AB 出发，经过若干个导线点后，回到起始点 B，形成一个闭合多边形，这种导线称为闭合导线。

　　（2）附合导线　如图 6-3 所示，从一个已知高级控制点 B 和已知方向 AB 出发，经过若干个导线点，最后附合到另一个高级控制点 C 和已知方向 CD 上，这种导线称为附合导线。

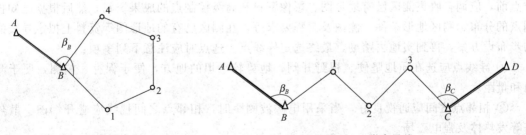

图 6-2　闭合导线
图 6-3　附合导线

　　（3）支导线　由一已知点和一已知边出发，既不附合又不闭合的导线，称为支导线。如图 6-4 所示。支导线无理论检核条件，一般不宜采用。测量时，可采用往返测量距离、多测

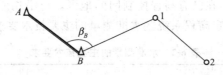

图 6-4 支导线

回观测角度的方法进行检核,并且测站数一般不宜超过 2 个。

6.2.2 导线的技术指标

导线测量的相关主要技术要求如表 6-3 和表 6-4 所示。

表 6-3 导线测量的主要技术要求

等级	导线长度 /km	平均边长 /km	测角中误差 /″	测距中误差/mm	测距相对中误差	测回数 1″级仪器	测回数 2″级仪器	测回数 6″级仪器	方位角闭合差/″	导线全长相对闭合差
三等	14	3	1.8	20	1/150000	6	10	—	$3.6\sqrt{n}$	≤1/55000
四等	9	1.5	2.5	18	1/80000	4	6	—	$5\sqrt{n}$	≤1/35000
一级	4	0.5	5	15	1/30000	—	2	4	$10\sqrt{n}$	≤1/15000
二级	2.4	0.25	8	15	1/14000	—	1	3	$16\sqrt{n}$	≤1/10000
三级	1.2	0.1	12	15	1/7000	—	1	2	$24\sqrt{n}$	≤1/5000

注:表中 n 为测站数。

表 6-4 图根导线测量的主要技术要求

导线长度 /m	相对闭合差	边长	测角中误差/″ 一般	测角中误差/″ 首级控制	DJ₆测回数	方位角闭合差/″ 一般	方位角闭合差/″ 首级控制
≤1.0M	≤1/2000	≤1.5测图最大视距	±30	±20	1	$±60\sqrt{n}$	$±40\sqrt{n}$

6.3 导线测量的外业工作

导线测量的外业工作内容包括踏勘选点、边长测量、角度测量、导线定向和高程测量。

6.3.1 踏勘选点

导线测量的首要工作是踏勘选点,即根据测区实际情况选择一定数量的导线点。在踏勘选点前,应调查收集测区已有地形图、影像资料和高级控制点的成果资料,然后根据已知控制点的分布、测区地形条件、测图及工程要求等,在测区已有的地形图等资料上拟定导线的初步布设方案,再到实地去踏勘,最终选定导线点。选点时应注意下列事项:

① 导线点应选在质地坚硬、视野开阔、地势较平坦的地方,便于保存、施测,便于测角和量距。

② 相邻点之间应通视良好,当采用电磁波测距时,相邻点之间视线应避开烟囱、散热塔等发热体及强电磁场。

③ 导线点应有足够的密度,均匀分布,能够控制整个测区。

④ 相邻两点之间的视线倾角不宜太大,相邻边的长度不宜相差太大,以免影响测角的精度。

导线点选定后，通常用木桩打入土中，在桩顶钉一小钉作为标志；为了便于长期保存，可做成混凝土桩。为了便于寻找，还应绘制草图，图上注明导线点的编号（按前进方向编号，闭合导线一般按逆时针方向编号）、与周围明显地物点间的距离、用箭头表示方向等信息，该图称为"点之记"。

6.3.2　边长测量

一级及以上等级控制网的边长测量，应采用全站仪或光电测距仪进行测距，一级以下可采用普通钢尺进行量距。若用钢尺丈量，对于一、二、三级导线，应按钢尺量距的精密方法进行丈量。量距的精度要求见表 6-3。

对于图根导线，用一般方法进行往返丈量，取其往返丈量的平均值作为结果，测量精度不得低于 1/3000。

6.3.3　角度测量

角度测量就是测出相邻导线边所夹的水平角。水平角观测一般采用全站仪、电子经纬仪和光学经纬仪，用测回法施测。水平角有左、右之分，以导线点标号方向作为前进方向，位于其左侧的称为左角，右侧的称为右角。实际测量时一般观测左角，对于闭合导线，一般观测内角。

6.3.4　高程测量

一般用水准测量的方法测出导线点的高程。根据精度要求，高等级导线需采用等级水准，图根导线一般采用普通水准方法。根据测量数据，通过调整高差闭合差，计算出各导线点的高程。

6.3.5　导线定向

导线定向的目的是确定整个导线的方向。若布设的导线与国家高级控制点连接，则通常把已知边和与其相邻导线边的夹角称为连接角。这种情况下，测量出导线的连接角即可完成导线定向。

若布设的导线不与国家高级控制点连接，则称为独立导线。此时，要确定一点为起始点，假定起点坐标作为导线的起始坐标，可用罗盘仪测定磁方位角，作为起始边的坐标方位角。

6.4　导线测量的内业计算

导线测量内业计算就是根据已知的起算数据和外业观测结果，通过平差计算，求出各导线点的平面坐标。

导线内业计算前，应全面检查导线测量的外业记录，看数据是否正确、齐全，记录、计算是否有误，成果是否符合精度要求，然后绘制草图。下面分别介绍闭合导线、附合导线、支导线和无定向导线的内业计算步骤。

6.4.1　闭合导线坐标计算

闭合导线应满足两个几何条件：多边形内角和条件和坐标条件。由起点的已知纵、横坐标依次推算出各导线点的纵、横坐标，再推算回起始点上，推算结果应与该点的已知纵、横坐标相一致。上述条件是闭合导线观测值的校核条件，也是导线测量平差的依据。闭合导线的坐标计算步骤如下。

（1）角度闭合差的计算与调整　各内角 β_i 的实测值之和与多边形内角和的理论值之差，

称为角度闭合差，用 f_β 表示。

n 边形内角和的理论值应为

$$\sum \beta_{理} = (n-2) \times 180° \tag{6-1}$$

野外观测所得的内角和为 $\sum \beta_{测}$，则角度闭合差为

$$f_\beta = \sum \beta_{测} - \sum \beta_{理} \tag{6-2}$$

各级导线闭合差的容许值见表 6-3。图根导线角度闭合差容许值为

$$f_{\beta容} = \pm 40'' \sqrt{n} \tag{6-3}$$

当计算出的角度闭合差 $|f_\beta| \leqslant |f_{\beta容}|$ 时，将角度闭合差以相反的符号平均分配给各观测角，即在每个观测值上加上一个改正数 v_{β_i}，公式如下。

$$v_{\beta_i} = -\frac{f_\beta}{n} \tag{6-4}$$

$$\beta_i' = \beta_i + v_{\beta_i} \tag{6-5}$$

式中　n——观测角个数。

角度改正值一般取到秒，当 f_β 不能被整除时，可在短边相邻的角上多改正 $1''$（或少改正 $1''$）。经过改正后的角值总和应等于理论值，这一条件可用于校核计算。

（2）导线边方位角的推算　角度闭合差调整好后，用改正后的角值从第一条边的已知方位角开始依次推算出其他各边的方位角。其计算公式为

$$\alpha_{前} = \alpha_{后} + 180° + \beta_{左} \tag{6-6}$$

即：前一边的方位角等于后一边的方位角加 $180°$ 再加上该两条边所夹的左角。计算出的方位角如大于 $360°$ 就减去 $360°$。具体参考第 4.5 节的相关内容。

已知起始边的方位角和推算出来的方位角应相等，以此作为方位角计算的检核。

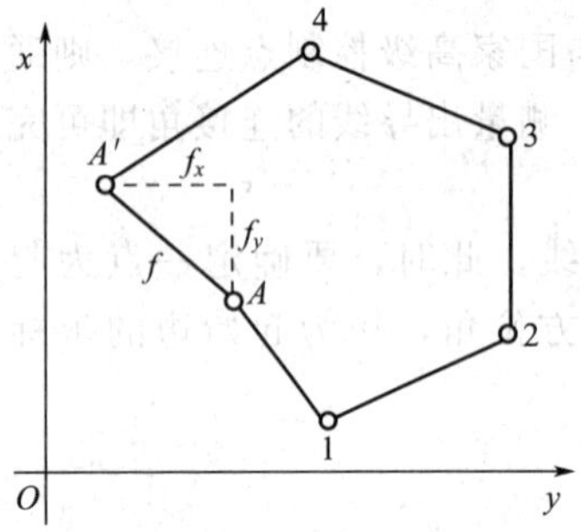

图 6-5　坐标增量闭合差

（3）坐标增量计算　当各边的方位角确定以后，就可按坐标正算方法计算各边的坐标增量 Δx、Δy。如图 6-5 所示。计算公式如下。

$$\Delta x = D\cos\alpha \tag{6-7}$$

$$\Delta y = D\sin\alpha \tag{6-8}$$

式中　D——某边的边长；

　　　α——某边的方位角；

　　　Δx——某边的 X 坐标增量；

　　　Δy——某边的 Y 坐标增量。

（4）坐标增量闭合差计算与调整　闭合导线纵、横坐标增量代数和的理论值应为零，即 $\sum \Delta x_{理} = 0$，$\sum \Delta y_{理} = 0$。闭合导线的角度闭合差虽然经过调整，但调整不尽合理，且测距存在误差，使闭合导线各边坐标增量的代数和往往不等于零，该值称为闭合导线的坐标增量闭合差，用下式表示。

$$\left.\begin{array}{l} f_x = \sum \Delta x_{测} \\ f_y = \sum \Delta y_{测} \end{array}\right\} \tag{6-9}$$

式中　f_x——纵坐标增量闭合差；

　　　f_y——横坐标增量闭合差。

由于坐标增量闭合差的存在，使闭合导线的起点与推算的终点不重合，该两点之间的距离称为导线全长闭合差，一般用 f 来表示，即

$$f = \pm \sqrt{f_x^2 + f_y^2} \tag{6-10}$$

导线全长闭合差与导线全长之比称为导线全长相对闭合差，常用 K 表示。导线全长相对闭合差一般都化成分子为 1 的分数形式，即

$$K = \frac{f}{\sum D} = \frac{1}{N} \tag{6-11}$$

经纬仪导线的相对闭合差应不大于表 6-3 中的规定。对于图根导线，若 $K \leqslant 1/2000$，说明精度满足要求，可将坐标增量闭合差按与边长成正比、反号分配给各坐标增量，使改正后的坐标增量的代数和等于零。各坐标增量的改正值可按下式计算：

$$\left. \begin{array}{l} Vx_i = -\dfrac{f_x}{\sum D} \cdot D_i \\[2mm] Vy_i = -\dfrac{f_y}{\sum D} \cdot D_i \end{array} \right\} \tag{6-12}$$

式中 Vx_i——第 i 条边的纵坐标增量的改正数；

Vy_i——第 i 条边的横坐标增量的改正数；

D_i——第 i 条边的边长；

$\sum D$——导线全长。

纵、横坐标增量改正数之和应满足式：$\sum Vx = -f_x$；$\sum Vy = -f_y$。导线各边坐标增量加改正数后即得改正后坐标增量。改正后的坐标增量的代数和应为零，以此作为校核。

（5）导线点的坐标计算 根据起点的已知坐标，加上两点间改正后的坐标增量可得第二点的坐标。依次推算出其他各点的坐标，最后再推算出起点的坐标。二者应完全相等，以此作为坐标计算的检核。计算公式为

$$\left. \begin{array}{l} X_前 = X_后 + \Delta x_改 \\[2mm] Y_前 = Y_后 + \Delta y_改 \end{array} \right\} \tag{6-13}$$

闭合导线的计算过程见表 6-5。

表 6-5 闭合导线坐标计算表

点号	观测角 /(° ′ ″)	改正后角值 /(° ′ ″)	坐标方位角 /(° ′ ″)	距离 D /m	坐标增量		改正后坐标增量		坐标	
					Δx/m	Δy/m	$\Delta x'$/m	$\Delta y'$/m	X/m	Y/m
1	2	3	4	5	6	7	8	9	10	11
A			124 59 43	105.30	+1 −60.39	−4 +86.26	−60.38	+86.22	<u>500.00</u>	<u>500.00</u>
1	+13 106 48 20	106 48 33	51 48 16	80.02	+1 +49.48	−3 +62.89	+49.49	+62.86	439.62	586.22
2	+12 74 00 10	74 00 22	305 48 38	129.12	+2 +75.55	−5 −104.71	+75.57	−104.76	489.11	649.08
3	+12 88 33 50	88 34 02	214 23 40	78.40	+1 −64.69	−3 −44.29	−64.68	−44.32	564.68	544.32
A	+13 90 36 50	90 37 03	124 59 43						500.00	500.00
1										
Σ	359 59 10	360 00 00		392.84	−0.05	+0.15	0.00	0.00		

辅助计算：$\sum \beta_测 = 359°59'10''$，$\sum D = 392.84$

$\sum \beta_理 = 360°00'00''$，$f_\beta = \sum \beta_测 - \sum \beta_理 = -50''$，$f_{\beta容} = \pm 40'' \sqrt{4} = \pm 80''$

$f_x = -0.05(\text{m})$，$f_y = +0.15(\text{m})$，$f = \sqrt{f_x^2 + f_y^2} = 0.16(\text{m})$

$K = \dfrac{f}{\sum D} \approx \dfrac{1}{2500}$，$K_容 = \dfrac{1}{2000}$

6.4.2 附合导线坐标计算

附合导线应满足两个几何条件：方位角条件和坐标条件。附合导线和闭合导线计算基本相同，仅角度闭合差与坐标增量闭合差的计算公式有所不同。下面着重介绍不同之处。

（1）附合导线角度闭合差的计算 如图 6-3 所示，从已知边 AB 的方位角 α_{AB} 通过各转折角 β_i（左角）可以逐个推算出各边的方位角及最终边 CD 的方位角 α'_{CD}
即

$$\alpha_{B1} = \alpha_{AB} + 180° + \beta_A$$
$$\alpha_{12} = \alpha_{B1} + 180° + \beta_1$$
$$\alpha_{23} = \alpha_{12} + 180° + \beta_2$$
$$\alpha_{3C} = \alpha_{23} + 180° + \beta_3$$
$$\alpha'_{CD} = \alpha_{3C} + 180° + \beta_C$$

将上面各等式整理得 $\alpha'_{CD} = \alpha_{AB} + 5 \times 180° + \sum\beta$ 写成一般形式

$$\alpha'_{CD} = \alpha_{AB} + n \times 180° + \sum\beta \tag{6-14}$$

用上式推算出的终边方位角应减去若干个 $360°$，使 α'_{CD} 在 $360°$ 以内。另外，α'_{CD} 应与已知的方位角 α_{CD} 相等。若不相等其差值称为附合导线角度闭合差，用 f_β 表示，即

$$f_\beta = \alpha'_{CD} - \alpha_{CD} = \alpha_{AB} + \sum\beta - \alpha_{CD} + n \times 180° \tag{6-15}$$

附合导线角度闭合差容许值及其闭合差调整方法与闭合导线相同。

（2）附合导线坐标增量闭合差的计算 附合导线起点 A 与终点 C 都是高一级控制点，两点坐标增量的理论值为

$$\left.\begin{array}{l}\sum\Delta x_{理} = x_C - x_A \\ \sum\Delta y_{理} = y_C - y_A\end{array}\right\} \tag{6-16}$$

根据改正后的方位角和边长计算的坐标增量之和往往不等于该理论值，其差值称为附合导线坐标增量闭合差，即

$$\left.\begin{array}{l}f_x = \sum\Delta x_{测} - (x_C - x_A) \\ f_y = \sum\Delta y_{测} - (y_C - y_A)\end{array}\right\} \tag{6-17}$$

有关附合导线全长相对闭合差的计算以及坐标增量闭合差 f_x、f_y 的调整方法与闭合导线相同。

附合导线的坐标计算过程见表 6-6。

以上是双定向附合导线（两个连接角）的内业计算，除此之外还有单定向导线（一个连接角）和无定向导线（无连接角）。

单定向导线有坐标条件，无方位角条件，但有起算方位角，如图 6-6 所示。下面介绍使用全站仪进行单定向导线测量和计算的步骤。

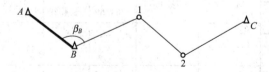

图 6-6 单定向导线

① 根据已知点 A、B 的坐标，用全站仪依次测量计算出其他点的坐标；
② 根据测量坐标计算各边边长及其累积值；
③ 坐标增量闭合差的计算及调整。

表 6-6　附合导线坐标计算表

点号	观测角/(°′″)	改正后值/(°′″)	坐标方位角/(°′″)	距离/m	增量计算值/m		改正后增量/m		坐标/m	
					Δx/m	Δy/m	$\Delta x'$/m	$\Delta y'$/m	x/m	y/m
1	2	3	4	5	6	7	8	9	10	11
A			237 59 30							
B	+6 99 01 00	99 01 06							2507.69	1215.63
			157 00 36	225.85	+5 −207.91	−4 +88.21	−207.86	+88.17		
1	+6 167 45 36	167 45 42							2299.83	1303.80
			144 46 18	139.03	+3 −113.57	−3 +80.20	−113.54	+80.17		
2	+6 123 11 24	123 11 30							2186.29	1383.97
			87 57 48	172.57	+3 +6.13	−3 +172.46	+6.16	+172.43		
3	+6 189 20 36	189 20 42							2192.15	1556.40
			97 18 30	100.07	+2 −12.73	−2 +99.26	−12.71	+99.24		
4	+6 179 59 18	179 59 24							2179.74	1655.64
			97 17 54	102.48	+2 −13.02	−2 +101.65	−13.00	+101.63		
C	+6 129 27 24	129 27 30							2166.74	1757.27
D			46 45 24							
Σ	888 45 18			740.00	−341.10	+541.78	−340.95	+541.64		

辅助计算：$f_\beta = \alpha'_{CD} - \alpha_{CD} = -36''$

$f_x = \sum \Delta x_{测} - (x_C - x_B) = -0.15 (\text{m}),\ f_y = \sum \Delta y_{测} - (y_C - y_B) = +0.14 (\text{m})$

$f = \sqrt{f_x^2 + f_y^2} = 0.20 (\text{m})$

$k = \dfrac{f}{\sum D} = \dfrac{0.20}{740.00} = \dfrac{1}{3700} < \dfrac{1}{2000}$

用测量的 C 点坐标与已知坐标数据进行比较，用前述方法计算出 f_x、f_y、f、K。如果 K 符合精度要求，可将坐标增量闭合差以相反的符号，按与边长累积值成正比分配给各坐标增量。各坐标增量的改正值可按下式计算：

$$\left.\begin{array}{l} Vx_i = -\dfrac{f_x}{\sum D} \cdot D'_i \\[2mm] Vy_i = -\dfrac{f_y}{\sum D} \cdot D'_i \end{array}\right\} \tag{6-18}$$

式中　Vx_i——第 i 条边的纵坐标增量累积改正数；

　　　Vy_i——第 i 条边的横坐标增量累积改正数；

　　　D'_i——边长累积值；

　　　$\sum D$——导线全长。

④ 计算改正后坐标，计算方法同闭合导线　单定向附合导线的坐标计算过程见表6-7。为方便计算，可用 Excel 表完成。

无定向导线有坐标条件，无方位角条件，且无起算方位角，目前应用很少，不再介绍。

6.4.3　支导线坐标计算

支导线的计算步骤如下：

① 根据观测的转折角和已知方位角推算各边的方位角。

② 根据各边的方位角和边长计算各边的坐标增量。

③ 根据各边坐标增量和起始点的已知坐标推算各未知点的坐标。

表 6-7 单定向附合导线坐标计算表

点号	测量 X 坐标值 /m	测量 Y 坐标值 /m	距离 /m	累计距离 /m	改正后 X 坐标值 /m	改正后 Y 坐标值 /m
1	2	3	4	5	6	7
T_2	4007164.916	510182.642				
T_3	4007160.483	510112.001			4007160.483	510112.001
			139.319	139.319		
A_1	4007021.643	510123.543			4007021.652	510123.553
			94.658	233.977		
A_2	4006948.483	510063.478			4006948.499	510063.494
			195.636	429.613		
A_3	4006753.424	510078.487			4006753.453	510078.517
			126.500	556.113		
A_4	4006627.574	510091.292			4006627.612	510091.331
			98.585	654.698		
A_5	4006529.094	510095.82			4006529.138	510095.873
			130.788	785.486		
A_6	4006398.621	510104.910			4006398.674	510104.965
			103.062	888.548		
A_7	4006295.893	510113.197			4006295.953	510113.259
			127.833	1016.381		
A_8	4006168.405	510122.584			4006168.473	510122.654
			122.508	1138.889		
A_9	4006046.176	510130.846			4006046.253	510130.925
			168.151	1307.039		
A_{10}	4005878.336	510141.061			4005878.424	510141.152
			179.715	1486.755		
A_{11}	4005699.320	510156.899			4005699.420	510157.002

辅助计算:$f_x = -0.1, f_y = -0.103, f = 0.14\text{m}, K = \dfrac{f}{\sum D} \approx \dfrac{1}{10000}$

以上计算中所用的公式及计算原理同闭合导线。支导线既没有角度校核条件也没有坐标校核条件,不容易发现观测和计算中的错误。因此,计算支导线时,一般应两个人分别计算,计算完毕后再对照结果,以防计算错误。

6.5 高程控制测量

小区域进行测量时,除了建立平面控制网外,还要建立高程控制网。

6.5.1 三、四等水准测量

三、四等水准测量是高程控制测量中最常用的方法,除了用于国家高程控制网的加密外,还常用作小区域的首级高程控制,以及工程测量和变形观测的高程控制。三、四等水准网应起闭于国家较高等级的水准点。

三、四等水准测量采用"后—前—前—后"(黑—黑—红—红)的观测程序,可以抵消水准仪与水准尺下沉产生的误差。四等水准测量也可采用"后—后—前—前"(黑—红—黑—红)的观测程序,具体操作方法请参见第 2.4 节。

6.5.2 三角高程测量

如果测区地势起伏较大,用水准测量方法测量困难较大时,也可用三角高程测量的方法。随着光电技术的发展,全站仪在测绘工程中的应用使三角高程测量的精度大大提高。因此,三角高程测量方法的应用越来越广泛。

6.5.2.1 三角高程测量原理

三角高程测量是根据两点间的水平距离和竖直角,按三角公式计算两点间的高差,从而推算出未知点的高程。如图 6-7 所示,已知 A、B 两点的水平距离 D(或斜距 D'),A 点高

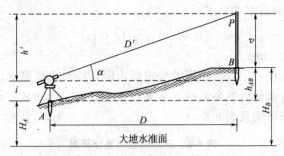

图 6-7　三角高程测量原理

程为 H_A。在 A 点安置经纬仪，在 B 点上竖立觇标，照准觇标顶端测得竖直角 α，量取仪器高 i 和觇标高 v，则 AB 间的高差 h_{AB} 与 B 点高程 H_B 为

$$h_{AB}=D \cdot \tan\alpha+i-v=D' \cdot \sin\alpha+i-v \qquad (6\text{-}19)$$

$$H_B=H_A+h_{AB}=H_A+D \cdot \tan\alpha+i-v=H_A+i+D' \cdot \sin\alpha-v \qquad (6\text{-}20)$$

或

$$H_B=H_i+D' \cdot \sin\alpha-v=H_i+D \cdot \tan\alpha-v \qquad (6\text{-}21)$$

式中，$H_i=H_A+i$。

6.5.2.2　地球曲率和大气折光对高差的影响

当两点间距离较远（一般超过 300m 时），三角高程测量通常就应考虑地球曲率和大气折光的影响，则要进行球差改正和气差改正，二者合称为球气差改正，用 f 表示。改正后两点间的高差 h_{AB} 计算如下

$$h_{AB}=D \cdot \tan\alpha+i-v+f=D \cdot \tan\alpha+i-v+(c+r)$$

$$=D \cdot \tan\alpha+i-v+\left(\frac{D^2}{2R}-0.14\frac{D^2}{2R}\right)=D \cdot \tan\alpha+i-v+0.43\frac{D^2}{R} \qquad (6\text{-}22)$$

式中　c——地球曲率改正，简称为球差；

　　　r——大气折光改正，简称为气差；

　　　f——球气差改正；

　　　R——地球曲率半径，一般取 6371 km。

三角高程测量一般都采用对向观测，取对向观测所得高差绝对值的平均数，可削弱或消除两差的影响。

6.5.2.3　三角高程测量的野外工作

三角高程的野外工作主要有测边、测竖直角、量取仪器高和觇标高。在一个测站上，三角高程测量的观测程序如下。

① 测定边长　可用测距仪测定边长，测距精度要符合相应等级平面控制网的测距精度要求。

② 测定竖直角　在测站上安置仪器进行对中整平，盘左位置用望远镜中横丝瞄准觇标，用微倾螺旋调平竖盘水准气泡后，读取竖盘读数。同理进行盘右观测，计算竖直角。

③ 量取仪器高和觇标高　在测站上量取仪器高 i，在目标点上量取立好的觇标高 v。读数精确至 1mm。

6.5.2.4　三角高程测量的内业计算

（1）高差计算　按式(6-22)计算往返测的高差，其往返测高差之差按图根三角高程测量的规定不大于 $0.4D$（D 为两点间的水平距离，以 km 为单位）。若符合要求取其平均值作为两点间的高差。

（2）计算路线闭合差　每条边的高差计算完以后，根据路线的布设形式，计算全路线的

高差闭合差 f_h，f_h 应满足下式要求：

$$f_h \leqslant \pm 5\sqrt{\sum D^2}\,(\mathrm{cm}) \qquad (6\text{-}23)$$

式中 D——路线长度，km。

（3）计算各点的高程 闭合差在限差要求以内时，按与边长成正比例的原则，将闭合差分配给各高差，最后按调整后的高差推算各高程点的高程。已知某一点的高程，用三角测量方法计算另一点高程的算例见表6-8。

表6-8 三角高程测量计算表

起算点		A	
所求点		B	
觇法	往测		返测
平距 D/m	341.23		341.23
竖直角 α	$+14°06'30''$		$-13°19'00''$
$D \cdot \tan\alpha$	$+85.76$		-80.77
仪器高 i	$+1.31$		$+1.43$
觇标高 v	-3.80		-4.00
两差改正高差 h/m	$+83.27$		-83.34
平均高差		$+83.30$	
起算点高程		279.25	
所求点高程		362.55	

本 章 小 结

1. 控制测量分为平面控制测量和高程控制测量。平面控制测量常用的方法有三角测量、三边测量、导线测量、全球定位系统等，高程控制测量的方法有四等水准测量和三角高程测量。

2. 单一导线的布设形式主要有闭合导线、附合导线和支导线。

3. 导线测量的外业工作包括踏勘选点、边长测量、角度测量、高程测量和导线定向。外业工作完成后，要进行导线的内业计算，不同形式的导线内业计算方法不同。

4. 高程控制测量是通过水准测量或三角高程测量测定控制点的高程。

思 考 题

1. 控制测量的目的是什么？
2. 导线布设的形式有哪几种？各适用于什么场合？
3. 选择导线点应注意哪些问题？
4. 导线测量的外业工作有哪些？
5. 导线测量的内业计算步骤有哪些？
6. 已知一闭合导线，其观测数据见表6-9，试计算各点的坐标。

表 6-9　闭合导线坐标计算表

点号	观测角 /(°′″)	改正后角值 /(°′″)	坐标方位角 /(°′″)	距离 D /m	坐标增量		改正后坐标增量		坐标	
					Δx/m	Δy/m	$\Delta x'$/m	$\Delta y'$/m	X/m	Y/m
A			48 43 18	115.10					536.27	328.74
1	97 03 00									
2	105 17 06			100.09						
3	101 46 24			108.32						
4	123 30 06									
A	112 22 24			94.38						
1				67.58						

7. 已知一附合导线，其观测数据见表 6-10，请计算各点的坐标。

表 6-10　附合导线坐标计算表

点号	观测角 /(°′″)	改正后角值 /(°′″)	坐标方位角 /(°′″)	距离 D /m	坐标增量		改正后坐标增量		坐标	
					Δx/m	Δy/m	$\Delta x'$/m	$\Delta y'$/m	X/m	Y/m
A									843.40	1264.29
B	114 17 00								640.93	1068.44
1	146 59 00			82.17						
2	135 11 30			77.28						
3	145 38 30			89.64						
C	158 00 00								589.97	1307.87
D				79.84					793.61	1399.19

第7章 大比例尺地形图传统测绘方法

测图是测量学的基本任务之一，根据"从整体到局部，先控制后碎部"的工作原则，在完成控制测量之后，即可进行地形图测绘。本章主要介绍比例尺精度、地物地貌的表示方法、碎部测量和大比例尺地形图的传统成图方法。

7.1 比例尺及其精度

地形图上某线段的长度 d 与其对应的实地水平距离 D 之比，称为地形图的比例尺。

7.1.1 比例尺的种类

根据比例尺表示方法的不同，一般分为数字比例尺和图示比例尺两种。

（1）数字比例尺 用分子为1的分数形式表示的比例尺，称为数字比例尺。设某线段图上的长度为 d，对应的实地距离为 D，则数字比例尺为

$$\frac{d}{D} = \frac{1}{M} \tag{7-1}$$

式中 M——比例尺的分母。

数字比例尺一般写成 $1:M$ 的形式，如 $1:500$、$1:1000$、$1:2000$ 等。比例尺分母 M 越小，比例尺越大，相应的地形图表示地物、地貌越详尽。

地形图按比例尺分为三类：$1:500$，$1:1000$，$1:2000$，$1:5000$ 的称为大比例尺地形图；$1:1$ 万，$1:2.5$ 万，$1:5$ 万，$1:10$ 万的称为中比例尺地形图；$1:25$ 万，$1:50$ 万，$1:100$ 万的称为小比例尺地形图。工程上通常使用大比例尺地形图。

（2）图示比例尺 直线比例尺是最常见的图示比例尺，是以一定的线段和数字注记表示。如图 7-1 所示，直线比例尺位于图廓线的下方，一般长为 12cm，由相距约 2mm 的两条平行线组成，1cm 或 2cm 为一个基本分划单位，最左端的一个基本单位又分十等份。左端第一个基本单位分划处注"0"，其他基本单位分划处，根据比例尺的大小注记相应的数字，其所注记的数字为以 m 为单位的实地水平距离。

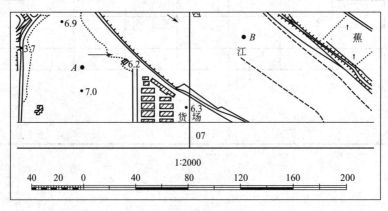

图 7-1 直线比例尺

例如，若要利用直线比例尺获得图 7-1 中 A、B 两点的实际水平距离，首先将脚规的两

脚尖对准地形图上 A、B 两点，量取 A、B 两点的图上距离，然后移到直线比例尺上。如图 7-2 所示，使右脚尖对准 0 刻度右边适当的整刻画上，此时为 100m，左脚尖刚好落在 0 刻度左边的比例尺基本单位内，可读取到 m，此时估读为 19m。所以图 7-1 中 A、B 两点间的实地水平距离为 119m。

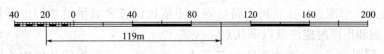

图 7-2　直线比例尺的使用方法

图示比例尺既便于直接量距，又可抵消因图纸伸缩变形带来的影响。

7.1.2　比例尺精度

7.1.2.1　比例尺精度的概念

一般人的肉眼能分辨图上最小的距离为 0.1mm，这就要求在测绘地形图时，地面上的两点按比例尺缩绘到图上的距离不应小于 0.1mm，否则无意义。图上 0.1mm 所代表的实地水平距离，称为比例尺精度，其大小为 $\varepsilon = 0.1 \times M$(mm)。显然，比例尺的分母越大，比例尺精度越高。表 7-1 为几种不同比例尺的比例尺精度。

表 7-1　比例尺精度

比例尺	1∶500	1∶1000	1∶2000	1∶5000	1∶10000
比例尺精度/m	0.05	0.10	0.20	0.50	1.00

7.1.2.2　比例尺精度的参考意义

测绘地形图时，比例尺越大，地物、地貌在图上表示得越详细，测图精度越高，但测图所需的工作量和成本也就越大。因此，实际工作中，要根据工程需要，合理地选择比例尺。比例尺精度具有以下两个参考意义：

① 根据工程要求的量距精度选取测图比例尺。例如某工程要求在图上能反映出实地上 0.1m 距离的精度，则所选用的测图比例尺不应小于 1∶1000。

② 根据已选择的测图比例尺确定量距精度。例如，已知测图比例尺为 1∶2000 时，实地量距只需精确到 0.2m 就可以了，因为量得再精确在图上也表示不出来。

7.2　地物地貌在地形图上的表示方法

地面上的地物和地貌是用各种符号表示在图纸上的。为方便使用，国家测绘局统一编制了地形图图式，它是测绘和使用地形图的主要依据。表 7-2 所示为《国家基本比例尺地图图式第 1 部分：1∶500、1∶1000、1∶2000 地形图图式》（GB/T 20257.1—2007）中的部分地形图图式符号。

7.2.1　地物符号

地物符号种类繁多，按符号与地图比例尺的关系可分为依比例符号、半依比例符号和不依比例符号。

（1）依比例符号　有些地物的轮廓较大，如房屋、湖泊、旱田等，将其形状和大小按测图比例尺直接缩绘在图纸上的相似图形，称为依比例符号。如表 7-2 中编号 1～4 所示。

（2）半依比例符号　对于一些线状狭长地物，如小路、电线、管道等，其长度可按比例尺缩绘，而宽度不能按比例尺缩绘，这种符号称为半依比例符号。如表 7-2 中编号 5～8 所示。

（3）不依比例符号　当地物的实际轮廓无法按测图比例尺直接缩绘到图纸上时，就采用规定的符号来表示其位置，这种符号称为不依比例符号（非比例符号）。如表 7-2 中编号 9～12 所示，导线点、水准点、独立树、路灯等。不依比例符号表示地物的中心位置因地物不同而异，在测图和用图时应注意以下几点：

① 规则几何图形符号，如水准点、三角点、钻孔等，其图形的几何中心即代表地物的中心位置。

② 宽底符号，如岗亭、烟囱、水塔等，其符号底线的中心表示地物的中心位置。

③ 底部为直角形的符号，如独立树、路标等，其符号底部的直角顶点表示地物的中心位置。

（4）注记符号　当用上述三种符号还不能清楚表达地物时，如房屋的结构与层数、河流的流向、树木的种类等，需采用文字、数字加以说明的称之为注记符号。如表 7-2 中编号 1 和编号 9～10 所示。注记符号既不表示位置，也不表示大小，仅起注解说明的作用。

需要说明，比例符号和非比例符号不是一成不变的，要根据测图比例尺和实物轮廓的大小而定。某些地物在大比例尺的地形图上用比例符号来表示，在较小的比例尺地形图上可能只用非比例符号来表示。

表 7-2　地物符号摘录

编号	符号名称	图例符号	编号	符号名称	图例符号
1	单幢房屋 a. 一般房屋 b. 有地下室的房屋 混——房屋结构 1、3——房屋层数 -2——地下房屋层数	a　混1 b　混3-2	5	标准轨铁路 a. 一般的 b. 电气化的	a b
2	露天体育场、网球场、运动场、球场		6	电力线	
			7	围墙 a. 依比例的 b. 不依比例的	a b
			8	栅栏、栏杆	
3	草地 a. 天然草地 b. 改良草地 c. 人工牧草地	a b c	9	不埋石图根点	$\square$ $\dfrac{19}{84.47}$
			10	水准点	$\otimes$ $\dfrac{H0307}{38.279}$
			11	碑、柱、墩	
4	台阶		12	亭	

7.2.2　地貌符号

地球表面上高低起伏的各种形态称之为地貌。根据地表起伏变化的大小，地貌分为山地、高原、盆地、丘陵和平原等五种基本类型。在大比例尺地形图上，地貌一般采用等高线表示。

7.2.2.1　等高线及其形成原理

地面上高程相等的各点依次连成的闭合曲线称为等高线。

如图 7-3 所示，假设有一座高出水面的小岛，与某一静止的水面相交所形成的水涯线为一闭合曲线（等高线），曲线的形状随小岛与水面相交的位置而定，曲线上各点的高程相等。例如，当水面高为 70m 时，曲线上任一点的高程均为 70m；若水位继续升高至 80m、90m，则水涯线的高程分别为 80m、90m。将不同高程的水涯线垂直投影到水平面 H 上，再按测图比例尺缩绘在图纸上，就可将小岛高低起伏的形态用等高线表示在地形图上。这就是等高线的形成原理。

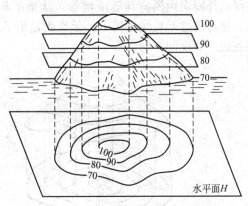

图 7-3　等高线绘制原理

7.2.2.2　等高距和等高线平距

地图上相邻两条等高线之间的高差称为等高距，用 h 表示。同一幅地形图的等高距是相同的，因此地形图的等高距也称为基本等高距。如表 7-3 所示，大比例尺地形图常用的基本等高距为 0.5m、1m、2m、5m 等。

表 7-3　基本等高距表　　　　　　　　　　　　　　　　　　单位：m

比例尺	地形类别			
	平地	丘陵地	山地	高山地
1∶500	0.5	0.5	0.5 或 1.0	1.0
1∶1000	0.5	0.5 或 1.0	1.0	1.0
1∶2000	0.5 或 1.0	1.0	1.0 或 2.0	5.0
1∶5000	0.5 或 1.0	1.0 或 2.0	2.0 或 5.0	5.0

在同一比例尺地形图中，等高距越小，图上等高线越密，地貌显示就越详细；等高距越大，图上等高线就越稀，地貌显示就越粗略。需要说明的是，等高距并不是越小越好。如果等高距很小，等高线非常密，不仅影响地形图图面的清晰，而且使用也不便，同时使测绘工作量大大增加。因此，测绘地形图时，要根据测图比例尺、测区地面的坡度情况和国家规范选择合适的基本等高距。

地图上相邻两条等高线之间的水平距离，称为等高线平距，用 d 表示。地面坡度相同，等高线平距相等。等高距 h 与等高线平距 d 的比值称为地面坡度，用 i 表示。坡度一般用百分率或千分率来表示，即

$$i = \frac{h}{d} \tag{7-2}$$

在同一幅地形图上，等高距 h 是一个常数，而等高线平距随地势的陡缓而变化。地势越平缓，平距越大，等高线越稀疏。反之，平距越小，等高线越密，地势越陡峭。因此，等高线的疏密可形象地反映实际地貌形态和地势变化情况。

7.2.2.3　几种典型地貌的等高线

地貌尽管千姿百态，错综复杂，但都是由山地、盆地、山脊、山谷、鞍部等几种典型的地貌所组成。

（1）山丘和洼地　四周低下而中间隆起的地貌称为山。高而大的称为山峰，矮而小的称为山丘，山的最高部称为山顶或山头。山的侧面称为山坡，山坡与平地相连之处称为山脚。四周高而中间低的地貌称为盆地，面积较小的称为洼地。

图 7-4(a) 和（b）分别表示山头和洼地的等高线，它们都是一组闭合曲线。山头的等高线由外圈向内圈高程逐渐增加，洼地的相反，因此可根据高程注记区分山丘和洼地。另外，也可通过示坡线来区分。示坡线是指示斜坡降落方向的短线，它与等高线垂直相交，可直观表示坡度的方向。

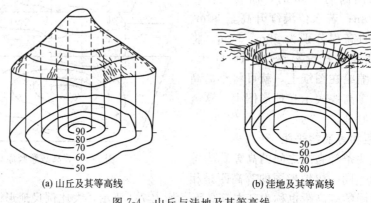

(a) 山丘及其等高线　　　　　　(b) 洼地及其等高线

图 7-4　山丘与洼地及其等高线

（2）山脊和山谷　沿着一个方向延伸的高地称为山脊。山脊的等高线为一组凸向低处的曲线。山脊上最高点的连线称为山脊线。如图 7-5(a) 所示，落在山脊线的雨水被山脊分成两部分沿山脊两侧流下，所以山脊线又称为分水线。

在两山脊间沿着一个方向延伸的凹地称为山谷。山谷的等高线为一组凸向高处的曲线。山谷中最低点的连线称为山谷线。如图 7-5(b) 所示，山谷两侧谷壁上的雨水流向谷底，集中在谷底又沿着山谷线向下流，因此山谷线又称集水线。

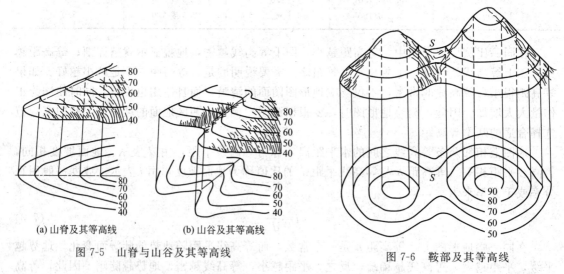

(a) 山脊及其等高线　　　　(b) 山谷及其等高线

图 7-5　山脊与山谷及其等高线

图 7-6　鞍部及其等高线

（3）鞍部　位于相邻两个山顶之间形似马鞍状的地貌称为鞍部。鞍部是两个山脊与两个山谷交会的地方，山区道路往往通过鞍部。鞍部及其等高线如图 7-6 所示。

（4）陡坎、陡崖、悬崖　坡度在 70°以上的各种天然形成和人工修筑的坡、坎称为陡坎。陡坎的等高线非常密集甚至重叠，因此陡坎在地形图上采用陡坎符号表示。陡坎符号的形状如图 7-7(a) 所示，符号的一侧为实线，表示陡坎上缘棱线的位置，陡坎符号短线的指向表示下坡方向。

形状壁立难于攀登的陡峭岩壁称为陡崖。陡崖的等高线基本上重合在一起，土质的陡崖用陡坎的符号表示，其形状见图 7-7(a) 所示。岩石质的陡崖用一种特定的符号表示，其形状见图 7-7(b) 所示。悬崖是上部突出、下部凹进的陡崖。悬崖上部的等高线投影到水平面时，与下部的等高线相交，下部凹进的等高线部分用虚线表示，其形状见图 7-7(c) 所示。

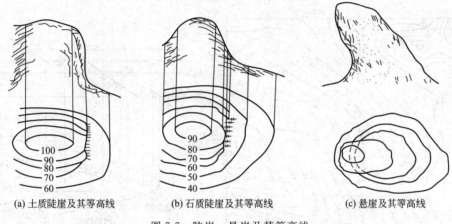

(a) 土质陡崖及其等高线　　　　(b) 石质陡崖及其等高线　　　　(c) 悬崖及其等高线

图 7-7　陡崖、悬崖及其等高线

图 7-8 为一综合性地貌的透视图及相应的地形图。其他特殊地貌可参阅国家标准《国家基本比例尺地图图式第 1 部分：1∶500、1∶1000、1∶2000 地形图图式》（GB/T 20257.1—2007），不再详述。

7.2.2.4　等高线的分类

根据等高距不同，如图 7-9 所示，等高线分为首曲线、计曲线、间曲线和助曲线。

① 首曲线　按基本等高距勾绘的等高线称为首曲线，也称基本等高线。首曲线用 0.15mm 的细实线表示。

② 计曲线　为了判读方便，从大地水准面起算，每隔四条首曲线加粗一条等高线，加粗描绘的等高线称为计曲线。计曲线用 0.3mm 粗实线表示并注记高程。

③ 间曲线　当用基本等高线不足以反映坡度较小的局部地貌特征时，可按 1/2 基本等高距加绘一条等高线，该等高线称为间曲线。间曲线用 0.15mm 的长虚线表示，可以不闭合。

④ 助曲线　当用间曲线还不能充分表示地貌特征时，用 1/4 的基本等高距勾绘的等高线称为助曲线。助曲线用 0.15mm 的短虚线表示。

以上四种等高线，其中首曲线和计曲线在测绘地形图时必须绘出，而间曲线和助曲线在应用地形图时，根据需要内插绘出。等高线遇到各种注记、独立性符号时，隔断 0.2mm；遇到房屋、双线道路、双线沟渠、水库、湖、塘、冲沟、陡崖、路堤、路堑等符号时，绘至符号边线。

7.2.2.5　等高线的特性

① 等高性　同一条等高线上各点的高程相等。

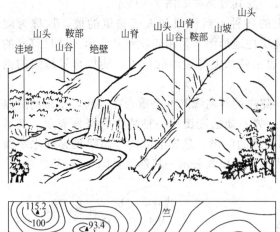

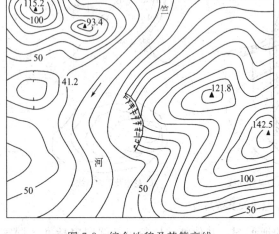

图 7-8 综合地貌及其等高线

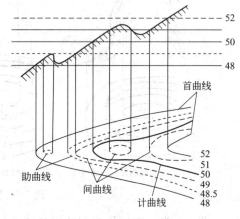

图 7-9 等高线的分类

② 闭合性 等高线是闭合曲线，如果不在同一幅图内闭合，则必定在相邻的其他图幅内闭合。为使图面清晰，当遇到地物和注记符号时，等高线可中断；否则除间曲线外，一般不能中断。

③ 非交性 除陡坎、陡崖等特殊地貌外，等高线不能相交。

④ 正交性 山脊线、山谷线与等高线成正交。

⑤ 疏缓密陡性 同一幅地图上，等高线越疏，地势越平缓；等高线越密，地势越陡。

7.3 测图前的准备工作

碎部测量前，要准备测量仪器、测图板、图纸和其他工具，抄录控制点的平面坐标和高程，根据测区情况拟定测图计划，划分图幅和展绘控制点。

7.3.1 图幅的划分

当测区范围较大，一个图幅不能全部表示时，要把整个测区分为若干个标准图幅进行施测。对于大比例尺地形图，标准图幅大小一般为 50cm×50cm 的正方形图幅，或 50cm×40cm 的矩形图幅。有时为了减少图幅接图，若测图较小，也可以根据需要使用其他规格的任意图幅进行分幅。

分幅前，采用比测图比例尺更小的比例尺，将靠近测区周边的控制点展绘在一张图纸上，图幅的西南角的坐标根据所有控制点最小的 x、y 坐标来决定，一般取至整十米或整百米。根据控制点分布图和测区情况，划分图幅并进行图幅编号，绘制图幅接合表。地形图的分幅与编号方法将在第 9 章中详述。

7.3.2 图纸的准备

目前，测绘生产部门已广泛采用聚酯薄膜图纸代替纸质图纸进行测图。聚酯薄膜是一面打毛的半透明图纸，厚度一般为 0.07～0.1mm，经过热定型处理后，伸缩率小于 0.2‰。聚酯薄膜图纸具有透明度高、伸缩性小、不怕潮湿等优点。图纸弄脏后，可以水洗，便于野外作业。在图纸上着墨后，可直接晒蓝图。缺点是易燃、易折，在使用与保管时应注意防火防折。成张的聚酯薄膜图纸一般都已绘制 10cm×10cm 的方格网，可直接用于测图。若用白图纸测图则应绘制方格网。绘制方格网通常有对角线法和坐标格网尺法，具体方法不再详述，可参阅相关文献。

7.3.3 展绘控制点

展点前，首先根据分幅范围及测图比例尺，确定格网线的坐标，并标注在边线外侧，然后抄录并核对图幅内各控制点的点号、坐标、高程、等级等，用来展绘控制点并留作测图时检查之用。

展点时，先确定控制点所在的方格。如图 7-10 所示，测图比例尺为 1∶1000，控制点 N01 的坐标为：$x=$ 913.46m，$y=$748.63m，由坐标值确定其位置在 $mnkl$ 方格内。然后，用三角板从 m 点和 n 点分别向上量取 $(913.46-900)/1000=13.46$mm，或利用比例尺（三棱尺）分别量取 13.46m，得到 a、b 两点。同样的方法可得到 c、d 两点。连接 ab 与 cd，其交点即为控制点 N01 的位置。确定好控制点的位置后，按图式规范绘制控制点符号，注明点号、高程。

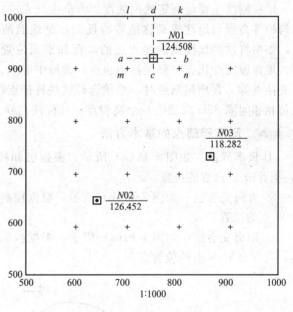

图 7-10　控制点的展绘

在所有控制点展绘完毕后，应对各点进行严格检查，其方法是：用比例尺量取各相邻控制点之间的距离，与相应的实际距离比较，其差值不得大于图上的 0.3mm，否则应重新展点。

7.4 碎部测量

碎部测量是以控制点为依据，利用仪器和工具，按照一定方法逐点测定控制点周围的地物、地貌的平面位置和高程，并按规定的比例尺和符号将其缩绘在图纸上。传统的大比例尺地形图测绘方法，主要有大平板仪测绘法、小平板仪配合经纬仪测绘法、经纬仪测绘法。本节主要介绍经纬仪测绘法。

7.4.1 碎部点的选择

实地上地物外轮廓线的转折点，称为地物特征点，简称地物点。反映地貌形态和地势变化的特征点称为地貌特征点，简称地貌点。地物和地貌总称为地形。地物点和地貌点总称碎部点。碎部测量就是测定地物点、地貌点的平面位置和高程。

7.4.1.1 地物特征点的选择

地物测绘是通过测定地物特征点，如房屋的房角，围墙、电力线的转折点，道路、河岸线的转弯点、交叉点，电杆、独立树的中心点等，然后连线得到与实地相似的图形。主要的地物特征点应独立测定，一些次要的特征点可以用量距、交会定点等方法绘出。一般规定，主要地物凹凸部分在图上大于 0.4mm 时均应表示出来；否则，可以用直线连接。测绘地物的一般原则如下。

① 对于依比例地物，应将其水平投影位置的几何形状相似地描绘在地形图上，如房屋、河流、运动场等；或将其边界位置表示在图上，边界内再绘上地形图图式规定的符号，如森林、草地、沙漠等，并标注属性文字注记。

② 对于不依比例地物，应测出其中心位置，在地形图上以其中心位置为基础，绘制地形图图式规定的相应符号，如路灯、旗杆、纪念碑等。

7.4.1.2 地貌特征点的选择

地貌测绘主要是测定地面坡度、方向变化点的特征点，然后连接地性线，以地性线为骨架勾绘等高线。地性线又称地貌特征线，是地面两相邻坡面相交的棱线，如山脊线和山谷线，如果将这些地性线的起止点的高程和平面位置测出，则地性线的方向和坡度也就确定了。地面坡度变化点主要包括山顶点、盆地中心点、鞍部最低点、谷口点、山脚点、山坡坡度变换点等。在地貌测绘时，必须选择这些特征点作为立尺点，此外根据地貌测绘要求，图上每相邻间隔 3cm 应测绘一个高程点，并标注高程。

7.4.2 测定碎部点的基本方法

① 极坐标法　如图 7-11(a) 所示，根据已知控制点 A、B，测出水平角 β 和水平距离 d，据此确定 P 点的位置。

② 方向交会法　如图 7-11(b) 所示，根据控制点 A、B，测出水平角 β_1 和 β_2，可交会出 M 点的位置。

③ 距离交会法　如图 7-11(c) 所示，根据控制点 A、B 到碎部点 N 的水平距离 d_1 和 d_2，可交会出 N 点的位置。

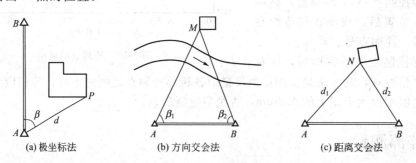

(a) 极坐标法　　　(b) 方向交会法　　　(c) 距离交会法

图 7-11　测定碎部点平面位置的方法

以上三种方法是测定碎部点位置的基本方法，其中极坐标法的应用较为广泛。在使用极坐标法时，有时也将观测值换算成坐标，再根据坐标确定点位。

7.4.3 经纬仪测绘法测图

经纬仪测绘法测图，是根据极坐标法确定碎部点点位的一种测图方法，如图 7-12 所示，将经纬仪安置在测站点上，观测有关数据，图板放在测站旁边作为绘图桌，用半圆仪或展点器展绘碎部点。

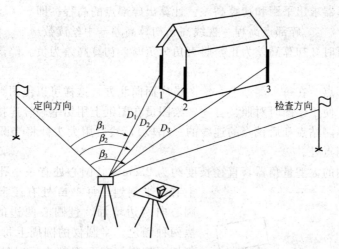

图 7-12　极坐标法碎部测量

野外测量时，一个作业组一般由 5 人组成，其分工为：观测员 1 人，记录员 1 人，计算员 1 人，绘图员 1 人，跑尺员（立尺员）1 人。

经纬仪法测绘地形图，在一个测站上的测绘工作步骤如下。

（1）安置仪器　观测员安置经纬仪于 A 点，对中、整平、量取仪器高 i。设测站点 A 的高程为 125.365m，仪器高为 1.41m。

（2）定向　观测员用盘左将经纬仪后视另一图根控制点 B，置水平度盘读数为 $0°00'00''$。

（3）立尺　立尺员应充分了解实测范围和地形情况，参照测图的综合取舍要求，选择地物、地貌的特征点立尺，并与观测员、绘图员共同商定跑尺路线。立尺时，既要使立尺点最少，又能逼真地反映出实地地形来；地形复杂时，立尺员还要绘制草图，以供绘图员参考。

（4）观测　观测员转动经纬仪照准部，瞄准立尺，读取水平角 β、上下丝读数和中丝读数 v、竖盘指标水准管气泡居中后，读取竖盘读数 L。注意，观测时水平度盘读数读到分即可。一般每测 20 个至 30 个点，观测员要重新照准后视点，以检查水平度盘的零度零分是否变动。

（5）记录与计算　碎部测量无统一的记录格式，一般都包含有水平角、上丝、下丝、视距、平距、竖盘读数、竖直角、中丝、初算高差、高程等栏目。表 7-4 是一种碎部测量记录表。

表 7-4　碎部测量记录手簿

仪器型号：DJ₆　　　测站：A　　　　起始点：B　　　　观测者：　　　　记录者：

观测日期：2014-5-6　测站高程：125.365m　仪器高：1.41m　视线高程：126.775m

| 碎部点 | 水平角 | 竖盘读数 | 竖直角 | 尺读数/m | | | 视距间隔 l/m | 初算高差/m | 平距 D/m | 碎部点高程/m | 备注 |
				上丝	中丝	下丝					
1	79°12′	89°30′	+0°30′	0.880	1.320	1.750	0.870	+0.759	86.99	126.214	房角
2	122°48′	90°12′	−0°12′	0.675	1.035	1.425	0.750	−0.262	75.00	125.478	房角
…	…	…	…	…	…	…	…	…	…	…	…

在每个测站上工作开始时，记录员要根据测站高程和仪器高算出视线高，然后记下观测员对每一立尺点观测的数据，并随时计算出各观测点的垂直角和视距，再根据视距和竖直角

利用视距表或计算器求出平距和初算高差，计算出碎部点的高程。即

$$碎部点高程＝视线高＋初算高差－中丝读数$$

竖直角为正值时，初算高差为正，竖直角为负时，初算高差为负。碎部点的高程取至厘米即可。

（6）展绘碎部点　在每个测站上，绘图员应面向北方，这样可以使图纸的南北、东西方向与实地相对应，便于绘图时对照。首先，绘图员在图纸上用铅笔轻轻连接 AB 两点作为零方向线（一般只画测站点和后视点的连线的一小段），然后用大头针将半圆仪的圆心固定在展绘好的测站控制点处。

半圆仪是专用的大型量角器，直径长度约为 25cm，其圆心处有一小孔。半圆仪在直径

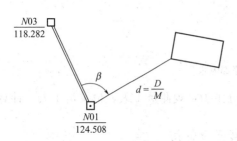

图 7-13　碎部点的展绘

上有毫米刻划，每 1cm 处有注字，圆心为零，由圆心向两边增加，且圆心两边的注记分别为红、黑两种颜色。半圆仪的圆周上每隔 $20'$ 或 $30'$ 一个刻划，其刻划有两圈都为反时针增加的注记，外圈为 $0°\sim180°$，内圈为 $180°\sim360°$，每 $10°$ 有注记，且内外两圈注记也分别为红、黑两种颜色。

展点时，按观测水平角定出碎部点所在方向线，再按测图比例尺沿该方向线自测站点截取距离 $d=D/M$，即得碎部点位置，如图 7-13 所示。

同法，测出其余各碎部点的平面位置与高程，展绘于图上，随测随绘等高线和地物，并加以注记。

在一个测站观测完毕后，绘图员要及时将本站所测绘的地形与实地对照一下，对于漏测、测错、绘错的地方要加以补测和纠正后再迁站。若测区较大，可分成若干图幅，分别测绘，最后拼接成全区地形图。

7.4.4　地物、地貌的测绘

展绘好碎部点后，一般应立即对照实地情况及草图，用规定的符号在图纸上描绘出地物、地貌的位置及形态，并按要求配置注记。地物、地貌勾绘的基本依据是地形图图式。

7.4.4.1　地物的测绘

地物的勾绘参照《国家基本比例尺地图图式第 1 部分：1∶500、1∶1000、1∶2000 地形图图式》（GB/T 20257.1—2007）上规定的各种地物符号的式样。绘图时注意线型和线宽。

（1）居民地测绘　房屋以墙基角为准，凸凹部分在图上小于 0.4mm 时可连接成直线。独立房屋和排列杂乱的房屋，一般需测三个房角点即可绘出其位置；外廓凸凹转折角多的房屋，测绘其主要的凸凹点，其他角点用皮尺量取尺寸，并绘制房屋草图，然后用三角板和比例尺按草图的尺寸将其绘制在图纸上；排列整齐的房屋，可实地量取最前排和最后一排房屋上的角点，再用皮尺量取各排房屋的宽度和各排之间的间距，在图上用平行线法绘出；若各排房屋的地面高程不同，还应测其高程。

（2）道路测绘　对于铁路，如果测图比例尺能把路宽表示出来，立尺时把尺子立在一侧铁轨上，另一侧铁轨按实量宽度绘出；若不能在图上表示路宽，把尺子立在铁路的中心线上，按铁路符号描绘并在图上每隔 10～15cm 注记轨面高程。

公路应测其实际位置，立尺时把尺子立在公路的中心或公路的一侧，根据量取的路宽绘出公路的形状，并注记路面高程和加注路面铺设材料。

乡村大路一般宽度不均匀，测绘时把尺子立在路的中心，按平均宽度绘出路的形状，公路与乡村路平交时，公路符号不中断，乡村路中断。

田间小路测绘时，把尺子立在小路的交叉点、拐点、直线段的端点等位置，按规定符号绘于图上，小路弯曲较多时，应根据实际情况适当取舍。

（3）水系测绘　水系测绘要准确反映水系类型、形态分布状况和水系之间、水系与其他要素之间的关系。河流应测出河岸线和水涯线，水库、湖泊、溪流、池塘等均应绘出水涯线。水涯线按测图时的水位测定，并标注测图时间。小河、溪沟、渠道以及涵、闸、渡槽等水工建筑物，要测绘底部高程。对堤坝等挡水建筑物要测出其顶部高程，必要时应测出比高。

（4）植被测绘　植被测绘时要正确反映出各植被的分布情况，先测外轮廓点，然后用地类界符号绘出其范围，界内描绘植被符号和注记植被种类，若地类界与道路、河流、田坎、垣栅等线状为重合时，则省略不绘。对于道路和城镇主要道路两旁的行树，按行列测绘，耕地周围和山坡上以及河堤上的树木以散树符号配置出其概略位置。

（5）输电及通信线路测绘　输电、通信线路测绘时，一般要测出各线路上的电杆、电线塔的位置，同一线路上的电杆之间要连线，并根据高、低压线路和通信线路的种类，在绘图时按图式规定符号绘出，使线路类型分明。当同一杆上架有多种线路时，表示其主要线路；沿铁路、公路并行的输电、通信线路和城市建设区内的输电、通信线路，在图上可不连线，但应在杆架处绘出连线方向，线路与河流、道路相交时不应中断。

7.4.4.2　地貌的勾绘

地貌主要用等高线来表示。对于不能用等高线表示的特殊地貌，如悬崖、峭壁、陡坎、冲沟、雨裂等，则用相应的图式规定的符号表示。

等高线是根据相邻地貌特征点的高程，按规定的等高距勾绘的。勾绘等高线时，首先要用比例内插法在各相邻地貌特征点间定出等高线通过的高程点，再将高程相同的相邻点用光滑的曲线相连接。应当指出，在两点间进行内插时，这两点间的坡度必须均匀。等高线的勾绘方法有比例内插法、图解法和目估法等。下面介绍内插法勾绘等高线的过程。

（1）测定地貌特征点　地貌特征点是指山顶的最高点，鞍部的最低点，山谷的起始点、谷会点、谷口点，山脊线的分岔点与转折点，陡坎和陡崖的上下边缘的转折点，山脚的转折点，洼地的最低点等。

（2）连接地性线　利用测得的地貌特征点勾画出山脊线、山谷线这些地性线。一般以实线连接山脊线，以虚线连接山谷线，如图 7-14 所示。地性线要随测随连，避免连接错误，以确保等高线能真实反映出实际地貌形态。

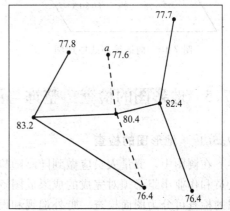

图 7-14　连接地性线

（3）勾绘等高线　由于地面点的高程不一定等于等高线的高程，因此，需要在地貌特征点之间确定等高线通过的位置。下面介绍用内插法确定同一坡度上的两地貌点间等高线通过的位置。

如图 7-15 所示，A、B 两点，其高程分别为 77.6m 和 80.5m，等高距为 1m，在 AB 直线上必有高程为 78m、79m、80m 三条等高线通过，根据直线内插法原理可求得各条等高线的位置。需要说明的是，由于碎部点选择地面坡度变化处，因此相邻点之间视为均匀坡度，这样才可以在碎部点连线上按平距与高差成比例的关系内插出等高线通过的位置。具体过程如下：

如图 7-15 所示，AB 为倾斜线，ab 为 AB 的平距，BB' 为 A、B 两点的高差。

由图知，1m 高差对应的平距应为

$$d_1 = \frac{ab}{80.5 - 77.6} = \frac{ab}{2.9}$$

78m 等高线比 A 点高 0.4m，80m 等高线比 B 低 0.5m，则它们对应的平距为分别为

$$am = 0.4 \times d_1 = \frac{4}{29} ab$$

$$ob = 0.5 \times d_1 = \frac{5}{29} ab$$

其他各条等高线之间的平距为

$$mn = no = d_1 = \frac{1}{2.9} ab$$

在图上量出 ab 的长度，代入上式即可算出每个线段在图上的长度。同法求出其他相邻两地面点之间等高线通过的位置，将高程相同的内插点参照实际地形用光滑的曲线连接起来，如图 7-16 所示，即得所要勾绘的等高线。

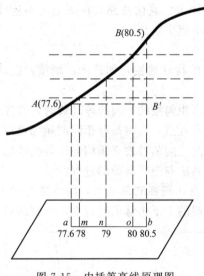

图 7-15　内插等高线原理图

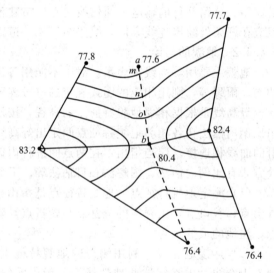

图 7-16　勾绘等高线

7.5　地形图的检查、整饰与清绘

7.5.1　地形图的检查

在测图中，测量人员应做到随测随检查。为了确保成图的质量，在地形图测完后，作业人员和作业小组必须对完成的成果成图资料进行严格的自检和互检，确认无误后方可上交。图的检查可分为图面检查、野外巡视和设站检查。

(1) 图面检查　图面检查的内容有：图上地物、地貌是否清晰易读；各种符号注记是否正确；等高线与地形点的高程是否相符，有无矛盾可疑之处；图边拼接有无问题，接边精度是否合乎要求等。如发现错误或疑问，不可随意修改，应加以记录，并到野外进行实地检查、修改。

（2）野外巡视　野外巡视时应携带测图板，根据室内检查的重点，按预定的巡视检查路线，进行实地对照查看。主要查看地物、地貌各要素测绘是否正确齐全，取舍是否恰当、图上有无遗漏、名称注记是否与实地一致、等高线的勾绘是否逼真、图式符号运用是否正确等。一般应在整个测区范围内进行，特别是应对接边时所遗留的问题和室内图面检查时发现的问题进行重点检查。发现问题后应当场解决，否则应设站检查纠正。

（3）设站检查　设站检查是在图面检查和野外巡视的基础上进行的。除对图面检查和野外巡视中发现的错误、遗漏和疑点进行补测和修正外，还要对本测站所测地形进行检查，看所测地形图是否符合要求，如果发现点位的误差超限，应按正确的观测结果修正。设站检查量一般为 10%。把测图仪器重新安置在图根控制点上，对一些主要地物和地貌进行重测。如发现点位误差超限，应按正确的观测结果修正。

7.5.2　地形图的整饰与清绘

原图经过拼接和检查后，还需进行整饰和清绘，使图面更加合理、清晰、美观。整饰的次序是按规定的图式先图内后图外，图内应先注记后符号，先地物后地貌。清绘时，线条粗细、注记的字体与大小等均应依照地形图图式的规定。

首先应擦掉图上不必要的线条和注记、数字和符号。地物、等高线、注记均按图式的规定进行绘制和标注；地物名称应注在明显且适当的位置，字头朝北；等高线不能通过注记和地物，当地貌复杂时，等高线上的高程注记可分两列注记，数字字头要与上坡的方向一致。最后绘出图廓和接图表，并按图式要求写出图名、图号、比例尺、坐标系统及高程系统、施测单位、测绘者、测图日期，如采用独立坐标系统还要绘出指北方向。

本 章 小 结

本章以大比例尺地形图的测绘方法为主线，全面介绍了比例尺和比例尺精度的概念；地物地貌在地形图上的表示方法；传统的碎部测量方法以及地形图的检查、整饰与清绘。本章的重点如下。

1. 地图比例尺是地形图上某线段的长度 d 与对应线段的实际水平距离 D 之比，一般有数字比例尺和图示比例尺两种表示方法。比例尺精度是图上 0.1mm 所代表的实地水平距离，计算公式为 $(0.1 \times M)$mm。

2. 实际的地形在地形图上是用地形图图式表示的。地形图图式分为地物符号、地貌符号和地图注记。地物符号一般分为依比例符号、半依比例符号和不依比例符号。地貌符号主要是等高线，掌握等高线的概念及相关知识。

3. 大比例尺地形图测绘遵循的是"先控制后碎部"的原则。测定碎部点的方法有极坐标法、方向交会法和距离交会法。本章重点介绍了经纬仪测绘法，学习过程中注意结合课外实验，掌握经纬仪测图法，做到熟练运用。

思 考 题

1. 什么是比例尺和比例尺精度？各有什么作用？
2. 比例尺的表达形式有哪些？
3. 何谓地物？地物符号分为哪几类？
4. 何谓地貌？地形图上如何表示地貌？

5. 什么是等高线？等高线的特性有哪些？等高线分为哪几类？

6. 测图前的准备工作有哪些？

7. 利用经纬仪测绘法测绘地形图的步骤有哪些？

8. 为了确保地形图质量，应采取哪些主要措施？

9. 根据下表的已知数据，试计算各碎部点的水平距离及高程。

碎部测量记录手簿

仪器型号：DJ₆　　测站：A　　　　起始点：B　　观测者：　　　记录者：

观测日期：　　　测站高程：125.365m　仪器高：1.37m　　视线高程：

碎部点	水平角	竖盘读数	竖直角	尺读数/m			视距间隔(l)/m	初算高差/m	平距D/m	碎部点高程/m	备注
				上丝	中丝	下丝					
1	60°12′	87°54′		1.235	1.521	1.791					
2	104°24′	93°18′		1.270	1.442	1.650					

第 8 章　全站仪、GPS 与数字测图

随着测绘科技的发展，大比例尺地形图的传统测绘方法已基本被数字测图所取代。广义的数字测图包括全野外数字测图（地面数字测图）、航空摄影测量数字测图、地形图的数字化等。地面数字测图主要使用全站仪、GPS 采集数据。本章主要介绍全站仪的结构和使用方法、全球定位系统（GPS）的组成和定位原理、数字测图的模式、地面数字测图的野外数据采集和内业数据处理方法。

8.1　全站仪及其使用

8.1.1　全站仪概述

全站仪（Total Station）是集测角、测距、测高程、坐标计算等功能于一体的全站型电子速测仪的简称。它由电子测角、光电测距、微处理机及其软件组成，在测站上能完成测量水平角、竖直角、斜距等，并能自动计算平距、高差、方位角和坐标等全部基本测量工作，还具有数据传输功能。目前，全站仪已被广泛应用于地形图测绘、施工放样、变形监测等测量工作中。

根据结构不同，全站仪可分为组合式和整体式两种类型。组合式全站仪是将电子经纬仪、光电测距仪通过连接螺钉组合起来的，相互之间用电缆实现数据的通信，以完成测量作业。整体式全站仪是指电子经纬仪和光电测距仪合为一个整体，并共用一个望远镜，其视准轴、光电发射光轴和接收光轴同轴。本节主要介绍整体式全站仪的使用。

全站仪测量时是通过键盘输入指令进行工作。键盘上的键分为硬键和软键，每一个硬键都对应着一个固定功能，或兼有第二、第三功能，软键是与屏幕上显示的功能菜单或子菜单相对应。全站仪的观测数据可存储在存储器中，全站仪的存储器有机内存储器（相当于计算机的内存）和存储卡（相当于计算机的磁盘）两种。存储数据可通过仪器上的 RS-232C 通信接口和通信电缆传输给计算机，还可以实现全站仪和计算机的双向数据传输。另外，全站仪上安装有双轴倾斜电子传感器，监视竖轴的倾斜并自动对视准轴方向和横轴方向进行倾斜补偿，即双轴补偿。

目前，我国常用的全站仪有拓普康（Topcon）公司的 GTS 系列、索佳（Sokkia）公司的 SET 系列、徕卡（Leica）公司的 TPS 系列、南方测绘仪器公司的 NTS 系列等。不同型号的全站仪，功能和操作方法有所差别，但大同小异。下面以我国自主品牌南方 NTS-662 型全站仪为例，介绍其基本功能和操作方法。

8.1.2　全站仪的基本结构及其功能

（1）全站仪的结构　南方全站仪 NTS-662 型的结构如图 8-1 所示。全站仪的测量模式一般有两种，一是基本测量模式，包括角度测量模式、距离测量模式和坐标测量模式。二是特殊测量模式（应用程序模式），可进行悬高测量、偏心测量、对边测量、距离放样、坐标放样、面积计算等。

（2）操作面板及相应功能　全站仪测量是通过键盘来操作的，其操作面板如图 8-2 所示及相应功能见表 8-1。

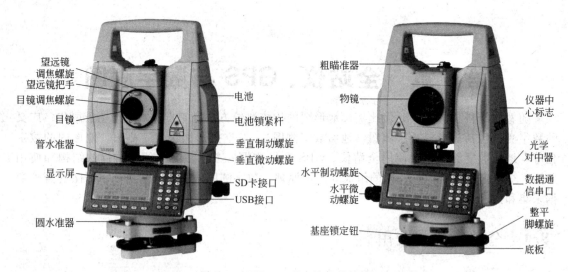

图 8-1 NTS-662 型全站仪的结构

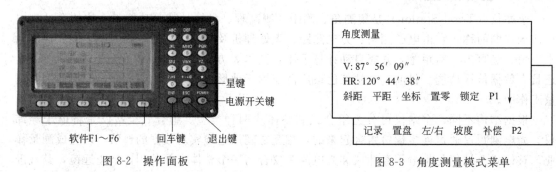

图 8-2 操作面板

图 8-3 角度测量模式菜单

表 8-1 键盘功能标

按 键	名 称	功 能
A	字母键	输入字母
ENT	回车键	数据输入结束并确认时按此键
ESC	退出键	退回到前一个显示屏或前一个模式
POWER	电源开关键	电源开关
F1 ～ **F6**	软键（功能键）	功能参见所显示的信息
0 ～ **9**	数字键	输入数字，用于预置数值
★	星键	用于仪器若干常用功能的操作

8.1.3 全站仪的使用

（1）角度测量 全站仪开机后自动进入角度测量模式，角度测量模式有 2 页菜单，如图

8-3 所示。其各键和显示字符的功能见表 8-2。

表 8-2　角度测量模式各键和显示字符的功能表

页数	软键	显示字符	功　能
第 1 页 (P1)	F1	斜距	倾斜距离测量
	F2	平距	水平距离测量
	F3	坐标	坐标测量
	F4	置零	水平角置零
	F5	锁定	水平角锁定
第 2 页 (P2)	F1	记录	将测量数据传输到数据采集器
	F2	置盘	预置一个水平角
	F3	左 / 右	水平角右角 / 左角变换
	F4	坡度	垂直角 / 百分度的变换
	F5	补偿	设置倾斜改正。若打开补偿功能,则显示倾斜改正值

（2）距离测量　距离测量分为平距测量和斜距测量两种，测量工作中常以平距测量为主，平距测量的菜单如图 8-4 所示。其各键和显示字符的功能见表 8-3。

表 8-3　平距测量模式各键和显示字符的功能表

页数	软键	显示字符	功　能
第 1 页 (P1)	F1	测量	启动平距离测量
	F2	模式	设置测距模式(精测或跟踪)
	F3	角度	角度测量模式
	F4	斜距	斜距测量模式,显示测量后的倾斜距离
	F5	坐标	坐标测量模式,显示测量后的坐标
第 2 页 (P2)	F1	记录	将测量数据传输到数据采集器
	F2	放样	放样测量模式
	F3	均值	设置 N 次测量的次数
	F4	m / ft	米或英尺的变换

（3）坐标测量　仪器照准棱镜时，进入坐标测量模式并自动开始测量坐标。坐标测量模式菜单如图 8-5 所示。其各键和显示字符的功能见表 8-4。

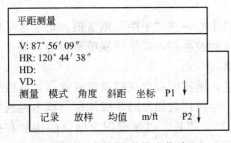

图 8-4　平距测量模式菜单

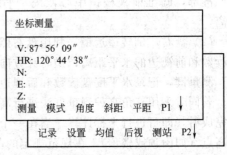

图 8-5　坐标测量模式菜单

表 8-4 坐标测量模式各键和显示字符的功能表

页数	软键	显示字符	功　能
第 1 页 (P1)	F1	测量	启动坐标测量
	F2	模式	设置测距模式(精测或跟踪)
	F3	角度	角度测量模式
	F4	斜距	斜距测量模式,显示测量后的倾斜距离
	F5	平距	平距测量模式,显示测量后的水平距离
第 2 页 (P2)	F1	记录	将测量数据传输到数据采集器
	F2	设置	输入仪器高 / 目标高
	F3	均值	设置 N 次测量的次数
	F4	后视	设置后视点
	F5	测站	预置仪器测站点坐标

8.1.4 全站仪的存储管理

在全站仪的主菜单界面,如图 8-6 所示,按 F3 键进入存储管理菜单。

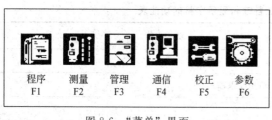

| 程序
F1 | 测量
F2 | 管理
F3 | 通信
F4 | 校正
F5 | 参数
F6 |

图 8-6 "菜单"界面

存储管理模式包括下列项目:
① 显示文件存储状态;
② 文件的保护;
③ 文件的删除;
④ 文件的更名;
⑤ 内存的格式化。

在存储管理菜单里,用户可以根据自己的需要进行内存状态的查阅,可以保护一个或多个存储的文件。还可进行文件名的更改、文件的删除和内存的格式化等操作。

8.1.5 全站仪导线控制测量

利用全站仪测量水平角和边长的导线,称为全站仪导线。全站仪导线控制测量的特点是自动化程度高、速度快、精度高,不需要目视读数,但需要人工记录。将全站仪和棱镜分别安置于导线点上,开机后,选择标准测量模式,一个测站的测量操作程序如下:

(1)盘左 利用盘左照准后视棱镜中心,将水平度盘读数置零,按"平距"测量键,即可得到后视边的水平距离,记录水平度盘读数和后视边的水平距离;顺时针方向转动全站仪的照准部,瞄准前视棱镜中心,按"平距"测量键,记录水平度盘读数和前视边的水平距离。

(2)盘右 倒转望远镜,利用盘右照准前视棱镜中心,按"平距"测量键,记录水平度盘读数和前视边的水平距离;逆时针方向转动全站仪的照准部,瞄准后视棱镜中心,按"平距"测量键,记录水平度盘读数和后视边的水平距离。

若同时采用三角高程测量办法进行高程控制测量,则需要量取仪器高和觇牌高。导线外业完成后,即可进行坐标计算。当在一个测区内进行等级控制测量时,应该尽可能多地选择制高点(如山顶或楼顶),在规范规定的范围内尽量扩大边长,以便发挥全站仪的优势和提高等级控制点的控制范围。完成等级控制测量后,再布设图根点或施工控制点。

8.2 全球定位系统组成与定位原理

8.2.1 全球定位系统的组成

GPS 系统由三部分组成，即空间星座部分、地面监控部分和用户设备部分。这三部分具有各自独立的功能，同时又构成一个有机协调的整体。

(1) 空间星座部分 GPS 卫星星座最初计划由 21 颗工作卫星和 3 颗备用卫星组成。目前已有 30 颗卫星处于工作状态，分别分布在 6 个轨道平面上，轨道平面相对地球赤道面的倾角为 55°，各轨道面升交点赤经相差 60°，轨道矢径大约为 26600km，平均高度为 20200km，轨道曲线的形状几乎为圆形，卫星运行周期为 11 小时 58 分。同时在地平线以上在地球上任何地点、任何时间至少可观测到 4 颗及以上卫星，最多 11 颗，保证了全球连续实时三维定位。每颗卫星内装 4 台高精度原子钟，它将发射标准频率，为 GPS 测量提供高精度的时间标准。

GPS 卫星的主要功能是接收、存储和处理地面监控系统发射来的导航电文及其他有关信息；向用户连续不断地发送导航与定位信息，并提供时间标准、卫星本身的空间实时位置及其他在轨卫星的概略位置；接收并执行地面监控系统发送的控制指令，如调整卫星姿态、启用备用卫星等。

GPS 卫星所发出的信号，包括载波信号、P 码、C/A 码和数据码（或称 D 码）等多种信号分量，而其中的 P 码和 C/A 码统称为测距码。GPS 三种信号分量，即载波、测距码和数据码都是在同一个基本频率 $f = 10.23$MHz 的控制下，通过对导航电文经过两级调制，第一级是将 D(t) 码调制 C/A 码和 P 码，实现对 D(t) 的伪随机码扩频，然后将它们的组合码分别调制在两个载波频率 L_1（1575.42MHZ，$\lambda = 19.03$cm）、L_2（1227.60MHZ，$\lambda = 24.42$cm）上，生成 GPS 信号。在载波 L_1 上调制有 C/A 码、P 码（或 Y 码）和数据码，而在载波 L_2 上只调制有 P 码（或 Y 码）和数据码。此外，在载波上还调制了每秒 50bit 的数据导航电文，内容包括：卫星星历、电离层模型系数、卫星状态信息、时间信息和星钟偏差及漂移信息。

(2) 地面监控部分 卫星运行过程中，由于各种外力（如引力、大气阻力、太阳光压等）的作用，卫星的运行轨道会发生摄动，地面监控系统就是为了测量和调整卫星的工作状态而设置的。GPS 的地面监控系统主要由分布在全球的五个地面站组成，按功能分为主控站（MCS）、注入站（GA）和监测站（MS）三种。

① 主控站 主控站一个，设在美国的科罗拉多法尔孔军事基地。主控站除协调和管理所有地面监控系统的工作外，其主要任务是：根据各监测站的所有观测资料推算编制各卫星的星历、卫星钟差和大气层的修正参数等，并把这些数据传递到注入站；各监测站和 GPS 卫星的原子钟均应与主控站的原子钟同步或测出其间的钟差，并将这些钟差信息编入导航电文，从而提供全球定位系统的时间基准；诊断工作卫星的工作状态，调整偏离轨道的卫星，使之沿预定的轨道运行；启用备用卫星以代替失效的工作卫星。

② 注入站 注入站三个，分别设在南大西洋阿松森群岛、印度洋的迭戈加西亚、南太平洋的卡瓦加兰。它们作为地面天线站，在主控站的控制下，通过直径 3.6m 的天线将来自主控站的导航电文、卫星星历和其他指令等注入相应卫星的存储系统，并监测注入信号的正确性。

③ 监测站 监测站五个，分别设在科罗拉多、阿松森群岛、迭戈加西亚、卡瓦加兰和夏威夷。站内设有双频 GPS 接收机、高精度原子钟、气象参数测试仪和计算机等设备，可

连续观测和接收所有 GPS 卫星发出的信号并监测卫星的工作状态，将采集到的数据连同当地气象观测资料和时间信息经初步处理后传送到主控站。五个 GPS 的地面监控站，除主控站外均无人值守。各站间用现代化的通信网络联系起来，在原子钟和计算机的驱动和精确控制下，各项工作均已实现了高度的自动化和标准化。

（3）用户设备部分　GPS 用户设备部分主要是 GPS 接收机，GPS 接收机的主要任务是捕获、跟踪、锁定并处理卫星信号，测量出 GPS 信号自卫星到接收机天线间传播的时间，解译 GPS 卫星导航电文，实时计算接收机天线的三维坐标、速度和时间，完成导航与定位任务。用户只有通过 GPS 接收机获取 GPS 导航和定位信息，并通过计算才能达到定位或导航的目的。同时，GPS 用户设备部分还包括数据处理软件及相应的处理器。GPS 接收机一般又由天线、主机、电源三个部分组成。

① GPS 接收机天线　GPS 接收机天线由天线单元和前置放大器两部分组成。天线的作用是将 GPS 卫星信号的微弱电磁波能量转化为相应电流，前置放大器则将 GPS 信号电流放大，并要求减少信号损失，便于接收机对信号进行跟踪、处理和量测。目前常用天线有四螺旋形天线和微带天线。

② 接收机主机　接收机主机由变频器、信号通道、微处理器、存储器和显示器组成。

③ 电源　GPS 接收机电源有两种，一种为内电源，一般采用锂电池，主要对 RAM 存储器供电。另一种为外接电源，这种电源常用可充电的 12V 直流镍镉电池组。

GPS 接收机按用途可分导航型接收机、测地型接收机、授时型接收机和姿态测量型接收机。其中导航型接收机主要用于运动载体的导航，实时给出载体位置和速度；测地型接收机主要用于精密大地测量、工程测量、地壳形变测量等领域，这类仪器主要采用载波相位观测值进行相对定位，定位精度高，一般相对精度可达±（5mm＋1ppm），但仪器结构复杂，价格较贵；授时型接收机主要利用 GPS 卫星提供的高精度时间标准进行授时，常用于天文台授时、电力系统、无线电通信系统中的时间同步等；姿态测量型接收机可提供载体的航偏角、俯仰角和滚动角，主要用于船只、飞机及卫星的姿态测量。根据不同应用领域又可分为手持型、车载型、船载型、机载型、星载型等；接收机按频率分可分为单频机和双频机等。

8.2.2　全球定位系统的定位特点

（1）覆盖面广　由于 GPS 卫星均匀分布在全球，卫星通过天顶时可见时间为 5h，能保证地球表面上任何地点、任何时刻，在高度角 15°以上，至少能观测到 4 颗卫星，最多可达 11 颗卫星，保障了全球、全天候、连续地实时导航与定位。

（2）定位精度高　GPS 可为各类用户连续地提供动态目标的三维位置、三维速度和时间信息。目前 GPS 单点实时定位精度可达 1～10m，静态相对定位精度可达 0.1～1ppm，测速精度为 0.1m/s，测时精度约为数十纳秒。随着 GPS 测量技术和数据处理技术的发展，以及兼容其他卫星导航系统，其定位、测速和测时的精度将进一步提高。

（3）效率高　GPS 技术快速定位和测速在 1s 至数秒钟内便可完成，能满足高动态用户的需求。

（4）测站间无需通视　传统测量方法要求测站间相互通视，增加了工作难度和造标费用。GPS 测量只要求对天通视，受地形的影响大为减小，布点灵活方便，节省费用。

（5）可提供三维坐标　传统控制测量分平面控制和高程控制，采用不同的方法分别施测、分别处理。GPS 可以同时精确测定站点在 WGS-84 中的三维坐标，通过自带软件转换到任意坐标系中的三维坐标，并实时显示结果。

（6）操作简便　GPS 接收机是自动化、数字化的现代测绘仪器设备，随着软、硬件水平的不断提高，GPS 正朝一体化、微型化、轻便化方向发展，使外业测量工作更加轻松简便。

（7）全天候作业　GPS 观测可以全天候观测，理论上一般不受气象条件的影响。

（8）功能多、应用广　GPS 是定位、导航、测速、授时等综合性系统，还在救灾、通信等方面发挥重要的作用。

8.2.3　全球定位系统的定位原理

GPS 定位的实质是空间距离后方交会，就是把卫星视为"动态已知点"，在已知卫星空间位置的条件下，地面接收机可以在任何地点、任何时间、任何气象条件下进行连续观测，并且在时钟控制下，测定出卫星信号到达接收机的时间 Δt，进而计算出 GPS 卫星和用户接收机天线之间的距离，进行空间距离交会，从而确定用户接收机天线所处的位置，即待定点的三维坐标 $(x，y，z)$。

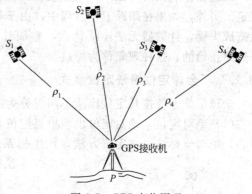

图 8-7　GPS 定位原理

如图 8-7 所示，设某时刻 t_i 在测站点 P 用 GPS 接收机测得 P 点（接收机天线相位中心）至四颗 GPS 卫星 S_1、S_2、S_3、S_4 的空间距离为 ρ_1、ρ_2、ρ_3、ρ_4，通过 GPS 导航电文获得四颗 GPS 卫星的三维坐标 $(x_S^j，y_S^j，z_S^j，j=1，2，3，4)$，则可以用距离交会法求解 P 点三维坐标 $(x，y，z)$。原理上利用 GPS 进行三维定位只需要同时接收到三颗卫星的信号就能解算待定点三维坐标，由于考虑到接收机钟误差等参数，一般会有 4 个未知数，故需要能同时观测到 4 颗卫星。实际工作中，一般应观测尽可能多的卫星，组成较好的空间分布图形，以提高定位的精度和可靠性。

依据测距原理的不同，GPS 定位分为伪距测量定位、载波相位测量定位以及差分 GPS 定位。

（1）伪距定位　伪距定位是通过测定某颗卫星发射的测距码信号（C/A 码或 P 码）到达用户接收机天线（测站）的传播时间（即时间延迟）Δt，计算卫星到接收机天线的空间距离，见式（8-1）。

$$\rho = c \cdot \Delta t \qquad (8\text{-}1)$$

式中　c——电磁波在大气中的传播速度。

由于各种误差的存在，由卫星发射的测距码信号到达 GPS 接收机的传播时间乘以光速所得出的量测距离并不等于卫星到测站的实际几何距离，故称为伪距。

设第 i 颗卫星观测瞬间在空间的位置为 $(X^i，Y^i，Z^i)^T$，接收机观测瞬间在空间的位置为 $(X，Y，Z)^T$，从卫星至接收机的几何距离 ρ_i' 可写成式（8-2）。

$$\rho_i' = \sqrt{(X^i - X)^2 + (Y^i - Y)^2 + (Z^i - Z)^2} \qquad (8\text{-}2)$$

建立观测值方程，必须顾及卫星钟差、接收机钟差以及大气层折射延迟等影响。卫星钟差、大气层折射延迟可以采用适当的改正模型进行改正，把接收机钟差看作一个未知数，同时顾及测站三个坐标未知数 $(X，Y，Z)^T$。因此在同一观测历元，只需观测到 4 颗卫星，即可获得 4 个观测方程，求解出 4 个未知数。

（2）载波相位测量　若某卫星 S 发出一载波信号，该信号向各处传播。在某一瞬间，该信号到达接收机 R 处的相位为 φ_R，在卫星 S 处的相位 φ_S。则站星距离 ρ 为式（8-3）。

$$\rho=\lambda(\varphi_S-\varphi_R) \tag{8-3}$$

式中 λ——载波的波长。

载波相位测量实际上是以波长 λ 作为长度单位，以载波作为一把"尺子"来量测卫星至接收机的距离。由于 GPS 卫星并不量测载波相位 φ_S，只是通过接收机振荡器中产生一组与卫星载波的频率及初相完全相同的基准信号（即用接收机来复制载波），才能量测相位差 $(\varphi_S-\varphi_R)$（该相位差包含整波段数和不足一周的小数部分）。用 $\Delta\varphi$ 来表示相位差 $(\varphi_S-\varphi_R)$，N_0 表示整周数，$\Delta\varphi(t)$ 表示不到一周的余数：

$$\Delta\varphi=N_0\cdot2\pi+\Delta\varphi(t) \tag{8-4}$$

$$\rho=\lambda\Delta\varphi=\lambda\cdot[N_0\cdot2\pi+\Delta\varphi(t)] \tag{8-5}$$

载波相位观测时，$\Delta\varphi(t)$ 可以获得，但是出现一个整周未知数 N_0，需要通过其他途径求定。另外，如果在跟踪卫星过程中，由于某种原因，如卫星信号暂时中断或受电磁信号干扰造成失锁，计数器无法连续计数，整周计数就不正确，但不到一周的相位观测值 $\Delta\varphi(t)$ 仍然是正确的，这种现象称为周跳。

8.2.4 全球定位系统定位模式

全球定位系统按其定位模式不同可分为绝对定位和相对定位。

（1）绝对定位 绝对定位也叫单点定位，是指直接确定观测站相对于坐标系原点（地球质心）绝对坐标的一种定位方法，该坐标系是 WGS-84 世界大地坐标系。GPS 绝对定位方法的实质，是在一个待定点上，用一台接收机独立跟踪 4 颗或 4 颗以上 GPS 卫星，用伪距测量或载波相位测量方式，利用空间距离后方交会的方法，测定待定点（GPS 天线）的绝对坐标。单点定位按接收机所处的状态又可分为静态单点定位和动态单点定位。

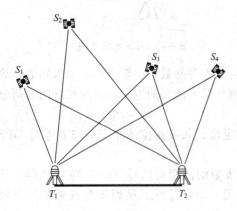

图 8-8 GPS 相对定位

（2）相对定位 相对定位又称为差分定位。如图 8-8 所示，差分定位模式采用两台或两台以上的接收机同步跟踪相同的卫星信号，以载波相位测量方式确定接收机天线间的相对位置（三维坐标差或基线向量）。只要给出一个测点的坐标值或已知边基线向量，即可推算其余各测点的坐标。

由于各台接收机同步观测相同卫星，卫星的钟差、接收机的钟差、卫星星历误差、电离层延迟和对流层延迟改正等观测条件几乎相同，通过多个载波相位观测量间的线性组合，解算各测点坐标时可以有效地消除或大幅度削弱上述误差，从而得到较高的定位精度（$10^{-6}\sim10^{-7}$），该模式在大地测量、精密工程测量等领域有着广泛的应用。

按照参与相对定位的接收机所处状态的不同，相对定位模式主要又可分为静态相对定位（参与相对定位的接收机都静止不动）、快速静态相对定位（一台接收机静止不动，其他接收机静止时间较短）和动态相对定位（一台接收机静止不动，其他接收机处于运动状态，如 RTK 技术）等模式。

（3）差分 GPS 测量 影响 GPS 定位精度的因素很多，其中主要的因素有卫星星历误差、大气延迟（电离层延迟、对流层延迟）误差和卫星钟的钟差等。这些误差从总体上有较好的空间相关性，当两个测站相距不太远、同一时间段分别进行单点定位时，则两测站上这些误差的影响大体相同。若在已知点上安置一台 GPS 接收机静态观测，用户 GPS 接收机同步观测，同时已知点将误差改正数通过数据通信链播发给工作用户，用户接收机的定位精度就能大幅度提高，这是差分 GPS 的基本工作原理。该已知点称为基准站。差分 GPS 测量可将用户的实时单点定位精度从 5～10m 提高到厘米级及以上，因而是 GPS 测量中的常用模式。

根据基准站所提供的改正数的类型的不同，差分 GPS 可分为位置差分、距离差分等形式。根据用户进行数据处理的时间，差分 GPS 可分为实时差分和事后差分。根据观测值的类型，差分 GPS 可分为伪距差分和载波相位差分。根据其工作原理及数学模型，差分 GPS 大体可分为单基准站差分 GPS（SRDGPS）、多个基准站的局部区域差分 GPS（LADGPS）和广域差分 GPS（WADGPS）。

8.2.5 GPS 控制测量

GPS 控制测量工作与常规控制测量相类似，可分为外业和内业两大部分。其中外业工作包括踏勘选点、建立测量标志、野外作业以及成果质量检核等；内业工作主要包括 GPS 测量技术设计、数据处理以及技术总结等。按照 GPS 测量的工作程序，主要有 GPS 网的技术设计、选点并建立测量标志、外业观测和内业数据处理与技术总结等流程。

8.2.5.1 GPS 网的技术设计

GPS 网的技术设计是 GPS 测量的基础性工作，是依据国家有关规范、GPS 网的用途以及用户的要求而进行的网精度的合理确定、网形的优化设计以及网基准设计等项工作。精度指标的确定，将直接影响 GPS 网的布设方案、观测计划、数据处理以及作业的时间和经费等。因此，在具体工作中要根据用户的实际需要，结合本部门已有的各项规程和作业经验，并考虑人力、物力、财力的具体状况，合理确定 GPS 网的精度等级。布网可以分级布设，也可越级布设，或布设同级全面网。

（1）GPS 测量精度指标 各级 GPS 网相邻点间基线长度精度用式(8-6)表示，各类 GPS 网精度设计主要取决于网的用途，可参照国家测绘局颁发的《全球定位系统（GPS）测量规范》中的等级进行精度设计。

$$\sigma = \sqrt{a^2 + (bd \times 10^{-6})^2} \tag{8-6}$$

式中 σ——标准差，mm；

a——固定误差，mm；

b——比例误差系数；

d——相邻点间的距离，km。

不同等级的 GPS 控制网，满足不同的要求。AA 级主要用于全球性的地球动力学研究、地壳形变测量和精密定轨；A 级主要用于区域性的地球动力学研究和地壳形变测量；B 级主要用于局部形变监测和各种精密工程测量；C 级主要用于大、中城市及工程测量的基本控制网；D、E 级主要用于中、小城市，城镇及测图、地籍、土地信息、房产、物探、勘测、建筑施工等的控制测量。

（2）网形设计 GPS 测量不需要站点间通视，因此其图形设计灵活性比较大。GPS 网形设计除了规范要求、用户要求之外，还受到经费、仪器类型、数量和人力条件等诸多因素的影响。网形设计的一般原则为：

① GPS 网的布设应视其目的、要求的精度、卫星状况、接收机类型和数量、测区已有的资料、测区地形和交通状况以及作业效率综合考虑，按照优化设计原则进行。

② AA、A、B 级 GPS 网应布设成连续网，除边缘点外，每点的连接点数应不少于 3 点，C、D、E 级 GPS 网可布设成多边形或附合路线。

③ A 级及 A 级以下各级 GPS 网中，最简单独立闭合环或附合路线的边数应符合规范的规定。

④ 各级 GPS 网相邻点间平均距离应符合规范要求，相邻点最小距离可为平均距离的 1/3～1/2；最大距离可为平均距离的 2～3 倍。

⑤ 为求定 GPS 点在某一参考坐标系中坐标，应与该参考坐标系中的原有控制点联测，联测的总点数不得少于 3 点。在需用常规测量方法加密控制网的地区，C、D、E 级 GPS 网点应有 1～2 方向通视。

⑥ 为求得 GPS 网点的正常高，应根据需要适当进行高程联测。AA、A 级网应逐点联测高程，B 级网至少每隔 2～3 点、C 级网每隔 3～6 点联测 1 个高程点，D 级与 E 级网可依具体情况确定联测高程的点数。

8.2.5.2 网形的选择

根据不同的用途，GPS 网的图形布设通常有点连式、边连式、网连式及边点混合联式等四种基本方式，如图 8-9 所示。在此基础上可进一步布设成三角网形、环形网、星形网以及混合网形等。

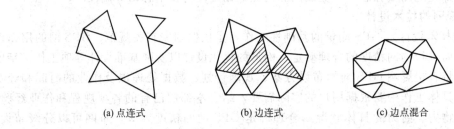

(a) 点连式　　　　　　(b) 边连式　　　　　　(c) 边点混合

图 8-9　GPS 网布设的形式（1）

（1）点连式　点连式是指相邻同步图形（多台仪器同步观测卫星获得基线构成的闭合图形）仅用一个公共点连接，构成图形检查条件太少，一般很少使用，如图 8-9(a) 所示。

（2）边连式　边连式是指同步图形之间由一条公共边连接。这种方案边较多，非同步图形的观测基线可组成异步观测环（称为异步环），异步环常用于观测成果质量检查，所以边连式比点连式可靠。如图 8-9(b) 所示。

（3）网连接　网连接是指相邻同步图形之间有两个以上公共点相连接。这种方法需要 4 台以上的仪器，网形几何强度和可靠性更高，但是花费时间和经费也更多，常用于高精度控制网。

（4）边点混合连接　边点混合连接是指将点连接和边连接有机结合起来，组成 GPS 网。这种网布设特点是周围的图形尽量以边连接方式，在图形内部形成多个异步环，利用异步环闭合差检验保证测量的可靠性。如图 8-9(c) 所示。

（5）星形网　在低等级 GPS 测量或碎部测量时可用星形布设，如图 8-10(a) 所示。星形网结构简单，常用于快速静态测量，优点是测量速度快，缺点是没有检核条件，检验与发现粗差的能力差。为了保证质量，可选 2 个点作基准站。

（6）三角形网　GPS 网中的三角形边由独立观测边组成，如图 8-10(b) 所示。三角网形的几何结构强，具有良好的自检能力，能够有效地发现观测成果中的粗差，平差后网中相邻点间基线向量的精度分布均匀。

（7）环形网　由若干含有多条独立观测边的闭合环所组成的网为环形网，如图 8-10(c) 所示。环形网与常规测量中的导线网相似，其观测量较小，具有较好的自检性和可靠性，但其图形强度比三角网差，相邻点间基线精度分布不均匀。根据不同精度要求，一般规定环形

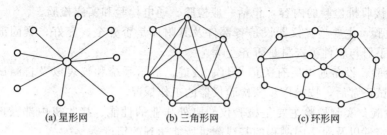

(a) 星形网　　　　　(b) 三角形网　　　　　(c) 环形网

图 8-10　GPS 网布设的形式（2）

网中所包含的基线边，不超过一定的数量。

8.2.5.3　基准设计

GPS 测量采用广播星历时，其相应坐标系为世界大地坐标系 WGS-84，采用精密星历时，其坐标系为相应历元的国际地球参考框架 ITRF。当换算为大地坐标时，根据需求选择合适的地球椭球基本参数以及主要几何和物理常数，可采用 WGS-84 椭球，或实际工作中国家坐标系或地方独立坐标系所对应的椭球。因此，在 GPS 网的技术设计时，必须明确 GPS 成果所采用的坐标系统和起算数据，即所采用的基准。网的基准包括位置基准、方向基准和尺度基准。GPS 网的基准设计，主要是指网的位置基准的确定，在区域性的 GPS 网中，位置基准一般都是由给定的起算点坐标确定的。

8.2.5.4　选点、建标志

由于 GPS 测量观测点间不需要通视，且网的图形选择比较灵活，因而选点工作比常规控制测量来得简便。在选点之前，应收集有关测区的地理情况及已有的地形图等资料，了解测区已有测量标志点的分布及保存情况等选点所需的相关准备工作。GPS 测量的选点工作应遵守的原则如下：

① 测站应远离大功率的无线电发射台和高压输电线等强磁场设备，与其距离一般不得小于 200m，以避免其周围磁场对 GPS 卫星信号的干扰。

② 测站附近不应有大面积的水域和对电磁波反射或吸收强烈的物体，以减弱多路径效应的影响。

③ 测站应设在易于安置 GPS 天线设备的地方，视场要开阔，能保证高度角 $10°\sim15°$ 以上的视场为净空。

④ 测站应选在交通便利的地方，便于观测和利用其他测量手段进行联测或扩展。对于基线较长的 GPS 网，还应考虑测站附近应具有良好的通信设施和电力供应，以供测站之间的联络和设备用电。

⑤ 为了便于长期利用 GPS 测量成果和进行重复观测，GPS 网点选定后应埋设带有中心标志的固定标石。点的标石和标志需稳定、坚固，以利于长久保存和利用。同时要绘制点之记，包括点位略图、点位的交通情况及选点情况等。

8.2.5.5　外业观测

外业观测的内容主要包括：观测计划的拟定、仪器的检验和观测工作的实施等。

（1）外业观测计划的拟定　观测工作开始前，先拟定外业观测计划，有利于顺利地完成观测任务，保证观测结果的精度，提高工作效率等。拟定观测计划主要依据 GPS 网的布设方案、规模大小、精度要求、GPS 卫星星座的几何图形强度、GPS 接收机的数量以及后勤保障等。观测计划的内容包括 GPS 卫星可见性预报图的编制、最佳观测时段的选择、观测区域的划分、作业进程的调度等。

（2）仪器的检验　作业前，应对 GPS 接收机的性能与可靠性进行检验，合格后方可参加作业。GPS 接收机检验的内容，包括一般检验、通电检验和实测检验。

① 一般检验　主要检查仪器设备各部件及其附件是否齐全、完好，紧固部件有否松动与脱落，使用手册与软件等资料是否齐全等。

② 通电检验　设备通电后有关信号灯、按键、显示系统和仪表以及自测试系统的工作情况。当自测试正常后，按操作步骤检验仪器的工作情况。

③ 实测检验　实测检验主要是检验仪器野外作业的性能、接收机内部噪声水平、天线相位中心的稳定性以及对不同测程的基线测量所能达到的精度等。

另外，对天线底座的水准器与对中器以及其他各类测量仪表的检验与校正等。

（3）观测工作的实施　野外观测应严格按照技术设计要求进行，观测工作主要包括仪器安置、观测作业、观测记录等。

① 仪器安置　仪器安置包括对中、整平、定向、量取仪器高等。天线安置的好坏对GPS 测量的精度有很大的影响。

② 观测作业　安置仪器后，在规定时间内，按照仪器操作手册的具体步骤进行操作。

③ 观测记录　在外业观测过程中，观测记录通常由接收机自动进行。仪器自动搜索跟踪卫星进行定位，自动将观测到的卫星星历、导航文件以及测站输入信息以文件形式存入接收机内。

GPS 接收机记录的数据主要有 GPS 卫星星历和卫星钟差参数、观测历元的时刻及伪距观测值和载波相位观测值、GPS 绝对定位结果、测站信息以及接收工作状态信息等。测量人员只需要定期查看接收机工作状况，发现故障及时排除，并随时填写测量手簿。同时，GPS 测量要满足规范中 GPS 控制测量的基本技术要求。

8.2.5.6　内业数据处理

（1）基线解算　对于两台及两台以上接收机同步观测值进行独立基线向量（坐标差）的平差计算，称为基线解算，也称为观测数据预处理。数据预处理的主要目的，是对原始观测数据进行编辑、加工与整理，分流出各种专用的信息文件，为进一步的平差计算做准备。其主要内容包括以下几方面。

① 对观测数据进行平滑滤波检验，粗差的探测与剔除等。

② 数据传输　将 GPS 接收机记录的观测数据，传输到磁盘或其他介质上。

③ 数据分流　从原始记录中通过解码将各项数据分类整理，剔除无效观测值和冗余信息，形成各种数据文件，如星历文件、观测文件和测站信息文件等。

④ 统一数据文件格式　将不同类型接收机的数据记录格式、项目和采样间隔，统一为标准化的文件格式，以便统一处理。

⑤ 卫星轨道的标准化　采用多项式拟合法，平滑 GPS 卫星每小时发送的轨道参数，使观测时段的卫星轨道标准化。

⑥ 探测周跳、修复载波相位观测值。

⑦ 对观测值进行必要的改正，如对流层改正和电离层改正等。

在具体的数据处理中，基线向量的解算应注意以下问题。

① 基线解算一般采用双差相位观测值，对于边长超过 30km 的基线，解算时可以采用三差相位观测值。

② 卫星广播星历坐标值，可作基线解算的起算数据。对于大型首级控制网，也可采用其他精密星历作为基线解算的起算值。

③ 在采用多台接收机同步观测的同一时段中，可采用单基线模式解算，也可以只选择独立基线按多基线处理模式统一解算。

④ 根据基线长度和观测方式的不同，可采用不同的数据处理模型。通常在 8km 内的基线，采用双差固定解；30km 以内的基线，可在双差固定解和双差浮点解中选择最优结果；30km 以上的基线，可采用三差解；对于快速定位基线，须采用合格的双差固定解。

（2）观测成果检核　观测成果检核包括同步边观测数据的检核、同步环检核、重复边检验和异步环检验等。

（3）GPS 网平差　在各项检核通过之后，得到各独立三维基线向量及其相应方差协方差阵，在此基础上便可以进行 GPS 网平差计算。GPS 网平差计算包括 GPS 网无约束平差和与地面网联合平差两种类型。

8.3 数字测图

8.3.1 数字测图及其特点

传统的地形图测绘是利用测量仪器对地球表面小区域内的各种地物、地貌特征点的空间位置进行测定，并以一定的比例尺按图式符号将其绘制在图纸上。通常称这种在图纸上直接绘图的工作方式为白纸测图或模拟法测图。在手工成图过程中，由于刺点、绘图及图纸伸缩变形等因素的影响，会使点位精度有较大的降低，而且工序多、劳动强度大、质量管理难。纸质地形图承载的图形信息少，不便于图纸更新，难以适应当今信息时代经济建设的需要。

随着计算机技术和测绘科技的发展，传统的大比例尺地形图测绘方法已经基本被数字测图所取代。数字测图是利用先进仪器与工具，获取可供传输、处理、共享的数字地形信息，借助计算机和专业软件编辑成国标数字地图的成图方法。数字地图是指以数字形式表达地图要素、储存在计算机存储介质上的地图。数字地图不仅是工程建设的基础资料，也是地理信息系统（GIS）的重要信息源。

数字化测图改变了传统的手工作业模式。与传统的模拟法测图相比，数字测图具有自动化程度高、精度高、不受图幅限制、便于使用管理等特点。

8.3.2 数字测图系统及其分类

8.3.2.1 数字测图系统

数字测图是通过数字测图系统来实现的。数字测图系统是以计算机为核心，在外连输入、输出的硬件和软件设备的支持下，对地形空间数据进行采集、输入、处理、绘图、存储、输出和管理的测绘系统。

数字测图系统需由一系列硬件和软件组成。用于野外数据采集的硬件设备有全站仪或GPS 接收机等；用于室内输入的设备有数字化仪、扫描仪、解析测图仪等；用于室内输出的设备主要有磁盘、显示器、打印机、数控绘图仪等。数字测图的软件是数字测图系统的关键，一个功能比较完善的数字测图系统软件，应集数据采集、数据处理（包括图形数据的处理、属性数据及其他数据格式的处理）、图形编辑与修改、成果输出与管理于一身，且通用性强、稳定性好，并提供与其他软件进行数据转换的接口。目前，国内市场上技术比较成熟的数字测图软件主要有南方测绘仪器公司的"数字化地形地籍成图系统 CASS"系列、北京威远图的 SV300 系列、广州开思的 SCS 系列以及一些 GIS 软件的数字测图子系统等。

8.3.2.2 数字测图系统分类

根据数据获取方法，数字测图系统可以分为基于现有地形图的数字成图系统、基于影像的航空摄影数字测图系统以及全野外数字测图（地面数字测图）系统，即三种不同的作业模式。各种不同作业模式的基本流程均包括数据采集、数据处理、图形输出三个基本阶段。

（1）基于现有地形图的数字测图系统　已有的纸质地形图是十分宝贵的地理信息资源，通过地图数字化的方法可将其转化成数字地形图。其基本系统构成及作业流程如图 8-11 所示。

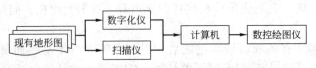

图 8-11　基于现有地形图的数字测图系统

（2）基于影像的航空摄影数字测图系统　这种数字测图系统是以航空图像或卫星影像作为数据来源，即利用摄影测量与遥感的方法获得测区的影像并构成立体像对，在解析测图仪上采集地形特征点并自动传输到计算机中或直接用数字摄影测量方法进行数据采集，经过软件进行数据处理，自动生成数字地形图，并由数控绘图仪进行绘图输出。其基本系统构成如图 8-12 所示。

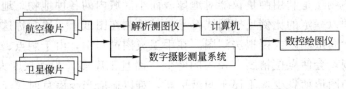

图 8-12　基于影像的航空摄影数字测图系统

（3）地面数字测图系统　地面数字测图（亦称野外数字测图）系统是利用全站仪或 GPS RTK（实时差分 GPS）接收机在野外直接采集有关绘图信息并将其传输到便携式计算机中，经过测图软件进行数据处理形成绘图数据文件，最后由数控绘图仪输出地形图。其基本系统构成如图 8-13 所示。

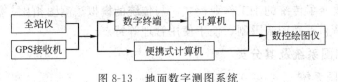

图 8-13　地面数字测图系统

8.3.3　地面数字测图作业模式

地面数字测图作业通常分为野外数据采集和内业数据处理编辑两大部分。野外数据采集通常利用全站仪或 GPS RTK 接收机等测量仪器在野外直接测定地形特征点的位置，并记录地物的连接关系及其属性，为内业成图提供必要的信息，它是数字测图基础工作，直接决定成图质量与效率。

数字测图的内业必须借助专业的数字测图软件完成，南方测绘仪器公司的"数字化地形地籍成图系统 CASS 系列软件"是众多数字测图软件中功能完备、操作方便、市场占有率较高的主流成图软件之一。

地面数字测图的外业数据采集按使用仪器的不同，主要有全站仪法数据采集和 GPS RTK 法数据采集两种方式；按所获数据是否采用编码方案，可分为有码作业和无码作业两种模式；按是否野外现场绘图，可分为测记法野外数据采集和电子平板法野外数据采集。

8.3.3.1　数据编码方案

采用有码作业模式时，需对野外采集碎部点数据进行编码，以达到计算机自动成图的目的。编码方法可以采用《基础地理信息要素分类与代码》（GB/T 13923—2006）中的编码方法，也可以采用其他编码方式。

在《基础地理信息要素分类与代码》（GB/T 13923—2006）和《城市基础地理信息系统技术规范》（CJJ 100—2004）中对比例尺为 1∶500、1∶1000、1∶2000 的代码位数的规定是 6 位十进制数字码，分别为按数字顺序排列的大类、中类、小类和子类码，具体代码结构如图 8-14 所示，左起第一位为大类码；第二位为中类码，是在大类基础上细分形成的要素码；第三、第四位为小类码，是在中类基础上细分形成的要素码；第五、第六位为子类码，是在小类基础上细分形成的要素码。代码的每一位均用 0～9 表示，例如对于大类：1 为定位基础（含测量控制点和数学基础）；2 为水系；3 为居民地及设施；4 为交通；5 为管线；6 为境界与政区；7 为地貌；8 为植被与土质。表 8-5 为 8 个大类的大比例尺成图中基础地理信息要素部分代码的示例。

图 8-14 基础地理信息要素分类与代码

表 8-5 1∶500、1∶1000、1∶2000 部分基础地理信息要素代码

分类代码	要素名称	分类代码	要素名称
100000	定位基础	310000	居民地
110000	测量控制点	310100	城镇、村庄
110101	大地原点	310300	单幢房屋、普通房屋
……	……	310500	高层房屋
110103	图根点	310600	棚房
110202	水准点	311002	地下窑洞
110300	卫星定位控制点	340503	邮局
……	……	380201	围墙
300000	居民地及设施	380403	阳台

由于国家标准地形要素分类与编码推出的比较晚，且记忆与使用不方便，目前的数字测图系统多采用以前各自设计的编码方案。

例如，南方 CASS 9.0 中的野外操作码由描述实体属性的野外地物码和一些描述连接关系的野外连接码组成。CASS 9.0 专门有一个野外操作码定义文件 jcode.def，该文件是用来描述野外操作码与 CASS 9.0 内部编码的对应关系的，用户可编辑此文件使之符合自己的要求。CASS 9.0 野外操作码具体规则请参阅 CASS 9.0 说明书。

采用无码作业时，则不需编码，直接以点号（点名）形式记录数据即可，但无码作业模式计算机无法自动绘图。

8.3.3.2 测记法与电子平板法野外数据采集模式

测记法就是用全站仪或 GPS RTK 在野外测量地形特征点的点位，用仪器内存储器记录测点的定位信息，用草图、笔记或简码记录其他绘图信息，到室内将测量数据传输到计算机，经人机交互编辑成图。由于测记法外业操作方便，外业作业时间短，是测绘人员常采用的作业方法。测记法按使用仪器的不同可区分为全站仪法数据采集和 GPS RTK 法数据采集，它们都有无码作业和简码作业之分。

电子平板法数字测图就是将装有测图软件的便携机或掌上电脑用专用电缆在野外与全站仪（或 GPS RTK）相连，把测定的碎部点数据实时地传输到电脑并展绘在计算机屏幕上，用软件的绘图功能，现场边测边绘。电子平板法数字测图的特点是直观性强，在野外作业现场实现随测、随记、随显示和现场实时成图，"所测即所得"，并且具有实时编辑和修正等功

能，若出现错误时，可以及时发现，立即修改，实现数字测图的内外业自动化和一体化。

电子平板法野外数据采集主要作业流程包括输入控制点坐标、设置通信参数、测站设置、碎部测图。不同的测图系统，有不同的操作方法。如测图精灵（Mapping Genius）是南方测绘仪器公司推出的野外测绘数据采集及成图一体化软件。

8.4 地面数字测图的野外数据采集

8.4.1 全站仪法野外数据采集

全站仪野外采集地形特征点位置信息的基本原理类似于传统测绘方法，测定平面坐标的原理是极坐标法，高程测量是三角高程测量。不同仪器制造厂商生产的全站仪操作方法不尽相同，但基本原理相同，数据采集程序基本一致。具体操作步骤如下。

① 选择某一控制点作为测站点，安置全站仪，对中、整平，并量取仪器高，若使用电子手簿，连接好电子手簿。

② 打开电源，设置仪器的有关参数，如外界温度、大气压、棱镜常数、仪器的比例误差系数等。若已设置好参数，则不必重新设置。

③ 调用全站仪中数据采集程序，进入标准程序测量界面。

④ 建立工作文件名，若新建一个文件，应根据提示输入作业名；若使用已建文件，应打开已有文件；若继续使用上次测量的数据文件，则自动默认。

⑤ 设置测站点的信息，包括仪器高、测站点点号或坐标。

⑥ 输入后视点的信息，包括棱镜高，后视点点号或坐标。

⑦ 转动仪器照准部，瞄准后视点（照准底部），设置度盘或归零，并进行检测。定向检查通过后，按回车键返回上一级操作菜单。

⑧ 进入碎部测量界面（侧视测量），输入起始测点点号（与控制点不能重名，已有文件的则自动显示点号），输入棱镜高。瞄准棱镜后，按测量（回车）键，仪器自动测量、计算，并显示测量点位坐标和高程，然后按保存键储存测量信息；绘图员绘制草图，并标注地物属性信息。

⑨ 重复第⑧步，依次测量其他碎部点，绘制草图，直至工作结束。

特殊情况下也可在通视良好、测图范围广的地点安置全站仪，利用全站仪中后方交会的功能进行自由设站，先测算出测站点的坐标，再用该点作为已知点进行数据采集。

全站仪数字测图一个作业小组一般需要 3～4 人，其中，观测员 1 人，跑尺员 1～2 人，绘图员 1 人。绘图员是作业小组的核心，负责野外绘制草图和室内成图，要认真熟悉测区地形，绘好草图。

8.4.2 GPS RTK 野外数据采集

利用 GPS RTK 法进行野外数据采集，在开始测量之前，首先要对仪器和控制软件进行正确的设置。现以南方灵锐 S86 为例，介绍具体的操作步骤。

8.4.2.1 安装基准站

基准站的架设包括 GPS 天线的安装、电台天线的安装以及 GPS 天线、电台天线、基准站接收机、数传电台、蓄电池之间电缆连线的连接。架设时，对于电台模式，发射天线要远离 GPS 接收机 3m 以上，固定各个脚架，避免风力影响。

选择基准站的位置有下要求：

① 周围应便于安置和操作仪器，视野开阔，视场内障碍物的高度角不宜超过 15°。

② 远离大功率无线电发射源（如电视台、电台、微波站等），其距离不小于 200m；远离高压输电线和微波无线电信号传送通道，其距离不得小于 50m。

③ 附近不应有强烈反射或吸收卫星信号的物体（如大型建筑物、大面积水面等）。

④ 远离人群以及交通比较繁忙的地段，避免人为的碰撞或移动。

8.4.2.2　基准站设置

按基准站主机面板开机键，打开主机电源，如图 8-15 所示。S86 默认上次工作模式，若上次主机为基准站工作模式，初始界面显示后，显示界面如图 8-16 所示。按 "F1" 进入 "启动" 基准站设置，如图 8-17 所示。选择后按 "确认" 键，进入图 8-18 所示界面。

图 8-15　开机初始界面

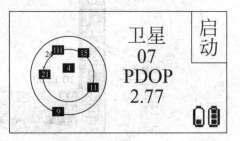

图 8-16　基准站界面

图 8-17　设置界面 1

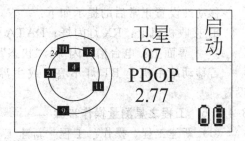

图 8-18　设置界面 2

按 "确定" 键选择开始，如果启动后搜索到 4 颗以上卫星，且 PDOP 值满足要求，则显示 "基准站启动" 后自动进入图 8-19 界面，至此基准站设置完成。否则显示 "GPS 坐标未确定"。

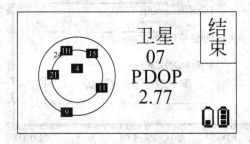

图 8-19　正常工作界面

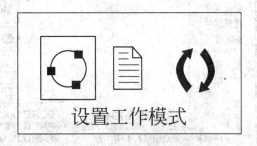

图 8-20　模式设置界面

若主机不是基准站工作模式，则需在图 8-15 所示初始界面中按 "F2" 键进入图 8-20 设置工作模式界面；按 "确定" 键进入 "设置工作模式" 后选择 "基准站工作模式" 后确认。

8.4.2.3　移动站设置

将移动站主机安置在对中杆上，并连接 450MHz 全向天线，打开移动站主机电源。移动站模式的设置同基准站。

8.4.2.4 运行"工程之星2.0"软件

打开采集器，运行"工程之星 2.0"软件（PRTKPro2.0），显示如图 8-21 所示的主界面。

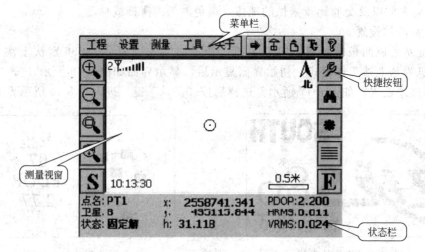

图 8-21 工程之星 2.0 主界面

移动站设置正常后的提示如下：

① 接收机机上：RX 灯闪烁；DATA 灯闪烁；BT 灯长亮。

② 主界面上：电台信号闪烁；"状态"后显示"固定解"。

若移动站主机上 BT 灯不亮，或主界面上未出现电台信号闪烁，需蓝牙配置和电台设置。

8.4.2.5 工程之星测量操作步骤

（1）新建工程 操作：工程—新建工程—输入作业名称，如图 8-22、图 8-23 所示。新建的工程将保存在默认文件夹"\系统存储器\Jobs\"中。

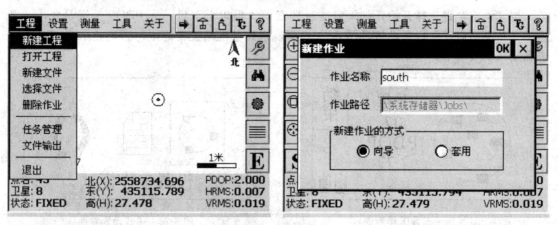

图 8-22 新建工程界面   图 8-23 新建作业界面

选择新建作业方式为"向导"，单击"OK"，进入参数设置向导界面如图 8-24、图 8-25 所示，选择和输入测绘所需的坐标系及相关参数后单击"下一步"。至此，新建工程完毕。

（2）求转换参数 新建工程结束后要求定转换参数，求定转换参数分为两种：一是基准站架设在已知点上要求出转换四参数；二是基准站架设在未知点上要求出转换七参数。

（3）目标点测量 求出转换参数后，返回主界面。将移动站对中杆放置在待测点上，静

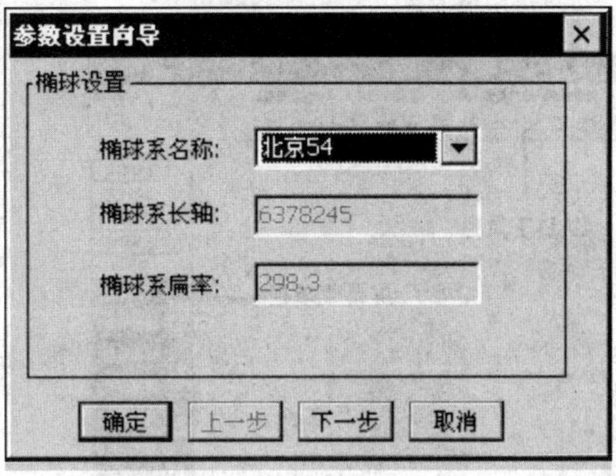

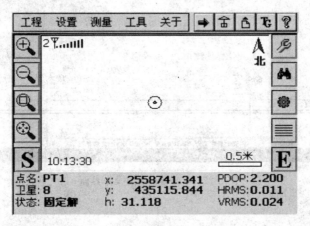

图 8-24　参数设置向导界面 1 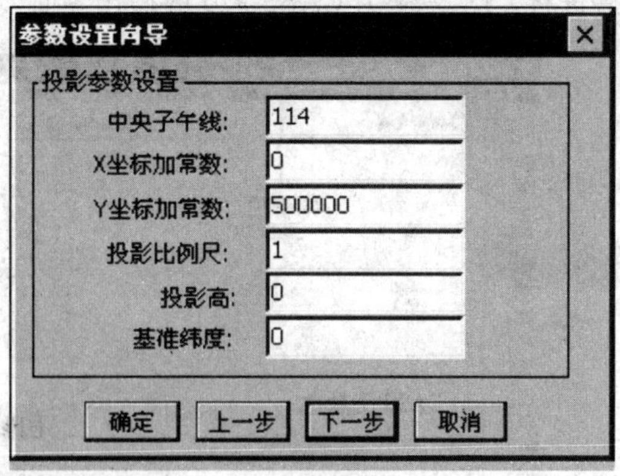　　　　　　　图 8-25　参数设置向导界面 2

图 8-26　目标测量主界面

止数秒，待图 8-26 所示中出现固定解状态后，即可进行目标点测量。

RTK 差分解有几种类型，单点定位表示没有进行差分解，浮动解表示整周模糊度还没有固定，固定解表示固定了整周模糊度。固定解精度最高，通常只用固定解进行测量。固定解又分为宽波固定和窄波固定，分别用蓝色和黑色表示。蓝色表示宽波解的均方根误差为 4cm 左右，建议在距离较远、精度要求不高的情况下采用。黑色表示窄波解的均方根误差为 1cm 左右，为精度最高解，但距离较远时，RTK 为得到窄波解通常需要较长的初始化时间，比如，超过 10km 时，可能会需要 5min 以上的时间。点击"选项"可对观测时间、坐标和高程允许误差进行修改。

8.5　地面数字测图的内业数据处理

本节以南方 CASS 9.0 为例，介绍数字测图内业的工作内容和方法。

8.5.1　CASS 9.0 软件操作界面

CASS 地形地籍成图软件是我国南方测绘仪器公司开发的数字测图系统，它具有完备的数据采集、数据处理、图形生成、图形编辑、图形输出等功能，已广泛用于地形地籍成图、工程测量、GIS 空间数据建库等领域。CASS 9.0 以 AutoCAD 为技术支撑平台，软件平台升级到最新的 AutoCAD 2010。CASS 9.0 的安装应该在完成 AutoCAD 的安装并运行一次后进行。图 8-27 为 CASS 9.0 的操作界面。

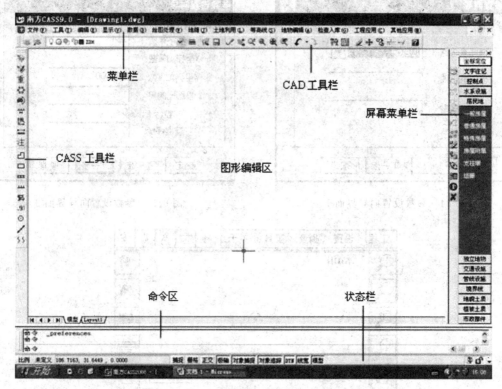

图 8-27　CASS 9.0 的操作界面

8.5.2　数据传输

数据传输的作用是完成电子手簿或全站仪与计算机之间的数据相互传输。而要实现电子手簿或全站仪与计算机之间的正常通信，作业前一般要对全站仪、电子手簿、计算机等进行必要的参数设置。

每次外业数据采集完成之后应该及时地将数据传输到计算机，这样既可以保证下次作业时仪器有足够的存储空间，同时也降低了数据丢失的可能性。由全站仪（或 GPS RTK 接收仪）到计算机的数据传输步骤如下（以 CASS 9.0 为例）。

（1）硬件连接　打开计算机进入 CASS 9.0 系统，查看仪器的相关通信参数，选择正确的数据线将全站仪与计算机正确连接。

（2）设置通信参数　执行 CASS 9.0 "数据" 菜单下的 "读取全站仪数据" 命令，在 "全站仪内存数据转换" 中选择相应型号的仪器（如南方 NTS-662），设置通信参数（通信端口、波特率、校验位、数据位、停止位），并且应与全站仪内部通信参数设置相同，选择文件保存位置、输入文件名，并选中 "联机" 选项。

（3）传输数据　单击 "转换" 按钮，按对话框提示顺序操作，命令区便逐行显示点位坐标信息，直至通信结束。CASS 9.0 中坐标数据文件以 * . DAT 格式存储，每一行为一个碎部点坐标，其格式为

1 点点名，1 点编码，1 点 Y（东）坐标，1 点 X（北）坐标，1 点高程

……

N 点点名，N 点编码，N 点 Y（东）坐标，N 点 X（北）坐标，N 点高程

若采用无码作业，则编码处为空格符，显示格式为

1 点点名，　　，1 点 Y（东）坐标，1 点 X（北）坐标，1 点高程

……

N 点点名，　　，N 点 Y（东）坐标，N 点 X（北）坐标，N 点高程

8.5.3　平面图绘制与属性注记

对于图形的生成，CASS 9.0 系统共提供的七种成图方法包括简编码自动成图、编码引导自动成图、测点点号定位成图、坐标定位成图、测图精灵测图、电子平板测图、数字化仪成图，其中前四种成图法适用于测记式测图法；测图精灵测图法和电子平板测图法在野外直接绘出平面图。

对于测记式无码作业模式，主要使用测点点号定位成图和坐标定位成图两种方法。

（1）测点点号法定位成图

① 展点　展点是把坐标数据文件中的各个碎部点点位及其相应属性（如点号、代码或高程等）显示在屏幕上。在编辑地形图时，应展野外测点点号。

在"绘图处理"下拉菜单中选择"野外测点点号"项，系统提示"输入要展出的坐标数据文件名"（如 D:\ SURVEY \ CXT. DAT）。输入后单击"打开"，则数据文件中所有点以注记点号形式展现在屏幕上，并以小点表示点位。若没有输入测图比例尺，命令行窗口将提示要求输入测图比例，输入比例尺分母后回车即可。通过绘图窗口的放大或缩小，可看到测点的分布情况。

② 选择"测点点号"屏幕菜单　菜单在右侧屏幕菜单的一级菜单"定位方式"中选取"测点点号"，系统将弹出一个对话窗，提示选择点号对应的坐标数据文件名（依然是 D:\ SURVEY \ CXT. DAT）。输入外业所测的坐标数据文件并单击"打开"后，系统将所有数据读入内存，以便依照点号自动寻找点位。

③ 绘平面图　屏幕菜单将所有地物要素分为 11 类，如文字注记、控制点、地籍信息、居民地、道路设施等，此时即可按照其分类分别绘制各种地物。具体操作方法参加 CASS 9.0 使用手册，此处不再详述。

（2）坐标定位法成图　坐标定位成图法操作类似于测点点号定位成图法。所不同的仅仅是，绘图时点位的获取不是通过输入点号而是利用"捕捉"功能直接在屏幕上捕捉所展的点，故该法较测点点号定位成图法更方便。其具体的操作步骤如下：

① 展点。

② 选择"坐标定位"屏幕菜单；以上两步操作同前述。

③ 绘制平面图　绘图之前要设置捕捉方式，有几种方法可以选择。如选择"工具"下拉菜单中"物体捕捉模式"的"节点"，以"节点"方式捕捉展绘的碎部点，也可以用鼠标右键单击状态栏上面的"对象捕捉"进行设置，取消与开启捕捉功能可以直接按键盘"F3"进行切换。绘图方法同"测点点号定位法成图"。

需要指出的是，上述两种绘图方法一般并不单独使用，而是相互配合使用的。另外，在编辑地形图时，应注意，边绘图边注记，草图不清暂时不绘，防止漏绘与错绘。

8.5.4　等高线绘制与编辑

在地形图中，通常是用等高线来表示地表的起伏形态。利用传统方法测绘地形图时，等高线由绘图员手工描绘，虽然等高线可以描绘地比较光滑，但精度较低，比较费时。在数字测图系统中，等高线由计算机自动绘制，生成的等高线不仅光滑，而且精度较高、速度快。数字地形图绘制，通常在绘制平面图后，再绘制等高线，以便修剪等高线。

绘制等高线的基本步骤：①根据野外观测数据建立数字地面模型（构建三角网）；②修

改三角网，即删除或重构个别连接不当的三角形；③输入等高距，绘制等高线；④等高线注记与修剪。

8.5.5 数字地图的分幅与输出

CASS 系统提供了用于绘图和注记的"工具"、用于编辑修改图形的"编辑"和用于编辑地物的"地物编辑"等下拉菜单，另外在屏幕菜单和工具栏中也提供了部分编辑命令。数字地形图经过编辑、检查、修改，形成完整的图形要素后，可进行图幅的分幅、整饰和输出。下面着重介绍数字地图的分幅与输出。

（1）数字地图分幅　地图分幅前，首先应了解图形数据文件中的最小坐标和最大坐标。同时应注意 CASS 9.0 下信息栏显示的坐标前面的为 Y 坐标（东方向），后面的为 X 坐标（北方向）。

执行"绘图处理\批量分幅"命令，命令行提示：

请选择图幅尺寸：（1）50×50（2）50×40〈1〉　　按要求选择。此处直接回车默认选 1。

请输入分幅图目录名：输入分幅图存放的目录名，回车。如输入 D：\ SURVEY \ dlgs \ 。

输入测区一角：在图形左下角单击左键。

输入测区另一角：在图形右上角单击左键。

此时，在所设目录下就产生了各个分幅图，自动以各个分幅图的左下角的东坐标和北坐标结合起来命名，如："31.00-53.00"、"31.00-53.50"等。如果在要求输入分幅图目录名时，直接回车，则各个分幅图自动保存在安装了 CASS 9.0 的驱动器的根目录下。

（2）绘图输出　地形图绘制完成后，可用绘图仪、打印机等设备输出。执行"文件\绘图输出"，在二级菜单里可完成相关打印设置，并打印出图，详细操作可参阅《CASS 9.0 用户手册》。

本 章 小 结

数字测图已基本替代大比例尺地形图的传统测绘方法。本章主要介绍了全站仪的结构和使用方法、全球定位系统（GPS）的组成和定位原理、数字测图的模式、地面数字测图的野外数据采集和内业数据处理方法。

1. 全站仪具有测角、测距、测高程、坐标计算、数据存储及通信功能，其显著特点是测量速度快、精度高。在地面数字测图中，全站仪已广泛用于控制测量和碎部测量。

2. 全球定位系统由空间星座、地面监控站和用户设备三部分组成，其定位原理是空间后方交会。由于 GPS 具有全天候、速度快、精度高、不受控制点间通视条件限制等优点，已成为地面数字测图的主要手段之一。

3. 广义的数字测图的包括全野外数字测图（地面数字测图）、航空摄影测量数字测图、地形图的数字化等。地面数字测图方法主要使用全站仪、GPS 采集数据，可利用 CASS 系统等编辑生成符合国标的数字地形图。

思 考 题

1. 全站仪的测量模式有几种？南方 NTS662 型全站仪存储管理模式主要有哪些功能？

2. GPS 系统由哪几个部分组成？每个部分的作用是什么？

3. GPS 定位的原理是什么？定位模式分为哪几种？

4. 数字测图有哪些特点？

5. 数字测图有几种模式？

6. 简述利用全站仪野外采集地形特征点信息的步骤。

7. 简述利用南方灵锐 S86 野外数据采集的过程。

8. 以南方 CASS 9.0 为例，简述数字测图内业数据传输的方法。

9. 以南方 CASS 9.0 为例，简述数字化地形图成图的主要过程。

第9章 地形图的应用

测绘地形图的目的是满足社会经济发展的需要，为工程建设提供基础资料。本章主要介绍地形图的基本知识、地形图的分幅与编号方法、地形图的识图方法、地形图的基本应用、地形图在工程中的应用、面积量算以及地形图的修测等。

9.1 概述

9.1.1 地形图的基本知识

地形图是地形信息的载体，它不仅包含自然地理要素，而且包含社会、政治、经济等人文地理要素，其应用非常广泛。

构成地图的基本内容，叫做地图要素。它包括数学要素、地理要素和整饰要素，所以又通称为地图的"三要素"。数学要素是指构成地图的数学基础。地形图上的数学要素主要表现在投影方式、坐标系统、比例尺、控制点、坐标网、分幅编号等方面。地理要素是地图的地理内容，包括自然地理要素和社会经济要素。自然地理要素表示地球表面自然形态所包含的要素，如地貌、水系、植被和土壤等。社会经济要素是人类在生产活动中改造自然界所形成的，如居民地、道路网、通信设备、工农业设施、经济文化和行政标志等。整饰要素也称辅助要素，主要包括便于读图和用图的一些内容，如图名、图号、接图表、图例和地图资料说明，以及图内各种文字、数字注记等。

地形图的比例尺主要有1:500、1:1000直至1:100万等，一般分为大、中、小比例尺地形图，地形图的比例尺愈大，反映地表的自然地理及社会经济要素就越详尽，不同比例尺的地形图有不同的用途。通常比例尺在1:500～1:5000的地形图称为大比例尺地形图；1:1万～1:10万的地形图称为中比例尺地形图；小于1:10万的地形图称为小比例尺地形图。

(1) 大比例尺地形图 大比例尺地形图都是采用地面测图或航空测图等实测成图，尤其是1:500～1:2000地形图大多根据工程需要实时地面测图，现势性较好。大比例尺地形图精度最高，内容最丰富，一般用于城市规划与管理，国土资源规划与管理，工厂、矿山设计与施工，矿山的储量计算，各类工程设计与施工。条带状地形图一般用于铁路、公路等的设计与施工。

(2) 中比例尺地形图 1:1万和1:5万地形图用图较广，1:2.5万比例尺地形图除了少数发达地区曾测制外，多以1:5万比例尺地形图替代，均采用航测成图，多用于重点工程的规划设计和布局，以及地质、水文等自然资源的普查或综合调查。1:10万比例尺地形图已基本覆盖我国全部领土，除了西部山区主要是采用直接航测成图之外，其他地区多用1:5万比例尺航测地形图编制而成，是编写更小比例尺地形图或专题图的基础资料。

(3) 小比例尺地形图 它在质与量上都与大、中比例尺地形图有了较大的区别。小比例尺地形图在军事上是编制军区形势图和专门挂图的底图，在经济建设上是供研究国家基本自然条件、资源综合利用及改造开发的总体规划和编制全国性的各种专业地图的底图。

9.1.2 国家基本比例尺地形图系列

在我国，1:100万、1:50万、1:25万（原来是1:20万）、1:10万、1:5万、

1∶2.5 万、1∶1 万和 1∶5000 等八种比例尺的地形图由指定的国家机构或部门统一测制或编制，具有统一的大地控制基础，采用统一的分幅编号系统，称为国家基本比例尺地形图。其中，1∶100 万的地形图采用正轴等角圆锥投影编绘方法成图，1∶50 万～1∶5000 比例尺的地形图均采用高斯-克吕格投影（1∶50 万～1∶2.5 万的采用 6°分带，1∶1 万、1∶5000 采用 3°分带）编绘方法或航空摄影测量方法成图。另外，1∶500、1∶1000、1∶2000 大比例尺地形图主要用于小范围内精确研究和评价地形，可供勘察、规划、设计和施工等工作使用，其平面控制采用高斯-克吕格投影，按 3°分带计算平面直角坐标。当对控制网有特殊要求时，采用任意经线作为中央子午线的独立坐标系统，投影面亦为当地的高程参考面。

国家基本比例尺地形图和工程用大比例尺地形图是国民经济建设、国防建设和科学研究中不可或缺的重要资料，是编制各种小比例尺普通地图、专题地图和地图集的基础资料。

9.2　地形图的分幅和编号

在进行大面积的地形图测绘时，为了编制、保存、使用和管理地图的方便，需要将整个测区统一分幅和编号。地形图的分幅通常有两种方式，一种是按经纬线划分的梯形分幅，另一种是按坐标格网划分的矩形（或正方形）分幅。前者主要用于中、小比例尺的国家基本比例尺地形图的分幅，后者主要用于城市等大比例尺地形图的分幅。

9.2.1　梯形分幅和编号

地形图的梯形分幅又称为国际分幅，以国际统一的经线为图的东西边界，纬线为图的南北边界，因各经线向南北极收敛而使整个图幅呈梯形，其分幅与编号的方法随比例尺不同而不同。1992 年的《国家基本比例尺地形图分幅和编号》中出现了新、旧两种分幅与编号方法并存的情况。下面分别介绍这两种方法。

9.2.1.1　旧的梯形分幅与编号方法

（1）1∶100 万地形图的分幅与编号　1∶100 万地形图是梯形分幅与编号的基础。如图 9-1 所示，分幅方法是将整个地球表面用子午线分成 60 个 6°的纵列，从经度 180°起，自西向东，每隔 6°作为一个纵列，全球共分成 60 个纵列，依次编号为 1，2，…，60；同时，从赤道起分别向南北两方，纬度从 0°至 88°止，每隔 4°作为一个横行，南北两半球各分成 22 个横行，依次编号为 A，B，…，V。以两极为中心，以纬度 88°为界的圆，则用 Z 标明。由于经线收敛于地球两极，梯形图幅的面积随纬度增加而减小，规定纬度 60°～76°之间为经差 12°，纬差 4°；纬度 76°～88°之间为经差 24°、纬差 4°。在我国范围内没有纬度 60°以上的需要合幅的图幅。

一幅 1∶100 万地形图的编号是用横行的字母和纵列的号数组成。例如我国某甲地的经度为东经 122°28′25″，纬度为北纬 39°54′30″，它所在的 1∶100 万的地形图的图幅编号为 J-51，如图 9-1 所示。在北半球和南半球的图幅，分别在编号前加 N 或 S 予以区别。因我国领域全部位于北半球，故将 N 省去。

根据某地的经纬度，可在图 9-1 中直接查取所在的 1∶100 万地形图的图号。如果没有分幅图，也可以根据其所在地的经纬度通过式（9-1）计算。

$$\begin{cases} 横行号 = \left[\dfrac{\phi}{4°} \right] + 1 \\ 纵行号 = \left[\dfrac{\lambda}{6°} \right] + 31 \end{cases} \tag{9-1}$$

式中，〔 〕表示商取整数；ϕ 表示某地的纬度；λ 表示某地的经度。

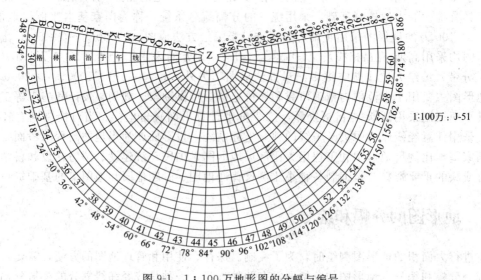

图 9-1 1:100 万地形图的分幅与编号

（2）1:50 万、1:25 万、1:10 万地形图的分幅与编号 一幅 1:100 万地形图按经差 3°、纬差 2°划分成四幅 1:50 万地形图，从左到右、从上到下，分别用 A、B、C、D 表示，其编号是在 1:100 万地形图的编号后加上它本身的序号，如 J-51-A。

一幅 1:100 万地图按经差 1°30′、纬差 1°划分成 16 幅 1:25 万地图，从左到右、从上到下分别用带括号的数字 [1] ~ [16] 表示，其编号是在 1:100 万地形图的编号后加上它本身的序号，如 J-51-[1]。

一幅 1:100 万地形图按经差 30′、纬差 20′划分 144 幅 1:10 万地形图，其编号是从左到右、从上到下，依次以序号 1，2，…，144 表示，其编号是在 1:100 万地形图的编号后加上它本身的序号，如 J-51-5。如图 9-2 所示。

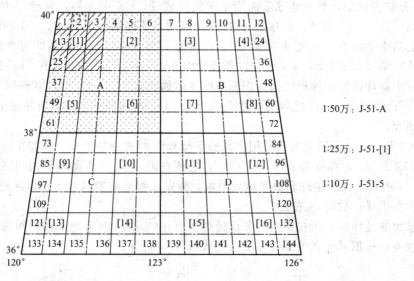

图 9-2 1:50 万、1:25 万、1:10 万地形图的分幅与编号

（3）1:5 万和 1:2.5 万地形图的分幅与编号 将一幅 1:10 万地形图，按经差 15′、纬差 10′，分成 4 幅 1:5 万地形图，其编号是从左到右、从上到下，依次以序号 A，B，C，

D 表示。例如，上述甲地所在的 1∶5 万地形图的编号为 J-51-5-B，如图 9-3 所示。

将一幅 1∶5 万地形图，按经差 7′30″、纬差 5′，分成 4 幅 1∶2.5 万地形图，其编号是从左到右、从上到下，依次以序号 1，2，3，4 表示。例如，上述甲地所在的 1∶2.5 万地形图的编号为 J-51-5-B-4 如图 9-3 所示。

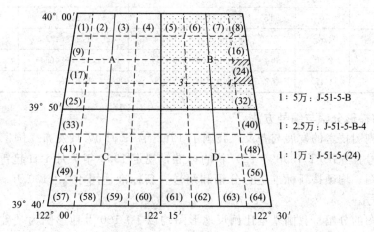

图 9-3　1∶5 万、1∶2.5 万、1∶1 万地形图的分幅与编号

（4）1∶1 万和 1∶5000 地形图的分幅与编号　将一幅 1∶10 万地形图，按经差 3′45″、纬差 2′30″，分成 64 幅 1∶1 万地形图，其编号是从左到右、从上到下，依次以序号 (1)，(2)，…，(64) 表示。例如，上述甲地所在的 1∶1 万地形图的编号为 J-51-5-(24)，如图 9-3 所示。

将一幅 1∶1 万地形图，按经差 1′52.5″、纬差 1′15″，分成 4 幅 1∶5000 地形图，其编号是从左到右、从上到下，依次以序号 a，b，c，d 表示。例如，上述甲地所在的 1∶5000 地形图的编号为 J-51-5-(24)-b，如图 9-4 所示。

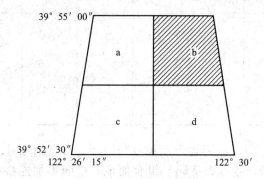

图 9-4　1∶5000 地形图的分幅与编号

1∶100 万以下地形图的分幅与编号是在 1∶100 万图幅的基础上进行的，见表 9-1。

表 9-1　梯形分幅与编号表

比例尺	图　幅　大　小		分　幅　方　法		编　号　方　法	
	纬　度	经　度	分幅基础	分幅数	序　号	甲地所在图幅编号
1∶100 万	4°	6°			纬行 A-V，经列 1-60	J-51
1∶50 万	2°	3°	1∶100 万	4	A，B，C，D	J-51-A
1∶25 万	1°	1°30′	1∶100 万	16	[1]，[2]，…，[16]	J-51-[2]

续表

比例尺	图幅大小		分幅方法		编号方法	
	纬度	经度	分幅基础	分幅数	序号	甲地所在图幅编号
1:10万	20′	30′	1:100万	144	1,2,…,144	J-51-5
1:5万	10′	15′	1:10万	4	A,B,C,D	J-51-5-B
1:2.5万	5′	7′30″	1:5万	4	1,2,3,4	J-51-5-B-4
1:1万	2′30″	3′45″	1:10万	64	(1),(2),…,(64)	J-51-5-(24)
1:5000	1′15″	1′52.5″	1:1万	4	a,b,c,d	J-51-5-(24)-b

9.2.1.2　新的梯形分幅与编号方法

随着数字测图技术的发展与普及，我国于 1992 年 12 月 17 日发布《国家基本比例尺地形图分幅和编号》（GB/T 13989—92）新的标准，规定 1993 年 7 月 1 日起新测和更新的基本比例尺地形图，均须按新标准进行分幅和编号。新标准适用于 1:100 万～1:5000 地形图的分幅和编号。

（1）地形图的分幅　我国基本比例尺地形图均以 1:100 万地形图为基础，按规定的经差和纬差划分图幅。每幅 1:100 万地形图的范围是经差 6°、纬差 4°。各比例尺地形图的经纬差、行列数和图幅数成简单的倍数关系，见表 9-2。

表 9-2　各比例尺地形图分幅关系

比例尺		1:100万	1:50万	1:25万	1:10万	1:5万	1:2.5万	1:1万	1:5000
图幅范围	经差	6°	3°	1°30′	30′	15′	7′30″	3′45″	1′52.5″
	纬差	4°	2°	1°	20′	10′	5′	2′30″	1′15″
行列数量关系	行数	1	2	4	12	24	48	96	192
	列数	1	2	4	12	24	48	96	192
图幅数量关系		1	4	16	144	576	2304	9216	36864
			1	4	36	144	576	2304	9216
				1	9	36	144	576	2304
					1	4	16	64	256
						1	4	16	64
							1	4	16
								1	4

（2）地形图的编号　1:100 万地形图编号与国际梯形分幅编号一致，其图号是由该图所在的行号（字符码）和列号（数字码）组合而成，中间不加连接符。如北京所在的 1:100 万地形图的图号为 J50。

我国地处东半球和赤道以北，图幅范围在东经度 72°～138°、北纬度 0°～56°内，包括行号 A，B，C，…，N 的 14 行，列号为 43，44，…，53 的 11 列。

1:50 万～1:5000 地形图的编号均以 1:100 万地形图编号为基础，采用行列编号方法。即将 1:100 万地形图按所含各比例尺地形图的纬差和经差划分成若干行和列，横行从上到下、纵列从左到右按顺序分别用三位阿拉伯数字（数字码）表示，不足三位者前面补零，取行号在前、列号在后的排列形式标记；各比例尺地形图分别采用不同的字符作为其比例尺的代码，见表 9-3。1:50 万～1:5000 地形图的图号均由其所在 1:100 万地形图的图号、比例尺代码和各图幅的行列号共十位码组成，如图 9-5 所示。

表 9-3　比例尺代码表

比例尺	1:50 万	1:25 万	1:10 万	1:5 万	1:2.5 万	1:1 万	1:5000
代　码	B	C	D	E	F	G	H

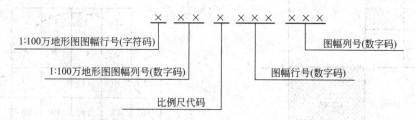

图 9-5　1:50 万～1:5000 地形图图号构成

计算所求比例尺地形图在 1:100 万地形图图号后的行、列编号可用式（9-2）计算。

$$
\left.
\begin{aligned}
行号 &= \frac{4°}{\Delta\psi} - \left[\frac{(\psi/4°)}{\Delta\psi}\right] \\
列号 &= \left[\frac{(\lambda/6°)}{\Delta\lambda}\right] + 1
\end{aligned}
\right\}
\tag{9-2}
$$

式中，[ ] 表示商取整；( ) 表示取商的余数；$\Delta\psi$ 为所求比例尺地形图图幅的纬差；$\Delta\lambda$ 为所求比例尺地形图图幅的经差。

例如，某点的地理坐标为东经 114°33′45″和北纬 39°22′30″，则该点所在 1:50 万地形图的图号为 J50B001001，所在 1:25 万地形图的图号为 J50C001001，所在 1:10 万地形图的图号为 J50D002002，所在 1:5 万地形图的图号为 J50E004003，所在 1:2.5 万地形图的图号为 J50F008005，所在 1:1 万地形图的图号为 J50G015010，所在 1:5000 地形图的图号为 J50H030019。

9.2.2　矩形分幅和编号

在工程建设中，如城市建设、工程设计或施工放样等，使用的大比例尺地形图常采用矩形或正方形分幅法。矩形分幅的图幅大小和尺寸见表 9-4。

表 9-4　矩形图幅尺寸与分幅

比例尺	图幅尺寸/cm²	实地面积/km²	4km² 的图幅数
1:5000	40×40	4	1
1:2000	50×50	1	4
1:1000	50×50	0.25	16
1:500	50×50	0.0625	64

矩形分幅的编号一般采用西南角坐标公里数编号法、流水编号法等。

西南角坐标公里数编号，其图号均用该图幅西南角的坐标以 km 为单位表示，纵坐标在前，横坐标在后，中间用一短线连接，其中在 1:500 地形图上取至 0.01km，在 1:1000、1:2000 地形图上取至 0.1km。为区别不同的投影带，可在图幅西南角的坐标前加上该图幅所在投影带的中央子午线的经度 λ，表示方式为 λ-x-y。

图 9-6 是一幅编号为 32.0-56.0 的 1:5000 地形图，其中 1:2000 地形图编号为 32.0-57.0，1:1000 地形图编号为 33.5-56.5，1:500 地形图编号为 33.0-56.00。

对于面积较小的测区，分幅与编号要从实际出发，根据用图单位的要求，以达到测图、用图和管理方便为原则，通常采用流水编号法。流水编号法一般是从左至右、从上至下用阿拉伯数字编定的。如图 9-7 所示，虚线表示测区范围，数字表示图号。

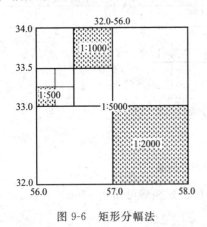

图 9-6　矩形分幅法

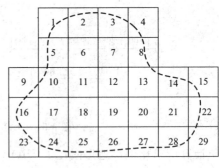

图 9-7　流水编号法

9.3　地形图的识图

地形图详尽、精确、全面地反映了制图区域内的自然地理条件和社会经济状况。为了能正确地使用地形图，除了要对自然地理要素和社会经济要素进行阅读和分析外，对图上的数学要素及有关注记也必须有全面的了解。

9.3.1　图名与图号

图名是本幅图的名称，常用本图幅内最著名或最大居民地的地名、村庄或厂矿企业的名称来命名，有的使用最著名的地标来命名。图号是按统一分幅进行编号的，每幅图上标注编号可确定本幅地形图所在的地理位置。图名和图号注记在北图廓外的正中央。如图 9-8 所示的图名是"潮莲镇"，图号是 F-49-59-(2)。

9.3.2　接图表

地形图图廓外左上角的九个小方格称为接图表。如图 9-8 所示，接图表说明本图幅与相邻图幅的关系，供索取相邻图幅时使用，其中间一格绘有晕线代表本幅图，相邻小方格内分别注明了相邻图幅的图名。

9.3.3　图廓和坐标格网线

图廓线分为内图廓、外图廓和分度带（又叫经纬廓）三部分。

内图廓是一幅图的测图边界线，以内的内容是地形图的主体信息，包括坐标格网、经纬线、地貌符号、地物符号和注记等。内图廓四个角点注记的数字是它的直角坐标值，如图 9-8 所示，左下角的经度为 $113°03'45''$，纬度为 $22°37'30''$。

外图廓为图幅的最外边界线，以粗黑线描绘，它是作为装饰美观用的。外图廓线平行于内图廓线。

分度带绘于内、外图廓之间。它画成若干段黑白相间的线条。在 1：1 万至 1：10 万比例尺地形图上，每段黑线或白线的长度就是经度或纬度 $1'$ 的长度。利用图廓两对边的分度带，即可建立起地理坐标格网，用来求图内任意点的地理坐标值与任一直线的真方向。

内图廓中的方格网就是平面直角坐标格网。由于它们之间的间隔是整公里数，因而叫公里格网。在分度带与内图廓间的数字注记，即是相应的平面直角坐标值。图 9-8 中，2504

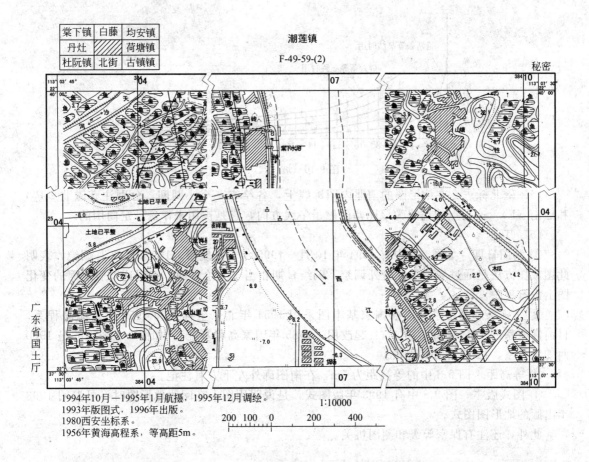

棠下镇	白藤	均安镇
丹灶		荷塘镇
杜阮镇	北街	古镇镇

潮莲镇

F-49-59-(2)

秘密

广东省国土厅

1994年10月－1995年1月航摄，1995年12月调绘。
1993年版图式，1996年出版。
1980西安坐标系。
1956年黄海高程系，等高距5m。

1:10000

200 100 0　　200　　400

图 9-8　潮莲镇地形图

表示最南横线的纵坐标值，它是表示距离赤道的公里数，其余横线的注记均略去 25。38404
表示图廓西边第一条纵线的横坐标值，其余的纵线均略去 384。其中 38 表示本幅图所在的
投影带号，404 表示位于中央子午线以西 96km。利用直角坐标格网，可以求图内任意点的
直角坐标与任一直线的坐标方位角。

　　如果图幅位于投影带的东西边缘，要在外图廓线上加绘邻带坐标网短线，并注出邻带坐
标值。

9.3.4　其他图外注记

　　（1）比例尺　地形图的比例尺以数字比例尺和直线比例尺表示，注在南图廓下的正
中央。

　　（2）三北关系　南图廓下方绘出了真子午线、磁子午线及坐标纵
线的三北关系示意图，如图 9-9 所示。利用三北关系图，可以对图上
任一直线的真方位角、磁方位角和坐标方位角进行相互换算。

　　（3）坡度尺　在南图廓下方左侧绘有坡度尺，如图 9-10 所示，它
是用来量两条（或六条）等高线间地面倾斜角或坡度的。

　　坡度尺的用法：把两脚规张开，在地形图上量取相邻两条（或六
条）等高线的平距，然后将两脚规与各垂线比较，即可读出相应的
度数。

图 9-9　三北方向

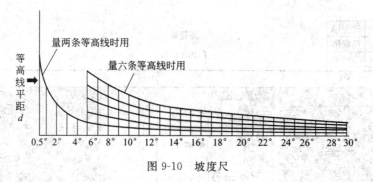

图 9-10 坡度尺

（4）磁北标志 在地形图的南北内图廓线上，各绘有一个小圆圈，分别注有磁北（P′）和磁南（P）。这两点的连线为该图幅的磁子午线方向，它是被用来作磁针定向用的。

（5）其他

① 测图日期 如图 9-8 中有 1994 年 10 月—1995 年 1 月航摄，1995 年 12 月调绘，表明此图成图方法是通过航摄像片野外调绘，调绘日期相当于测绘日期，表明这以后地面的变化图上没有反映。

② 坐标系和高程系 以前国家基本图采用 1954 年北京坐标系和 1956 年黄海高程系。目前高程系已于 1987 年 5 月 26 日起改用"1985 年国家高程基准"。如图 9-8 采用的是 1980 西安坐标系，1956 黄海高程系。

③ 等高距 图 9-8 中的等高距为 5m，在南图廓外左下方有注记。

④ 图式版本 图 9-8 中有 1993 年版图式，是说明用图人在阅读地形图时，可参阅 1993 年出版的地形图图式。

此外，还注有保密等级和测图机关。

9.4 地形图应用的基本内容

9.4.1 确定点的平面位置

在大比例尺地形图上，都绘有坐标格网或坐标十字线的坐标系统。如图 9-11 所示，若要从图上量取 A 点坐标，可先过 A 点作坐标格网的平行线，分别与格网线交于 m、n 和 p、q，再用直尺量取 mA 和 pA 的长度，则 A 点的坐标如式（9-3）所示。

$$\begin{cases} X_A = X_0 + mA \cdot M \\ Y_A = Y_0 + pA \cdot M \end{cases} \tag{9-3}$$

式中 X_0, Y_0——该点西南角十字线交点的坐标；

　　　M——比例尺分母。

为了检核或减小因图纸伸缩而引起的量测误差，则同时还需量出 mn 和 pq 的长度，这时 A 点坐标应按式（9-4）计算。

$$\begin{cases} X_A = X_0 + \dfrac{mA}{mn} \cdot l \cdot M \\ Y_A = Y_0 + \dfrac{pA}{pq} \cdot l \cdot M \end{cases} \tag{9-4}$$

式中 l——坐标格网的理论边长（一般为 10cm）；

　　　M——比例尺分母。

若需获得某点的地理坐标 (λ, φ)，可以根据上述方法，通过图廓的经纬度注记和分度带来量取。

9.4.2　确定点的高程

欲在地形图上确定某点高程，可根据等高线或地面高程注记来确定。待求点一般有三种情况：

① 所求点正好在等高线上，如图 9-12 中 q 点，则 q 点的高程就等于该等高线的高程 64m。

② 所求点在两条等高线之间，则通过该点作一条直线，相交于相邻等高线。如图 9-12 中 p 点，过 p 点作直线与相邻等高线交于 m、n 两点，分别量取 mp 和 mn 的长度，则 p 点高程按式（9-5）求解。

$$H_p = H_m + \frac{pm}{mn} \cdot h \tag{9-5}$$

式中　　H_m——m 点所在等高线高程；

　　　　h——等高距。

③ 在未绘有等高线的区域，某点的高程可以根据附近注记有高程的点，按坡度均匀的原则进行内插求得。

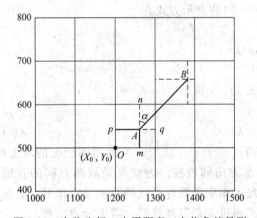

图 9-11　点位坐标、水平距离、方位角的量测

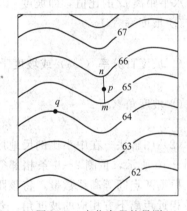

图 9-12　点位高程的量测

如果是数字地形图，利用 CASS 软件菜单"工程应用"下的"查询指定点坐标"功能，用鼠标点取 A 点，可同时得到 A 点的坐标和高程。在命令窗口显示方式如下：

测量坐标：$X = 4006339.221$ 米　$Y = 512506.024$ 米　$H = 150.456$ 米

9.4.3　确定两点间的水平距离

欲量取地形图上 A、B 两点间的水平距离，可用图解法和解析法求取。

（1）图解法　用两脚规在地形图上直接卡出线段长度，再与图示比例尺比量，即可得到其水平距离。或用直尺量取 AB 的图上距离 d_{AB}，再乘以比例尺分母 M 换算出相应的实地水平距离 D_{AB}，如式（9-6）。或直接用比例尺量取直线长度。

$$D_{AB} = d_{AB} \cdot M \tag{9-6}$$

（2）解析法　按式（9-4），先求出 A、B 两点的坐标 $(X_A，Y_A)$、$(X_B，Y_B)$，再按式（9-7）可计算出 AB 两点间的水平距离 D_{AB}，该距离已消除了图纸伸缩的影响。

$$D_{AB} = \sqrt{(X_B - X_A)^2 + (Y_B - Y_A)^2} \tag{9-7}$$

通常情况下，量测两点之间距离是指水平距离，当需要两点间的倾斜距离即地表距离时，可按上述方式先量测两点的水平距离 D，再根据两点间的坡度角 α，即可计算其倾斜距

离 $S=D/\cos\alpha$。或者由两点间的水平距离 D 及其高差 h 按公式 $D'=\sqrt{D^2+h^2}$ 计算。

9.4.4 确定直线的方向

（1）图解法　如图 9-11 所示，欲求 AB 边方位角 α_{AB}，可先过 A 点作北方向线 N，若精度要求不高时，可在地形图上直接用量角器量测 α_{AB}。

（2）解析法　按式（9-4），先求出 A、B 两点的坐标 (X_A,Y_A)、(X_B,Y_B)，再用式（9-8）计算出 AB 的坐标方位角 α_{AB}，计算时要注意判断 α_{AB} 的象限。当已知两点坐标或直线较长，或两点在不同图幅中时，比较适合使用解析法。

$$\alpha_{AB}=\arctan\frac{Y_B-Y_A}{X_B-X_A} \tag{9-8}$$

若是数字地形图，利用 CASS 软件，可以在"工程应用"菜单下，单击"查询两点距离及方位"，用鼠标点取两点后，软件会自动显示 AB 距离和 α_{AB}。在命令窗口显示方式如下：

两点间实地距离＝57.956 米，图上距离＝115.912 毫米，方位角＝183 度 42 分 9.78 秒

9.4.5 确定地面坡度

（1）解析法　量测时，先量取两点间的水平距离 D 和两点之间的高差 h，就可算出高差 h 和水平距离 D 的比值，即坡度 i。坡度有三种不同的表示方式。

① 坡度率（i）

$$i=h/D \tag{9-9}$$

② 坡度百分率（$i\%$）或坡度千分率（$i‰$）

$$i\%=h/D \tag{9-10}$$

③ 坡度角（α）

$$\alpha=\arctan(h/D) \tag{9-11}$$

（2）图解法　在中小比例尺地形图上，若两点位于等高线上，可利用图纸上的坡度尺，如图 9-10 所示，量测 2～6 条相邻等高线间任意方向的坡度。方法是量取两点间的直线距离，根据两点间等高线数量，将该距离和坡度尺上相应条数等高线的距离进行比对，直接读取最相近距离下方相应的坡度角。若两点间距离超过 6 条等高线时，需要分段量测。

9.5 地形图在工程中的应用

9.5.1 利用地形图绘制纵断面图

公路、铁路、管线工程，为了工程量的概算和提供线路的坡度，需要了解沿线段纵向的地形情况，通常利用地形图绘制纵断面图。

如图 9-13(a) 所示，欲在地形图上从 A 点到 C 点作一断面图。首先在地形图上作直线 AC 与各等高线分别相交，各交点的高程即为相应等高线的高程。

如图 9-13(b) 所示，在毫米方格纸或白纸上作相互垂直的坐标轴，横轴表示水平距离 d，纵轴表示高程 H。在地形图上从 A 点量取至交点和特征点的长度，并将其转绘到图 9-13(b) 的横轴上，以各交点相应的高程作为纵坐标绘在图上，将其连接，便得到 AC 方向的纵断面图。

高程比例尺的大小要根据地形起伏状况决定。一般为水平距离比例尺的 10～20 倍。

利用数字地形图和专业绘图软件，绘制纵断面图更加简单、快捷。绘制断面图时，在 CASS "工程应用"菜单下，单击"绘断面图"下的"根据坐标文件"，便弹出"选择

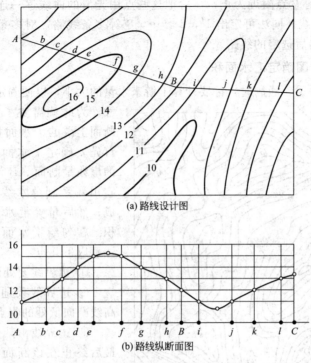

(a) 路线设计图

16　15
14
13
12
11
10

16
14
12
10

A　b　c　d　e　　f　g　h　B　i　　j　k　l　C

(b) 路线纵断面图

图 9-13　根据地形图绘制纵断面图

断面线"对话框，根据对话框的提示，点取已绘出的断面线，然后弹出"断面线上取值"对话框，在"采样点间距"文本框中根据实际情况输入间隔，其值默认为 20m。在"起始里程"文本框中输入数据，默认值为 0；单击"确定"按钮，则弹出"绘制纵断面图"对话框，在对话框中的文本框中输入各个参数，单击"确定"按钮之后，即显示出所选断面线的纵断面图。绘制断面图也可利用编辑好的里程文件，具体方法可参见 CASS 软件操作说明书。

9.5.2　利用地形图选线

在道路、渠道、管线等工程的规划设计阶段，往往要根据工程本身的特点及对地形的要求，先在地形图上选择若干条线路，然后进行方案比较，从而择其最佳线路。

线路工程设计的原则是要求在限定的坡度条件下，使经过的路程最短。图 9-14 是一幅 1：2000 的地形图，等高距为 1m，现从 A 到 B 选择一条坡度不超过 5% 的线路。选线时，先以 5% 的坡度，求出相应于 1 个等高距的平距。即：

$$D=\frac{h}{i}=\frac{1}{0.05}=20(\mathrm{m})$$

式中，D 为实地距离，按比例尺化算为图上距离 d，即：

$$d=\frac{20}{2000}=0.01(\mathrm{m})=1(\mathrm{cm})$$

然后用两脚规以 A 点为圆心，以 1cm 为半径划弧与 50m 等高线交于 1 点，再以 1 点为圆心，依次定出 2，3，

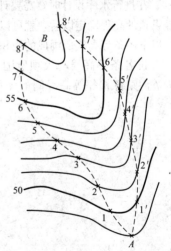

图 9-14　按设计坡度选定等坡路线

4，…，8等点，直到 B 点附近为止，然后把这些点用光滑的曲线逐一连接起来，即得到坡度不大于 5% 的坡度线。同法可定出 $1'$，$2'$，…，$8'$ 等多条线路，对多条线路进行比较，择其最佳的一条作为最后选定的线路。

9.5.3 利用地形图确定汇水面积

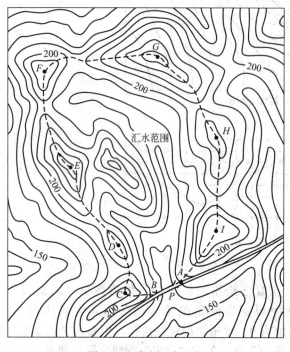

图 9-15 确定汇水面积

在修建水库、桥梁、涵洞时，都要计算上游来水量的大小，以便确定建筑物各部分的尺寸，为此就需要了解某水库坝址或某断面上游的汇水面积。确定汇水面积，首先要确定汇水面积的边界，图 9-15 的虚线是断面 AB 汇水面积的边界线，它由一系列分水线（山脊线）连接而成；然后量算汇水边界线所围成的面积。在勾绘汇水面积的边界线时，应注意以下几点：

① 边界线要处处与等高线垂直；

② 边界线要通过山头、鞍部及等高线凸向低处的拐点；

③ 边界线由某一断面的一端开始，最后终止在该断面的另一端，形成一个闭合环线。环线所围成的面积，即是该断面的汇水面积。

在 CASS 软件中，首先利用多线段工具勾绘出汇水边界，再利用"工程应用"下的"查询实体面积"工具，单击所绘制的封闭区域线，即可获取汇水面积。在命令窗口显示方式如下：

实体面积为 127378.58 平方米

9.5.4 利用地形图确定水库库容

在进行水库设计时，需要计算水库的库容。计算库容是以地形图上的等高线为依据，当水库溢洪道的高程确定以后，就可以根据地形图确定水库的淹没面积。计算库容时，先求出淹没线及其以下各条等高线所围成的面积，然后求出各相邻等高线之间的体积，其总和即为库容。

设各条等高线与大坝所围成的面积分别为 A_1，A_2，…，A_n，A_{n+1}。若等高线的等高距为 h，则各相邻等高线间的体积 V_i 分别为

$$V_1 = \frac{1}{2}(A_1 + A_2)h$$

$$V_2 = \frac{1}{2}(A_2 + A_3)h$$

$$\vdots$$

$$V_n = \frac{1}{2}(A_n + A_{n+1})h$$

$$V'_n = \frac{1}{3}A_{n+1}h'$$

式中，h' 为最低一条等高线与库底的高差；V'_n 为库底体积。则水库的总库容为

$$V_{总} = V_1 + V_2 + \cdots + V_n + V'_n \tag{9-12}$$

有时溢洪道的高程不一定正好等于地形图上某一条等高线的高程，这时就要用内插法求出水库的淹没线的高程，然后再求水库库容。

9.6 面积量算

9.6.1 解析法

解析法是根据图上任意多边形的顶点坐标来计算实地水平面积的一种方法，也称坐标法。如图 9-16 所示，在量取多边形各顶点的坐标后，可按式（9-13）计算面积。

$$P = \frac{1}{2}\sum_{i=1}^{n} x_i(y_{i+1} - y_{i-1}) = \frac{1}{2}\sum_{i=1}^{n} y_i(x_{i-1} - x_{i+1}) \tag{9-13}$$

式中，当 $i=1$ 时，令 $i-1=n$；而当 $i=n$ 时，令 $i+1=1$。式（9-13）适用于顺时针编号的多边形，其量测精度取决于顶点坐标的量测精度。

9.6.2 图解法

（1）方格网法 方格网法常用于较小面积的曲线状图形，如图 9-17 所示。

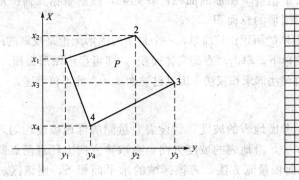

图 9-16 坐标解析法

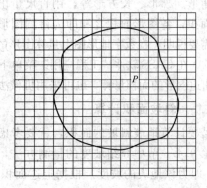

图 9-17 方格网法

为测定不规则图斑面积 P，将标准透明方格纸或手绘聚酯薄膜方格网覆盖到图形上面，先数出图形边线内的整方格数 N，然后数出边缘上不完整的方格数，经凑整为 n，由此求得图形包含的方格总数为 $N+n$ 个。则图形所代表的实地水平面积见式（9-14）。该方法的精度取决于方格网绘制质量、方格的大小和方格凑整的质量。

$$P = (N+n) \times s \times M^2 \tag{9-14}$$

式中　s——每个小方格的图形面积；

　　　M——图形比例尺分母。

（2）网点法 用刻有等距排列成正方形的点的透明纸或聚酯薄膜覆盖在不规则图形上，如图 9-18 所示。先数图形内的点数 N，再数轮廓线接触的点数 n，则图形实际面积见式（9-15）。

$$P = (N+n/2) \times s \times M^2 \tag{9-15}$$

式中　s——每点所代表的图形面积；

　　　M——图形比例尺分母。

（3）平行线法 先在透明纸或聚酯薄膜上画出间隔相等的平行线，将其覆盖在图形上，则待测图形被平行线分割成若干近似等高三角形和梯形，如图 9-19 所示。分别量测图形截割的各平行线长度分别为 l_1，l_2，$\cdots$，l_n，三角形和梯形的高 h 为平行线间距，则不规则图形面积为：

$$P = \frac{1}{2}[l_1 + (l_2 + l_3) + \cdots + (l_{n-1} + l_n) + l_n]h = h\sum_{i=1}^{n} l_i \qquad (9\text{-}16)$$

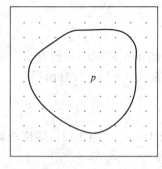

图 9-18 网点法

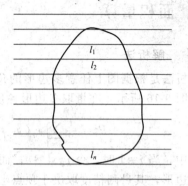

图 9-19 平行线法

（4）几何图形法 几何图形法是将待测的不规则图形分成若干个简单规则的几何图形，如三角形、梯形、长方形等，用直尺量出各个图形的面积计算元素，然后根据几何图形公式计算面积，各图形面积之和即为待测图形的总面积。

需要说明，在数字地形图上量算图形的面积比较简单，一个封闭的图形无论是规则的还是不规则的，在 CASS 软件"工程应用"菜单下，单击"查询实体面积"，即可显示图形面积。另外，对于曲边图形的面积量算，也可采用机械法即求积仪法，因其已被淘汰，在此不再赘述。

9.6.3 斜坡面积计算

若要计算地表斜坡的面积，就要考虑地表的坡度。假设需要量测的区域坡度均匀，根据本书第 9.4.5 节中介绍坡度的量测方法，沿地表的坡度方向，量取该方向上任意两点间的坡度 α，即为该地表的坡度。根据上述面积量测方法，若该区域的水平面积 S，则该区域的地表斜面积为：

$$S' = S/\cos\alpha \qquad (9\text{-}17)$$

式中 S'——地表斜面积；

S——水平面积。

测区坡度不均匀时，若坡度起伏不大，可以量测多处坡度取平均值，据此近似计算地表斜面积。当坡度起伏较大时，可以按坡度的大小将量测区域进行分块，分区域计算各块的斜面积，再统计总面积，可提高量测的精度。

在 CASS 软件"工程应用"菜单下，单击"计算表面积"，根据坐标文件或图上高程点，在命令窗口输入边界插值间距，即可计算并显示区域的表面积。

9.7 地形图的修测

9.7.1 地形图修测概述

为保证地图的现势性，需要对已测绘的地图，按照统一的技术要求，对地面变化了的地理要素进行修改和补充。地形图修测就是在已有地形图基础上，将局部地物、地貌或属性注记发生改变的地方进行重测替换，以及根据新图式更换地物符号。一般来讲，地形图修测主要包括以下内容：

① 重测替换局部地区已经发生改变的各种地物符号和地貌符号。如拆迁改建的房屋、扩建的道路以及新开挖的山体等。

② 测定新增的地物位置，用最新的图式符号表示。如新建的工厂、道路以及各种管线设施等。

③ 对于位置、界线未变但性质发生改变的地物，则去掉原来的符号，用新地物符号代替，同时修改相应的文字注记。如土路改为公路、草地变为树林等。

④ 地貌发生较大改变的地方，如挖山、堆山等，则地貌部分也应进行修测。

9.7.2　地形图修测的方法

（1）准备工作

① 准备工作　将要修测的地形原图，复制到白纸或聚酯薄膜上得到二底图，如果是数字化图，则可以直接输出，作为工作底图。对于工作底图，首先应进行图廓线、方格网的检查，其误差不超过±0.3mm 时，方可使用。

② 实地踏勘　携带工作底图到测区进行实地踏勘。首先了解整个测区的地形变化情况，对已经不存在的地物应在图上画上"×"号。其次是寻找地形图上原有的控制点，如等级控制点、水准点、导线点和图根点等，并调查核实点位是否发生变动，经核实后，在工作底图上标明点位，作上明显记号，这些点是修测时将加以利用的控制点。然后核查测区内未发生变化的突出地物目标，如大型建筑物的屋角、独立树、高压电杆、道路交叉点等。通过反复确认核查，做上记号，也可作为修测时的控制点用。但利用明显地物点作为控制点，必须注意地物符号的定点位置。比例符号的轮廓线就是物体位置，而非比例符号的定位点，一般是图形的几何中心或底部中心。

（2）修测的方法　如果修测区域有数字原图，则修测时采用数字测图方法。首先布设控制点和图根点，利用全站仪或者 GPS-RTK 技术直接测定已变化的地物、地貌，并绘制草图，然后利用成图软件对原图进行修改、编辑和更新。修测时，尽可能利用原图已有控制点，使修测坐标与原有坐标保持一致；如有困难，也可以采用独立坐标系统，但至少要测定两个或两个以上未发生变化的突出地物点，以便实施坐标转换。

本 章 小 结

本章主要介绍了我国基本比例尺地形图的分幅与编号方法、地形图的识图、地形图的基本应用、地形图在工程中的应用、面积量算以及地形图的修测。

1. 为便于测绘与使用地形图，国家基本比例尺地形图均按规定的大小进行统一分幅并进行系统的编号。中小比例尺的地形图采用按经纬线分幅的梯形分幅法，新的国家地形图分幅编号的方法统一由 5 个元素 10 位码组成，这有利于计算机检索和管理。测区较小时，一般采用矩形分幅与编号。

2. 利用地形图可求算地形图上点的坐标和高程、直线的距离和方位以及地面坡度。在工程建设中，利用地形图可选择确定最短路线，绘制纵断面图，确定汇水面积及水库库容等。面积量算方法主要有解析法和图解法。

3. 地形图的修测是将变化了的地物、地貌加以补充修改。修测的重点是删除已不存在的地物，测定新增的地物，同时用最新的图式表示。现代的地形图修测主要使用全站仪和 GPS-RTK 技术等。

思 考 题

1. 地形图的三要素是什么？各包括哪些内容？

2. 我国的国家基本比例尺地形图系列包括哪些，各有什么用途？

3. 地形图的分幅编号方法有哪几种？

4. 地形图的基本应用内容有哪些？

5. 地形图在工程中的应用有哪些方面？

6. 地形图面积量算的方法主要有哪些，各有什么优缺点？各适用于什么场合？

7. 找一幅地形图，在图上随机选择 3～5 个点组成闭合图形，借助直尺、量角器等工具，练习地形图的基本应用：①求这些点的平面直角坐标及高程；②求任意直线的坐标方位角和坡度；③求该多边形的实地面积。

8. 地形图修测时，主要可采用哪些技术手段？

第 10 章 施工放样的基本知识

施工放样是测量学的基本任务之一。本章主要介绍施工放样的特点、施工控制网的建立方法、施工放样的基本工作、点位的放样方法和圆曲线放样。

10.1 概述

把图纸上设计好的建筑物或构筑物的位置，利用测量仪器和工具在地面上标定出来，这项工作称为施工放样，简称为放样或测设。放样与测图的工作过程是相反的。

10.1.1 放样的原则

与测图一样，放样也必须遵循"从高级到低级"、"由整体到局部"、"先控制后细部"的原则，以提高放样精度，避免误差积累。

10.1.2 放样的精度要求

放样的精度一般比测图的精度要求高。特别是放样细部的精度要高于放样建筑物或构筑物整体位置的精度。例如，放样水闸中心线（主轴线）的误差不应大于 1cm，而闸门相对于中心线的误差则不能超过 3mm。

放样的精度要求，还取决于建筑物的大小、结构和材料等因素。例如钢筋混凝土工程的放样精度比土石方工程要求高，而金属结构的精度要求更高。所以施工时，应根据不同的放样对象，选用不同的测量仪器和放样方法，以保证放样的精度。

10.1.3 施工控制网的建立

放样工作贯穿于整个工程建设的施工过程。因此，在施工之前，应在建筑场地上建立平面和高程控制网。这种为满足工程施工需要而建立的控制网称为施工控制网。在地势较平坦的建筑场地，平面控制网一般布设成建筑基线或建筑方格网的形式，高程控制网一般借用建筑基线或建筑方格网的点，并布设成闭合或附合水准路线的形式，要求尽量使用原有测图控制网。放样时先放样建筑物的主轴线，以此控制建筑物的整体位置，然后再根据主轴线放样各细部轴线和细部点的位置和高程。同时要注意保护测量标志，随时进行检查，防止受到施工的破坏，否则发生错误将影响工程施工和工程质量，甚至造成不可挽回的经济损失。

10.2 放样的基本工作

放样的实质，就是根据建（构）筑物的特征点与控制点之间存在的水平角、水平距离和高差的关系，利用测量仪器把建（构）筑物的特征点标定于地面上。因此，放样的基本工作包括水平角放样、水平距离放样和高程放样。

10.2.1 水平角放样

水平角放样是在地面上测定一方向，使该方向与已知方向所夹的水平角等于设计的水平角度。

设地面上已有 OA 方向，欲在 O 点放样第二方向 OB，使 $\angle AOB = \beta$，如图 10-1 所示。

放样步骤如下。

（1）一般方法 在 O 点安置经纬仪，利用盘左位置照准 A 点，配置水平度盘为 $0°0x'$，精确读数 $a_左$，旋转照准部使度盘读数为 $b_左=\beta+a_左$，在视线方向上定出 B' 点；倒转望远镜变为盘右位置，再照准 A 点，读数 $a_右$，旋转照准部使度盘读数为 $b_右=\beta+a_右$，在地面上定出 B'' 点，取 B' 和 B'' 的中点 B，则 $\angle AOB$ 即为要放样的 β 角。这种方法又称为正倒镜分中法。

如果使用全站仪，则更加方便。在 O 点安置全站仪，利用盘左照准 A 点，水平盘置零，旋转照准部使水平度盘读数为 β，定出 B' 点，盘右照准 A 点，读数 $a_右$（也可置零），拨角 $b_右=\beta+a_右$，定出 B'' 点，取 B' 和 B'' 的中点 B 即可。

（2）精确方法 当水平角测设的精度要求较高时，可采用垂线改正法。如图 10-2 所示，在 O 点安置经纬仪，先按一般方法测设出 β 角，在地面上定出 B' 点，然后对 $\angle AOB'$ 进行多测回观测，取平均值得 β_1，则改正值 $\Delta\beta=\beta_1-\beta$，即可根据 $\Delta\beta$ 和 OB' 的长度，计算出垂直改正距离 b，即

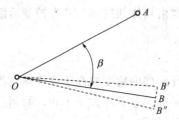 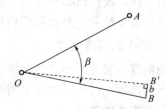

图 10-1 水平角放样的一般方法　　图 10-2 水平角放样的精确方法

$$b=OB'\cdot\tan\Delta\beta=OB'\cdot\frac{\Delta\beta''}{\rho} \tag{10-1}$$

由 B' 开始作 OB' 的垂线，在垂线方向上量取 b 确定出 B 点，$\angle AOB$ 即为待测设的 β 角。

【例 10-1】 设待放样的水平角为 $\angle AOB=50°$，先按一般方法放样出 $\angle AOB'$，然后在 O 点安置经纬仪，对 $\angle AOB'$ 进行 4 个测回的观测，其平均值为 $49°59'48''$，设 $OB=100m$，试计算垂线改正值 b。

解： $\Delta\beta=49°59'48''-50°=-12''$

$$b=100\times\frac{12''}{206265''}=0.006\ (m)=6\ (mm)$$

所以，在 B' 点上沿垂线方向向外量 6mm 即可得到 B 点。

10.2.2 水平距离放样

水平距离放样是从地面上已知点开始，沿确定方向标出另一点，使两点间的水平距离等于设计距离。欲在已知 AB 方向上放样 B 点，使 AB 距离等于设计距离 D，放样步骤如下。

（1）钢尺法 当场地较平整、距离不太长时，一般用钢尺放样。从 A 点开始，沿 AB 方向测定距离 D，在终点处打下木桩，在桩顶作出标记定出 B' 点。为了校核和提高精度，应从 A 点开始再测一次，定出 B'' 点，取 B' 和 B'' 的中点 B，即为直线的终点。

（2）全站仪法 当放样场地高差起伏较大、距离又较长时，可采用全站仪（或测距仪）"逐点趋近法"进行放样。如图 10-3 所示，在 A 点安置全站仪，指挥棱镜安置于 AB 方向线上，先测出距离值 D'，并得出改正值 $\Delta D=D'-D$，根据 ΔD 的符号和大小指挥移动棱镜，再测距离，并计算改正值，直到满足精度要求为止。当 ΔD 较小时，频繁安置棱镜不方便，可用钢尺配合进行。

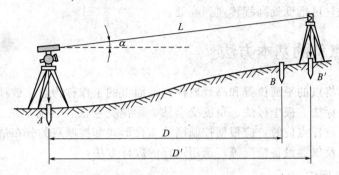

图 10-3　全站仪放样水平距离

10.2.3　高程放样

已知高程的放样，是利用水准测量的方法，在地面上标定点位，使其高程等于设计高程。其放样步骤如下。

(1) 如图 10-4 所示，在已知水准点 A 和待测点 B 之间安置水准仪，观测水准点 A 上水准尺并读数 a，计算出视线高 $H_i = H_A + a$。

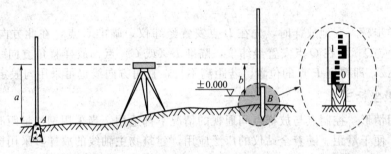

图 10-4　高程放样

(2) 由视线高和设计高程计算出放样点水准尺的放样数据

$$b = H_i - H_B \tag{10-2}$$

(3) 在放样点预置木桩一侧竖立水准尺，通过上下移动，使其水准尺读数等于 b，此时水准尺底端位置即为设计高程位置。在木桩上用红蓝笔划线或锭一小钉标记点位。

如果欲放样点与已知水准点的高差较大（超过水准尺长度），而且地形特殊（如开挖基坑、厂房吊梁安装等），这时需先把高程传递到坑底或高处的临时水准点上，这种工作称为高程传递，然后再用临时水准点进行放样。

如图 10-5 所示，设 A 为地面上的已知水准点，欲将高程传递到坑底的临时水准点 B 上，先在基坑边埋设一吊杆，上面悬挂钢尺并使零点向下，在钢尺下部挂一个 $1 \sim 2$kg 的重锤。观测时用两架性能相同的水准仪，一架安置在地面上，读取 A 点上的后视读数 a_1 和钢尺上的前视读数 b_1；另一架水准仪安置在坑底部，读取钢尺上的后视读数 a_2 和 B 点水准尺上的前视读数 b_2，则 B 点高程为

$$H_B = H_A + (a_1 - b_1) + (a_2 - b_2)$$

$$(10\text{-}3)$$

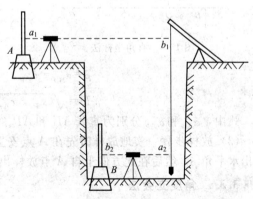

图 10-5　高程传递

以同样的方法，可把低处高程传递到高处。

10.3　放样点位的基本方法

在施工现场，将点的平面位置和高程放样到地面上的工作称为点位放样。常规的点位放样的方法有直角坐标法、极坐标法、角度交会法、距离交会法，目前全站仪法和 GPS RTK 法应用越来越广。放样点位时，应根据控制网的布设形式和控制点的分布情况、建筑物的类型和地形情况，以及仪器设备情况等，选用适宜的放样方法。

10.3.1　直角坐标法

（1）适用情形　当施工场地已布设了矩形控制网时，采用直角坐标法放样点位比较方便。当建筑物主轴线已经放样出来，细部点位的放样可采用直角坐标法，从而保证细部点间的放样精度。

（2）放样数据计算　如图 10-6 所示，AB、BC 为相互垂直的建筑基线，P 为待放样点，直角坐标法放样数据即为 P 点相对于 B 的坐标增量。其计算公式为

$$\left.\begin{array}{l}\Delta x = x_P - x_B \\ \Delta y = y_P - y_B\end{array}\right\} \tag{10-4}$$

（3）放样步骤　实地放样时，先在 B 点安置经纬仪，瞄准 C 点，在此方向上自 B 点放样距离 Δy 得点 Q；再在 Q 点安置经纬仪，瞄准 B（或 C）点，放样直角方向线，在此方向上放样距离 Δx，即得到 P 点的位置。若距离不长，直角方向线也可采用勾股定理得到。

10.3.2　极坐标法

（1）适用情形　控制点与放样点间通视的情况下都适用，当采用钢尺量距时，施工场地应较为平坦，便于量距。随着全站仪的广泛应用，建筑物主轴线的放样多采用极坐标法。

（2）放样数据计算　如图 10-7 所示，A 和 B 为控制点，P 为待放样点，极坐标法放样数据即为水平角 β 和水平距离 D。其计算公式为：

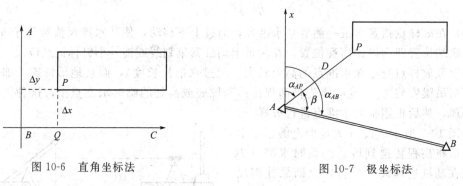

图 10-6　直角坐标法　　　　　　图 10-7　极坐标法

$$\left.\begin{array}{l}\beta = \alpha_{AB} - \alpha_{AP} \\ D = \sqrt{(x_P - x_A)^2 + (y_P - y_A)^2}\end{array}\right\} \tag{10-5}$$

式中，α_{AB} 和 α_{AP} 分别为直线 AB 和 AP 的坐标方位角，可由坐标反算求出。

（3）放样步骤　实地放样时先在 A 点安置经纬仪，瞄准 B 点，采用正倒镜分中法先放样出水平角 β，然后在此方向上自 A 点放样出距离 D，即得到点位 P。

10.3.3　角度交会法

（1）适用情形　控制点与放样点间通视，但量距困难的情况下适用。为了保证放样点的

精度，需注意交会角不应小于 30°和大于 150°。因角度交会实际操作较为烦琐，随着全站仪的广泛应用，角度交会法逐渐被淘汰。

（2）放样数据计算　如图 10-8 所示，A、B、C 为控制点，P 为欲放样点，角度交会法放样 P 点，可由夹角 β_1 和 β_2 来确定。为了校核和提高放样精度，再用第三个方向进行交会，放样数据即为水平角 β_1、β_2 和 β_3。其计算公式为：

$$\left.\begin{aligned}
\beta_1 &= \alpha_{AB} - \alpha_{AP} \\
\beta_2 &= \alpha_{BP} - \alpha_{BA} \\
\beta_3 &= \alpha_{CP} - \alpha_{CB}
\end{aligned}\right\} \tag{10-6}$$

式中，α 分别为各直线的坐标方位角，可由坐标反算求出。

（3）放样步骤　实地放样时，在控制点 A、B、C 上各安置一架经纬仪，依次以 B、A、B 为起点，分别放样水平角 β_1、β_2 和 β_3，由观测者指挥，在其交点位置打上大木桩。理论上三条方向线应该交于一点，但由于误差的影响，如图 10-8 所示，而形成一个示误三角形，当误差在允许范围内，可取示误三角形内切圆的圆心作为 P 点的位置。实践中，选择理想的交会角（70°～110°），用两个方向交会定点，比用三个方向出现示误三角形取其内切圆的圆心的精度还好，第三个方向只起校核作用。

10.3.4　距离交会法

（1）适用情形　控制点与放样点间距不大，且量距方便的情况适用。有时根据已有建筑物的特征点与放样点间距离进行放样时，也可采用距离交会法。

（2）放样数据计算　如图 10-9 所示，A、B 为控制点，P 为待放样点，则 P 点可由 P 点到控制点 A 和 B 的水平距离来交会确定。放样数据即为水平距离 D_{AP} 和 D_{BP}。其计算公式为：

$$\left.\begin{aligned}
D_{AP} &= \sqrt{(x_P - x_A)^2 + (y_P - y_A)^2} \\
D_{BP} &= \sqrt{(x_P - x_B)^2 + (y_P - y_B)^2}
\end{aligned}\right\} \tag{10-7}$$

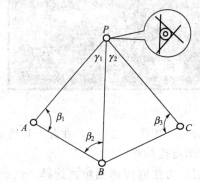

图 10-8　角度交会法

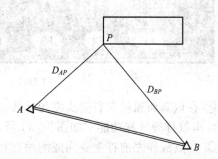

图 10-9　距离交会法

（3）放样步骤　实地放样时，以控制点 A 和 B 为圆心，分别以 D_{AP} 和 D_{BP} 为半径划圆弧，其交点即为 P 点的位置。

综上所述，不同的放样方法各适应于不同的情况。实际放样时，应选择适宜的放样方法，确保放样的精度，同时要便利操作。

随着全站仪、卫星定位系统等新技术的逐步应用，放样点位的方法也在不断更新。下面简要介绍全站仪和 GPS RTK 放样点位的方法。

10.3.5 全站仪法

全站仪放样点位的基本原理是极坐标法。实际应用时，根据测站点、后视点、放样点的坐标，全站仪可自动计算出水平角和水平距离，观测员指挥立镜员进行"渐近式"定位。不同型号的全站仪其操作方法大同小异，本节以南方 NTS-660 全站仪为例，说明放样点位的具体步骤。

（1）准备工作　全站仪点位放样和全站仪碎部测量的相似之处，都要进行控制点的设置，不同之处是碎部测量是测定碎部点的坐标，而放样是根据点的坐标放样点位。在点放样之前，首先要获取控制点坐标和放样点坐标，并将可能用到的控制点和放样点坐标存储于全站仪的数据文件中，并用绘图软件展绘点位，以检查坐标录入是否有误。当放样点较少时也可以在施工现场录入坐标，实时放样。

放样前除了要准备好放样数据外，还要准备全站仪、对讲机、对中杆、木桩、小钉、锤头、油漆、毛笔等其他工具。

（2）实地放样

① 将全站仪安置在测站点上，对中整平后，开机按"F1"进入"程序"模式，再按"F1"进入"标准测量"模式，在"设置"菜单中新建或打开作业，如图 10-10 所示，如果在前期准备工作中已经建立了数据文件，在此直接打开。

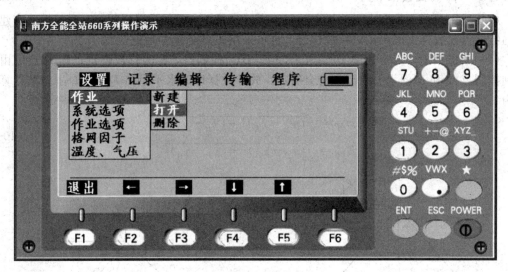

图 10-10　数据文件建立与打开

② 在该页面通过左右箭头将光标移动到"程序"菜单，单击"放样"，在此可以完成点放样、串放样等放样功能，如图 10-11 所示。本节只介绍点位放样。

③ 在点放样之前首先要完成测站点和后视点的设置，方法同碎部测量。选择"点放样"键，输入放样点的点号和棱镜高，如图 10-12 所示。

④ 如果仪器内存中存在该点号的坐标数据，便显示方位角、旋转角、距离偏差、高程偏差等，如图 10-13 所示。如果内存中无该点的坐标数据，则系统会提示输入放样点的坐标输入屏幕。输入完要放样的点的坐标后，按"ENT"便进入图 10-13 所示的屏幕。

图 10-13 中各述语含义如下。

方位角：由测站点指向放样点的方位角。

旋转角：还应旋转的角度，当角度等于零，该方向即为待放样的方向。

距离偏差：棱镜到放样点的距离；正号为棱镜还应向远离测站的方向移动；负号说明棱

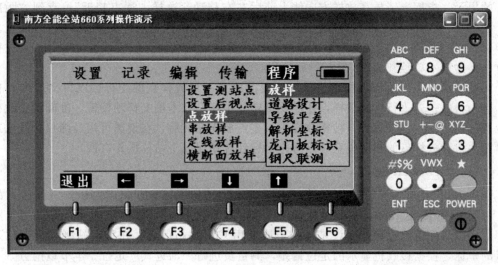

图 10-11　点位放样

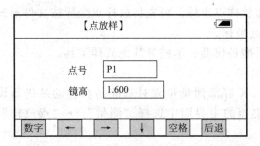

图 10-12　输入点号和镜高

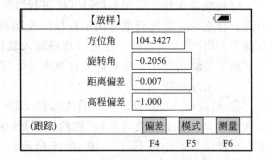

图 10-13　显示放样数据

镜应向靠近测站的方向移动；其数值就是
移动的长度。

　　高程偏差：为该点的高程偏差；正号
说明该点高于理论数值（设计高程）应挖
土；负号表示该点低于设计高程应填土；
其数值就是填挖的数据。

　　⑤ 按屏幕下方的"F4"（偏差）键，
显示偏差屏幕，如图 10-14 所示，偏差屏
幕是以偏差的形式显示测量点到需要的放
样点之间的距离。

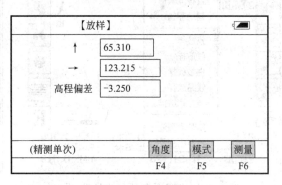

图 10-14　显示偏差数据

　　图 10-14 中箭头的含义如下。

　　↑：为该点在与视线前后方向上的偏差，正号说明该点在视线的前边，负号说明该点在
视线的后边。

　　→：为该点在与视线垂直方向上的偏差，正号说明该点在视线的右边，负号说明该点在
视线的左边。

　　⑥ 此时根据屏幕提示转动照准部，使"旋转角"为"0.0000"即得到放样方向线，观
测员通过对讲机指挥立镜员将棱镜安置于放样方向线上，然后按"F6"键（测量）进行测
量。此时屏幕"距离偏差"显示的距离值变为立镜点距放样点的距离，观测员根据"偏差屏

幕"的提示，指挥立镜员在放样方向线上前后左右移动，这样"逐点趋近"，直到"距离偏差"为 0.00 或者满足放样精度为止，在立镜处打桩或做标记，即得到放样点的位置。按"ENT"结束该点的放样并继续下一点的放样。得到放样点的点位后，也可以对该点进行高程放样，这里不单独叙述。

（3）质量保证　放样点位完成后，一般需要再测量放样点的坐标，以得出放样点位误差，作为检核；若进行精密放样，还需要倒转对中杆，在木桩上移动棱镜，准确得到放样点的位置，然后在木桩上打钉；精密放样中，多点放样完成后，在现场可用经纬仪穿线法或钢尺量距法检验放样点的相对关系，以防止坐标计算错误或全站仪操作有误。

10.3.6　GPS-RTK 法

GPS-RTK 是全球实时定位系统（Real Time Kinematic Global Position System）的简称。应用 GPS-RTK 技术可实时放样点位，非常方便，其基本原理就是前面介绍的卫星定位原理。实测时在就近控制点架设基准站，或使用 CORS 站信号，在移动站接收机上输入放样点的坐标，根据接收机显示的定位偏差，测量员进行"渐近式"定位。本节以南方 S86 为例简要介绍放样方法。

（1）准备工作　采用 GPS-RTK 进行放样，依据的也是控制点和放样点坐标，因此在进行点放样之前，首先要取得用于放样的控制点和放样点坐标。可先将放样点坐标按文件形式存储于 GPS 的采集器内，也可以现场输入放样点坐标。

施工放样前除了要准备好放样数据外，还要准备仪器、木桩等其他放样工具。

（2）实地放样

① 在进行点位放样之前，首先参照 GPS-RTK 碎部测量步骤对基准站和移动站进行设置（参考 8.4.2 节相关内容）。然后在 GPS 采集器的主界面中选择"测量"→"点放样"，进入放样屏幕，如图 10-15、图 10-16 所示。

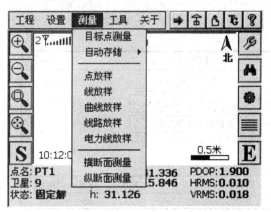

图 10-15　GPS 采集器的测量界面

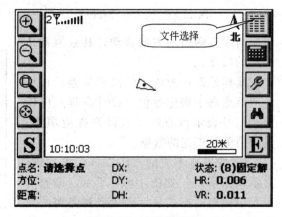

图 10-16　点放样界面

② 点击"文件选择"按钮，打开放样坐标库，如图 10-17 所示。在放样点坐标库中导入事先编辑好的放样文件"*.dat"，并选择放样点，点击"确定"后进入放样指示界面，如图 10-18 所示。若没有坐标文件可现场直接输入放样点坐标。

③ 放样界面显示了当前点与放样点之间的距离，在屏幕下方显示了南北方向、东西方向的偏移值，根据屏幕提示进行移动放样。

④ 在放样过程中，当移动站移动到距离目标点 0.9m 以内时，软件会进入局部精确放样界面，如图 10-19 所示。同时软件会给控制器发出声音提示指令，控制器会有"嘟"的一声长鸣音提示。

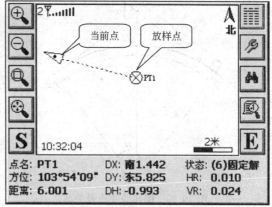

图 10-17　放样点坐标库　　　　　　　　　图 10-18　放样指示界面

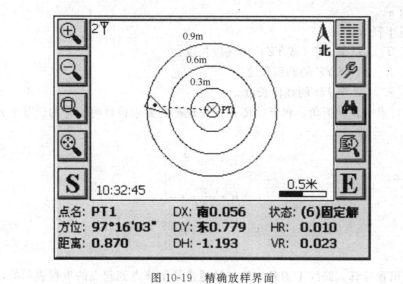

图 10-19　精确放样界面

在此界面中有 3 个半径分别是 0.9m、0.6m、0.3m 的圆圈，当前点位每进入一个圈都会有一次提示音。直到屏幕显示的当前点与目标点的距离及偏移值满足放样精度要求时，则对中杆底部所指位置即为放样点点位，做好标记即可。

⑤ 点位放样完成后，为了检查，在放样界面下可以进行点位测量，按下保存键"A"即可以存储当前点坐标。

在点位放样时使用快捷方式会提高放样的效率。在放样界面下按数字键"8"放样上一点，"2"键为放样下一点，"9"键为查找放样点，直到整个放样作业完成。

10.4　圆曲线放样

在道路、渠道等各类线路工程施工中，常常会遇到圆曲线的放样。线路从一个直线方向改变到另一个直线方向，需要用曲线连接起来，常用的曲线就是圆曲线。放样圆曲线分为两部分，首先放样圆曲线主点的位置，然后再放样细部点的位置。

10.4.1　圆曲线主点的放样

（1）圆曲线主点　圆曲线的主点是指不同线型的分界点及曲中点，如图 10-20 所示。圆

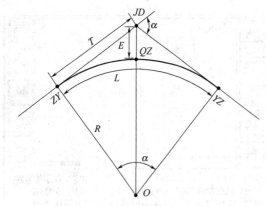

图 10-20 圆曲线主点及要素

曲线的主点有 3 个。

① 直圆点（起点） 即按线路里程增加方向由直线进入圆曲线分界点，用 ZY 表示。

② 曲中点（中点） 即圆心和交点（JD）的连线与圆曲线的交点，用 QZ 表示。

③ 圆直点（终点） 即按线路里程增加方向由圆曲线进入直线分界点，用 YZ 表示。

交点（JD）也称为转折点，它既是直线的控制点也是圆曲线的控制点，通常在线路放线测量时已放出。

（2）圆曲线要素计算 为了放样主点及推算线路的里程，必须先进行圆曲线的要素计算。圆曲线的要素有 5 个。

① 转折角 α。

② 圆曲线半径 R。

③ 切线长 T JD 至 ZY（或 YZ）的线段长度。

④ 曲线长 L ZY 至 YZ 的圆弧长度。

⑤ 外矢距 E QZ 至 JD 的线段长度。

上述 5 个要素中，转折角 α 和半径 R 是根据规范的要求设计时选定的。其余元素用下列公式计算。

$$\left.\begin{array}{l} T = R \cdot \tan \dfrac{\alpha}{2} \\ L = R \cdot \dfrac{\pi}{180°} \cdot \alpha \\ E = \dfrac{R}{\cos \dfrac{\alpha}{2}} - R \end{array}\right\} \tag{10-8}$$

（3）主点里程计算 路线上的各点的桩号通常是用该点到起点的里程表示的，称为里程桩，如起点的桩号为 0＋000，加号前为公里数，加号后为米数。如某点桩号为 3＋200，表示该点距起点 3km 又 200m。

圆曲线上 3 个主点的桩号是根据转折点 JD 的里程桩号和圆曲线的切线长 T 与弧长 L 推算的。

$$\left.\begin{array}{l} ZY \text{ 的里程} = JD \text{ 的里程} - T \\ YZ \text{ 的里程} = ZY \text{ 的里程} + L \\ QZ \text{ 的里程} = ZY \text{ 的里程} + \dfrac{L}{2} \end{array}\right\} \tag{10-9}$$

【例 10-2】 设某线路的转折点 JD 点的桩号为 0＋308.74，转角 $\alpha = 24°30'$，选定圆曲线的半径 $R = 250m$，求圆曲线三主点的里程。

解：根据式（10-8）计算切线长和圆曲线弧长，则

$$T = 250 \times \tan \frac{24°30'}{2} = 54.28 (\text{m})$$

$$L = 250 \times \frac{\pi}{180°} \times 24°30' = 106.90 (\text{m})$$

起点 ZY 的里程 = (0＋308.74) － 54.28 = 0＋254.46(m)

终点 YZ 的里程＝（0＋254.46）＋106.90＝0＋361.36（m）

中点 QZ 的里程＝（0＋254.46）＋53.45＝0＋307.91（m）

（4）放样步骤　实地放样三主点时，在转折点 JD 安置经纬仪，用盘右后视 ZY 方向，水平度盘读数拨为 $0°0'0''$，放样距离 T 得到起点 ZY，倒转望远镜变为盘左，转动照准部使水平度盘读数为 α，定出 YZ 方向，在此方向上放样距离 T 得到终点 YZ，再转动照准部使水平度盘读数为 $90+\alpha/2$，定出 QZ 方向，在此方向上放样距离 E 得到中点 QZ 的位置。

圆曲线的主点是线形的主要控制点，也是细部放样的依据，因此一定要保证主点的放样精度。

10.4.2　圆曲线的细部放样

在圆曲线放样时，除放样三主点外，还应在圆曲线上每隔一定弧长放样一个点，放样这些点的工作称为细部放样。传统的细部放样的方法很多，主要有偏角法、切线支距法等，但随着全站仪、GPS-RTK 等新方法的应用，传统方法已经逐步被替代，在此不再赘述。

本 章 小 结

施工放样是测量学的基本任务之一。测图与放样的工作过程是相反的，测图是从地面到图纸，而放样是从图纸到地面。

1. 放样的基本工作是角度放样、距离放样和高程放样。

2. 点位放样方法主要有直角坐标法、极坐标法、角度交会法、距离交会法，目前全站仪法和 GPS RTK 法应用越来越广。放样时应充分考虑现场情况以及仪器设备情况，选用方便合适的放样方法。

3. 圆曲线放样主要包括主点放样和细部点放样。

思 考 题

1. 什么是施工放样？测图与放样有何异同点？

2. 放样的基本工作有哪些？

3. 简述水平角放样的基本步骤。

4. 点位放样的基本方法有哪几种？各在什么情况下适用？

5. 设已知 M 点的高程为 150.236m，待测设 N 点的高程为 149.456m，若后视读数为 1.500m，则在 N 点立尺的前视读数应为多少？

6. 已知控制点 M、N，其中 M 点的坐标为（16.22，84.71），$\alpha_{MN}=300°04'$，欲采用极坐标法放样 P（40.34，83.00）点，试计算将经纬仪安置于 M 点，后视 N 点的放样数据。

7. 若用全站仪放样上题中的 P 点，如何操作？

8. 圆曲线主点有哪些？圆曲线要素有哪些？如何计算？

9. 什么是里程桩？如何计算圆曲线主点的里程桩号？

第11章 水利工程测量

水利工程测量是指在水利工程规划设计、施工建设和运行管理各阶段所进行的测量工作，主要包括渠道测量、坝体施工测量、水闸施工测量、水工隧洞施工测量等。

11.1 渠道测量

渠道是重要的水利工程之一，按用途分为灌溉渠道、排水渠道和引水渠道三类。渠道测量是指在渠道勘测、设计和施工中所进行的测量工作，主要包括渠道选线、中线测量、纵横断面测量、土方计算和边坡放样等。

11.1.1 渠道选线

渠道选线的任务是在实地选定渠道的合理路线，标定渠道中线的位置，一般在规划与初步设计阶段进行。在修建渠道的区域若无合适的地形图（1∶10万～1∶1万），应先测绘带状地形图。若有合适的地形图，应先在图上初选几条渠线方案，综合利弊，从中选定最佳渠道中线。渠线选线应符合以下要求。

① 渠道应尽量短而直，避开障碍物，尽量减少工程量及水头损失。

② 灌溉渠道应选在灌区地势稍高的地带，以利自流灌溉。

③ 渠道沿线土质要好，坡度要适宜，以防渗漏、冲淤和坍塌。

④ 要避开大填方和大挖方地段，以降低工程造价，便于施工和管理。

⑤ 要少占良田，尽可能利用旧沟渠，以减少工程费用和经济损失。

⑥ 渠道布置应考虑集中落差，否则，应尽量沿等高线布置。

11.1.2 渠道中线测量

中线测量的任务主要是根据选线所定的起点、转折点及终点，通过量距、测角把渠道中线用一系列的里程桩在实地标定出来。

（1）定桩量距　从渠首起点开始，朝着终点或转折点方向，沿着选好的中线进行定线和量距，按里程打木桩。平原地区桩距一般为50m或100m；山丘地区桩距一般为20m或30m，并以该桩对起点的距离作为桩号，注在桩一侧，称为里程桩，也称整桩。里程桩号要面向渠首方向，按"×（km）＋×××（m）"的方式编写。在两里程桩之间，遇到地形坡度有明显变化处或经过河、沟、路等地物的地段，还要打加桩，也称破桩。

为了防止在量距工作中发生差错和保证量距精度，两转折点间的距离都应该往返丈量或同方向丈量两次，以便校核。

（2）测角　当里程桩定到转折点上时，需用经纬仪测定转折角 α，并以路线前进方向判明是左偏角还是右偏角。转折角测量一般观测一个测回即可。

（3）圆曲线放样　对于大中型渠道，当从一个方向改变到另一方向时，需要设置圆曲线。圆曲线放样的具体方法见第10.4节。

11.1.3 渠道纵横断面测量

中线标定后，即可进行纵、横断面测绘。其目的在于了解渠道中线方向及其沿线一定宽度范围内的地形起伏情况，为设计、工程预算和施工提供依据。

11.1.3.1　渠道纵断面测量

　　渠道纵断面测量的任务，是测出渠道中线各里程桩和加桩的地面高程，并绘出纵断面图。纵断面测量通常采用水准测量的方法，应起闭于基本高程控制点。为提高测量精度，纵断面测量分两步进行：首先要沿线路布设四等水准路线，每隔 1～2km 布设一个水准点，作为纵断面测量的依据。其次根据沿线水准点将渠道分成若干段，每段分别与邻近两端的水准点组成附合水准路线，然后从首段开始逐段进行中桩水准测量。

　　（1）纵断面水准测量的观测和计算

　　① 测站观测　由于相邻各桩之间距离不远，高差不大，纵断面水准测量在一个测站上可以测定若干桩点的高程（水准尺距仪器最远不得超过 150m），除要在前、后视转点上观测外，还要在前后视转点之间的所有桩上立尺观测，这些桩点称为间视点。间视点上的读数称为间视读数，简称"间视"。图 11-1 为一渠道纵断面水准测量的示意图。

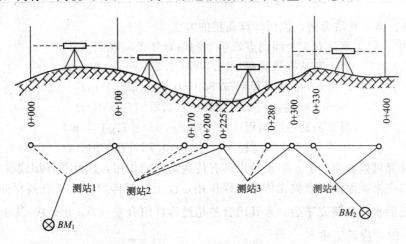

图 11-1　渠道纵断面水准测量

　　② 记录　考虑到每个测站上一般都有间视点，所以在记录表中要有记载"间视"栏目。表 11-1 为纵断面水准测量记录表。

　　③ 桩点高程计算　纵断面水准测量，采用视线高法计算各桩点的高程。即

$$视线高程 = 后视高程 + 后视读数$$
$$前视高程 = 视线高程 - 前视读数$$
$$间视高程 = 视线高程 - 间视读数$$

表 11-1　纵断面水准测量记录

测站	桩号	后视/m	视线高/m	前视读数		高程/m	备注
				间视	转点		
1	BM_1	1.245	77.850			76.605	已知高程
	0+000			0.54		77.310	
	0+100(TP_1)	0.486	77.164		1.172	76.678	
2	0+170			0.78		76.380	
	0+200			2.24		74.924	
	0+225(TP_2)	1.368	77.396		1.136	76.028	
3	0+280			0.85		76.560	
	0+300(TP_3)	0.984	77.726		0.654	76.742	

续表

测站	桩号	后视/m	视线高/m	前视读数 间视	前视读数 转点	高程/m	备注
4	0+330			0.75		76.980	
	0+400(TP_4)	1.683	78.151		1.258	76.468	
	BM_2				1.137	77.014	已知高程为 77.021
Σ		6.699			6.290		
计算检核			$6.699-6.290=+0.409(m)$ $77.014-76.605=+0.409(m)$ $f_{h容}=\pm12\sqrt{n}mm=\pm24(mm)$ $f_h=0.409-(77.021-76.605)=-7(mm)<f_{h容}$				

现以第 1、第 2 测站为例,说明计算高程的方法。

图 11-1 中,第 1 测站有 1 个间视点,第 2 测站有 2 个间视点。

第 1 测站视线高程 = 76.605 + 1.245 = 77.850(m)

0+000 的高程 = 77.850 - 0.54 = 77.31(m)

0+100 的高程 = 77.850 - 1.172 = 76.678(m)

第 2 测站视线高程 = 76.678 + 0.486 = 77.164(m)

加桩 0+170 的高程 = 77.164 - 0.78 = 76.384(m)

从以上计算可以看出,前、后视转点具有传递高程的作用,因此要仔细读取前、后视读数,且要读到毫米,而间视点则无传递高程作用,读至厘米即可,间视点高程亦取至厘米。一段线路纵断面水准施测完毕后,若其闭合差超过容许闭合差($f_{h容}=\pm40\sqrt{L}mm$ 或 $f_{h容}=\pm12\sqrt{n}mm$)时,应返工重测。

(2)渠道纵断面的绘制 渠道纵断面图通常绘在毫米方格纸上,以中线上的里程桩距起点的距离为横坐标,高程为纵坐标。为了更明显地反映地面的起伏情况,一般纵断面间距的高程比例尺要比水平比例尺大 10~20 倍。见表 11-2。

表 11-2 纵断面图制图比例尺

阶段	纵断面图制图比例尺 水平比例尺	竖直比例尺 平地	竖直比例尺 丘陵地、山地
规划 设计	1:10000~1:50000 1:5000~1:25000	1:50~1:200	1:100~1:500

另外,为了节省纸张和便于阅读,图上的高程可不从零开始,而从一合适的高程值起绘。根据各桩点的里程和高程,将在图上标出的点连成折线,即为渠道纵向的地面线,如图 11-2 所示。

11.1.3.2 渠道横断面测量

横断面是指过中线桩垂直于中线方向的断面。横断面测量的目的是测量中心线上里程桩和加桩处两侧地面高低起伏情况,从而绘成横断面图,作为设计计算的依据。

(1)确定横断面的方向和测量 进行横断面测量时,以中心桩为起点测出横断面方向上相对于中心桩的地面坡度变化点间的距离和高差,就可以确定其点位和高程。横断面施测宽度视渠道大小、地形变化情况而异,一般约为渠道上口宽度的 2~3 倍,或者能在横断面上

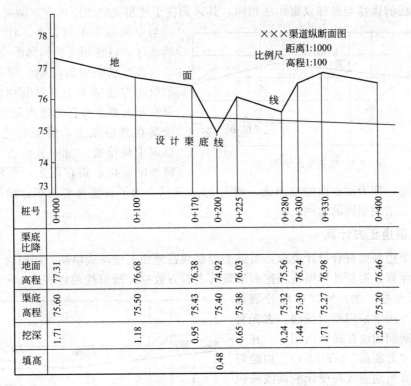

图 11-2 渠道纵断面图绘制

套绘出设计横断面为准，并留有余地。横断面测量要求精度较低，通常距离测至分米，高差测至厘米。其施测的方法步骤如下。

① 横断面方向的确定 常用的方法有方向架法和经纬仪法。

② 测出坡度变化点间的距离和高差。

横断面方向确定后，测定从中桩至左右两侧边坡的距离和高差，根据所用仪器不同，可分为水准仪-皮尺法、经纬仪视距法、全站仪法等。

【方法一】 水准仪-皮尺法

此法适用于施测横断面较宽的平坦地区。在横断面方向附近安置水准仪，以中桩地面高程点为后视，中桩两侧横断面方向地形特征点为前视，分别测量地形特征点的高程，水准尺读数至厘米。用皮尺分别测量出地形特征点至中桩点的平距，量至分米。测量记录格式见表11-3，表中分左、右侧记录，以分式表示各测段的前视读数和平距。

表 11-3 横断面测量记录表

高差(左侧)距离				中心桩里程高程	高差(右侧)距离			
$\dfrac{1.36}{20.0}$	$\dfrac{0.95}{13.6}$	$\dfrac{0.75}{10.3}$	$\dfrac{0.32}{3.6}$	$\dfrac{0+000}{77.31}$	$\dfrac{0.56}{3.26}$	$\dfrac{0.85}{5.6}$	$\dfrac{0.35}{11.3}$	$\dfrac{1.52}{20.0}$

【方法二】 经纬仪视距法

将经纬仪安置在中桩上，照准横断面方向，量取仪器横轴至中桩地面的高度作为仪器高，用视距测量的方法测量出地形特征点与中桩的平距和高差。该法适用于地形复杂、山坡陡峻路线的横断面测量。

【方法三】 全站仪法

全站仪法的操作与经纬仪视距法相同，其区别在于使用光电测距的方法测量出地形特征点与中桩的平距和高差。在立棱镜困难的地区，可使用无棱镜测距全站仪。

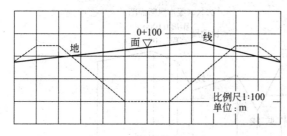

图 11-3 渠道横断面图

（2）横断面的绘制 渠道横断面图的绘制方法基本上与纵断面图相同，根据横断面测量得到的各点间平距和高差，绘制在方格纸上，绘图时先注明桩号，标定中桩位置。由中桩位置开始，逐一将坡度变化点绘在图上，再用直线把相邻点连接起来，即为横断面的地面线，如图 11-3 所示。为了方便计算面积，横断面图上平距和高程一般采用相同的比例尺。

11.1.4 渠道土方计算

为了使渠道断面符合设计要求，渠道工程必须在地面上挖深或填高，同时为了编制渠道工程的经费预算，需要计算渠道开挖和填筑的土石方数量，所填挖的体积以 m³ 为单位，称为土方或土方量。挖、填方量应分别计算，其计算方法常采用断面线法。首先将渠道的设计断面加绘在横断面图上，在工程上常称为"套断面"（图 11-4）。加绘好断面后，计算出地面线与设计断面线所包围的相邻两中心桩的挖、填横断面积，取其平均值，再乘以两断面间的距离，即得两中心桩间的土方量，以公式表示为：

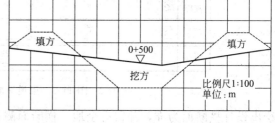

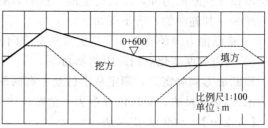

图 11-4 横断面加绘设计断面图

$$V = \frac{1}{2}(A_1 + A_2)D \qquad (11-1)$$

式中 V——两中心桩间的土方量（挖方或填方），m³；

A_1, A_2——相邻两断面的挖方或填方的面积，m²；

D——相邻两断面间的距离，m。

土方计算一般用表格进行（表 11-4），计算时先从纵断面图上查取各中心桩的地面高程、设计高程、填挖数量及各桩横断面图上量算的填、挖面积填入表中，然后求得两中心桩之间的土方数量。

表 11-4 渠道土方计算表

桩号	地面高/m	设计高/m	应填/m	应挖/m	断面面积/m² 填	断面面积/m² 挖	平均断面面积/m² 填	平均断面面积/m² 挖	距离/m	体积/m³ 应填	体积/m³ 应挖	体积/m³ 实挖	土方/m³
0+000	56.92	56.40		0.52	2.60	3.60							
							2.00	3.70	60	120	222	102	222
0+060	56.70	56.30		0.40	1.40	3.80							
							1.70	2.80	40	68	112	44	112
0+100	56.23	56.23	0	0	2.00	1.80							
							3.95	0.90	100	395	90	0	395
0+200	56.06	56.20	0.14			5.90							
							6.15		45	277		0	277

续表

桩号	地面高 /m	设计高 /m	应填 /m	应挖 /m	断面面积/m² 填	断面面积/m² 挖	平均断面面积 /m² 填	平均断面面积 /m² 挖	距离 /m	体积/m³ 应填	体积/m³ 应挖	体积/m³ 实挖	土方 /m³
0+245	55.24	56.17	0.93		6.40								
							4.50	0.60	35	158	21	0	158
0+280	56.37	56.15		0.22	2.60	1.20							
							2.70	1.00	20	54	20	0	54
0+300	56.30	56.10		0.20	2.80	0.80							
							2.80	1.90	100	280	190	0	280
0+400	56.00	56.00	0	0	2.80	3.00							
							3.20	2.60	100	320	260	0	320
0+500	55.67	55.90	0.23		3.60	2.20							
							3.50	2.50	50	175	125	0	175
0+550	55.72	55.85	0.13		3.40	2.80							
								总计		1847	1040	146	1993

注：土方＝应填＋实挖＝1847＋146＝1993m²

11.1.5　渠道放样

边坡放样的主要任务是：在每个里程桩和加桩点处将渠道设计横断面按尺寸在实地标定出来，以便施工。渠道横断面形式有三种，分别为挖方断面、填方断面和半填半挖断面，如图 11-5 所示。

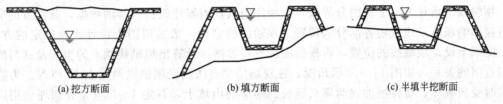

(a) 挖方断面　　　(b) 填方断面　　　(c) 半填半挖断面

图 11-5　渠道断面形式

（1）标定中心桩的挖深或填高　根据纵、横断面图上所计算的各中心桩的挖深和填高数，分别用红油漆标注在中心桩上。

（2）边坡桩放样　为了渠道开挖和填土有所依据，在施工前，应在每个里程桩及加桩的横断面上，将设计横断面上的特征点，用木桩标定出来，这些设计横断面线与原地面线交点的桩称为边坡桩。在实地用木桩标定这些交点桩的工作称为边坡桩放样。

边坡桩的放样数据为各边坡桩到中心桩的水平距离，通常直接从断面图上量取，如图 11-6 所示，从中心桩向左右两侧方向量取相应的数值，即可得到左右内外边桩，在实地打下木桩，然后将两相邻断面上同名木桩用白灰粉连接，即得到开挖线和填土线。为了便于放样和施工检查，一般根据断面图将有关数据制成表格，见表 11-5。

表 11-5　渠道断面放样数据表

桩号	地面高程	设计高程 渠底	设计高程 渠堤	中心桩 填高	中心桩 挖深	中心桩至边坡桩的距离 左外边坡	中心桩至边坡桩的距离 左内边坡	中心桩至边坡桩的距离 右内边坡	中心桩至边坡桩的距离 右外边坡
0+000	77.31	74.81	77.31	…	2.50	7.38	2.78	4.40	
0+060	76.68	74.76	77.26	…	1.92	6.84	2.8	3.65	6.00
0+100	76.31	74.71	77.21	…	1.60	10.32	1.93	2.09	7.33
…	…	…	…	…	…	…	…	…	…

（3）验收测量　为了保证渠道的修建质量，对于较大的渠道，在其修建过程中，对已完

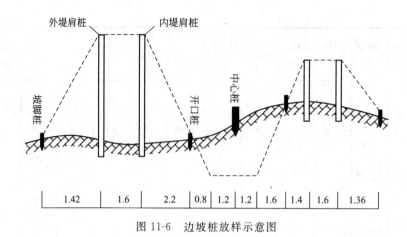

图 11-6   边坡桩放样示意图

工的渠段应进行及时检测和验收测量。渠道的验收测量一般是用水准测量的方法检测渠底高程、有时还需检测渠堤的堤顶高程、边坡坡度等，以保证渠道按设计要求完工。

11.2   混凝土坝施工测量

11.2.1   坝轴线的测设

坝轴线是指坝上、下游的分界线，是坝体与其他附属建筑物放样的依据，其位置的准确性直接影响坝体及建筑物各部分的位置。坝轴线的测设一般采用图上设计实地标定的方法，先在图纸上设计坝轴线的位置，再根据图纸量算数据，计算出坝轴线端点的坐标及其与附近控制点间的关系，如图 11-7 所示角度，在现场用交会法测设坝轴线两端点 M 和 N。为防止施工时受到破坏，需将坝轴线两端点延长到两岸的山坡上，各定 $1 \sim 2$ 点，分别埋桩用以检查端点的位置。

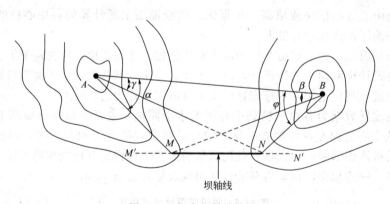

图 11-7   标定坝轴线位置

11.2.2   坝体控制测量

混凝土坝通常采用分层分块的施工方法，每一层中还分跨、分仓（或分段、分块）进行浇筑（图 11-8）。每浇筑一层一块就需要放样一次，坝体细部经常需要用方向线交会法和前方交会法进行放样，为此，需要建立坝体施工控制网，作为坝体放样的定线网。直线型混凝土坝一般采用矩形网。

矩形网是以坝轴线为基准，按施工分段分块的尺寸建立的矩形网。如图 11-9 所示，以

坝轴线 $M'N'$ 为基准，由若干条平行和垂直于坝轴线的控制线组成矩形网，格网尺寸按施工分块的大小而定。

测设时，将经纬仪安置于 M' 点，照准 N' 点，在坝轴线上选定 A，A' 两点，根据这两点用经纬仪拐出 90°角测设出与坝轴线垂直的方向线。由 A，A' 两点开始，分别沿垂直方向按分块的宽度测设出 a，b，c，…以及 a'，b'，c'，…点。最后将 aa'，bb'，cc'，…连线延伸到开挖区外，在两侧山坡上设置 Ⅰ，Ⅱ，Ⅲ…和 Ⅰ′，Ⅱ′，Ⅲ′…放样控制点。然后，在坝轴线方向上，按坝顶高程，找出坝顶与地面相交的 Q 和 Q' 两点，并沿坝轴线按分块的长度测设出坝基点 B，B'，…，通过这些点分布测设与坝轴线相垂直的方向线，

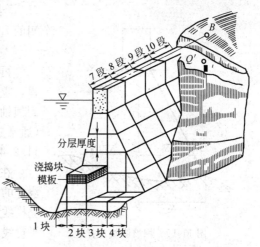

图 11-8 直线型混凝土重力坝

并将方向线延长到上、下游围堰上或山坡上，设置 1，2，…，9 和 1′，2′，…，9′放样控制点。

在测设矩形网时，须用盘左、盘右取平均值的方法测设直角，丈量距离应细心校核以免出现错误。

11.2.3 清基中的放样工作

清基是指对大坝基础进行清理，清除基岩表层松散物。清基开挖线是确定清基的范围界线，其位置要根据坝两侧坡脚线、开挖深度和坡度决定。标定开挖线一般采用图解法。清基之前先测绘出各垂直线方向的断面图（即横断面图），在各横断面图上套绘相应的坝体设计断面定出坡脚点，获得坡脚线和开挖线。如图 11-9 所示，放样时在坝身控制点 1，2，……点上安置经纬仪，瞄

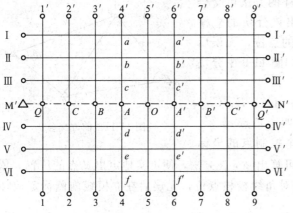

图 11-9 直线型混凝土重力坝矩形网

准对应的 1′，2′，……控制点，在这些方向线上定出该断面基坑开挖点，将这些点连接起来，就是混凝土坝的清基开挖线。清基要有一定的深度，在每次爆破后应及时在基坑内选择较低的岩面测定高程（精确至 cm），并用红漆标明，以便施工和地质人员掌握开挖情况。

11.2.4 坝体立模的放样工作

11.2.4.1 坡脚线的放样

清基完毕可开始坝体立模的浇筑，立模前先找出上、下游坝坡面与基岩的交线（及坡脚线），放样的方法很多，在此主要介绍逐步趋近法。

如图 11-10 所示，要放样坡脚点 t，可先从设计图上查得坡顶的高程 H_C，坡顶距坝轴线的距离 D，若设计的坝面坡度为 $1:m$，可先估计基础面的高程 H_B，则坡脚点距坝轴线的距离可按式（11-2）计算

$$S_1 = D + (H_C - H_B) \cdot m \qquad (11-2)$$

求得距离 S_1 后，由坝轴线沿该断面量一段平距 S_1 得 t_1 点，用水准仪实测 t_1 点的高程

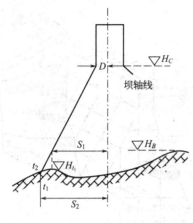

图 11-10 坝坡脚线放样

H_{t_1}，若 $H_{t_1} = H_B$，则 t_1 点即为坡脚点 t。否则应根据实测的 t_1 点高程，再求距离：

$$S_2 = D + (H_C - H_{t_1}) \cdot m \qquad (11\text{-}3)$$

再从坝轴线沿断面量出 S_2 得 t_2 点，并实测 t_2 点高程，重复上面的步骤，逐次接近，直至由量得的坡脚点到坝轴线间的距离与计算所得距离之差在 1cm 以内为止（通常三次趋近即可达到精度要求）。

11.2.4.2 直线型混凝土坝的立模放样

在坝体分块立模时，应将分块线投影到基础面上或已浇好的坝块面上，模板架立在分块线上，因此分块线也称立模线，但立模后立模线被覆盖，还要在立模线内侧弹出平行线，称为放样线。用来立模放样和检查校正模板位置。放样线与立模线之间的距离一般为 0.2～0.5m。

（1）方向线交会法　若已按分块要求布设了矩形坝体控制网，可用方向线交会法，先测设立模线。比如要测设某分块的顶点 d 的位置，可在 4 点安置经纬仪，瞄准 4′点，同时在 Ⅳ 点安置经纬仪，瞄准 Ⅳ′点，两架经纬仪视线的交点即为 d 的位置。在相应的控制点上，用同样的方法可交会出该分块的其他三个顶点的位置，得出该分块的立模线。利用分块的边长及对角线校核标定的点位，无误后在立模线内侧标定放样线的四个角点，如图 11-9 中分块 $cc'd'd$ 内的虚线。

（2）前方交会法　如图 11-11 所示，由 A、B、C 三个控制点用前方交会法先测设某坝块的四个角点 c，c'，d，d'，坐标由设计图纸量算，再由三个控制点的坐标

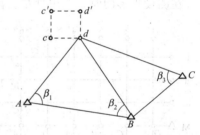

图 11-11　前方交会法

计算出放样数据。比如，要测设 d 点，可算出 β_1，β_2，β_3，便可实地定出 d 点的位置。依次放出 c，c'，d' 各角点，再用分块边长和对角线校核点位，无误后在立模线内侧标定放样的四个角点。

方向线交会法简便易行，放样速度较快，但往往受地形限制，或因坝体浇筑逐步升高，挡住方向线的视线而不便放样，因此实际工作中可根据具体情况结合使用两种方法，也可采用全站仪放样法。

11.3 水闸的放样

水闸是水利水电工程中重要的设施，具有挡水和泄水的作用，一般由闸室和上、下游连接段组成。闸室是水闸的主体，一般由闸门、闸底板、闸墩、岸墙、边墩和翼墙组成（图 11-12）。

水闸的施工放样包括标定闸轴线、水闸底板、闸墩轴线、岸墙轴线和翼墙等主要内容，其中水闸轴线是主要轴线，并以此作为施工放样的平面控制，是其他细部放样的依据。

11.3.1 水闸中心轴线的确定和工程控制的建立

水闸中心轴线的确定，可在水闸设计图上量出轴线端点的坐标，转换成测图坐标后根据坐标反算出它们与邻近控制点各方向之间的夹角，用前方交会法定出其位置。对于独立的小

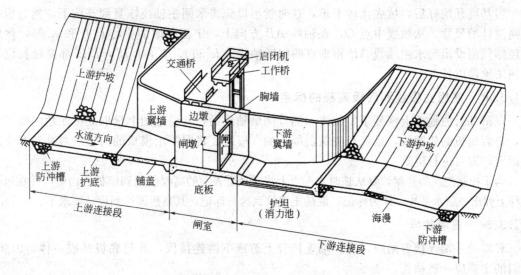

图 11-12　水闸组成示意图

型水闸，也可现场直接选定。水闸中心轴线要与河道中心线或引水渠中心线方向垂直。

图 11-13 中 A、B 是轴线的两个端点。为防止施工时端点不被破坏，在轴线两端点要埋设固定标桩，并加以延长，如 A'，B' 点。轴线端点 A，B 位置确定后，要精密丈量 AB 的长度，并定出轴线中点 O，在 O 点安置经纬仪，测设出与水闸轴线相垂直的 CD 轴线，测设误差应小于 $10''$，C，D 两点应设置在施工地段以外，并用水泥桩作标志。CD 方向应是引水渠中线方向或河道中线方向，如与河道方向相差较大，应根据河流上下游的情况适当调整闸轴线 AB 的位置。

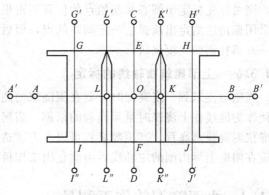

图 11-13　水闸轴线的放样

高程控制采用三等或四等水准测量方法测定。水准点布设在河流两岸不受施工干扰的地方，临时水准点尽量靠近水闸位置。

11.3.2　水闸底板及基坑开挖线的放样

根据设计闸底板的尺寸，由轴线中点 O，沿着 CD 轴线向上、下游各量出底板宽度的一半得 E，F 两点，将经纬仪分别安置在 E，F 点上，测设出与 CD 轴线相垂直的方向线，方向线分别与边墩中线交与 H，I，J，G 四点，即为闸底板的 4 个角点。

水闸基坑开挖线是由水闸底板的边界以及翼墙、护坡等与地面的交线决定。开挖线放样一般采用"套绘断面"的方法量测放样数据。先从水闸设计图上量取底板形状变换点至闸室中心线的平距，在实地沿纵向主轴线（河道中心线）标出这些点的位置，并测绘河床横断面图。再根据设计的底板高程、宽度、翼墙和护坡的坡度在断面图上套绘相应的水闸断面，求得断面上的开挖点至中心线的距离，即可在实地放出这些交点，连成开挖边线。

11.3.3　闸墩轴线和闸墩基础开挖线的放样

闸墩的放样是先放出闸墩中线，再以中线为依据放样闸墩的轮廓线。

当基坑开挖好后，坑底比较平坦，这时就可以先将水闸主轴线恢复到基坑下，然后根据水闸设计的尺寸，从轴线中点 O，在轴线 AB 方向上，定出闸墩的中心点 L 和 K 等，然后用经纬仪测设出与水闸轴线 AB 相垂直的闸墩轴线 $L'L''$ 和 $K'K''$，$L'L''$，$L'L''$ 都要延长设置在施工地段以外。

11.3.4 底板立模线和底板高程的标定

在清基后的地面上恢复了主轴线和测设闸墩轴线后，从设计图上量取底板四角的施工坐标，得到底板的轮廓线，也就是浇筑混凝土的立模线，将混凝土模板的内边线对准轮廓线加以固定，即可进行浇筑。

为了控制浇筑的高度，要从临时水准点上将底板上表面的高程引测到模板的内侧，并在这一高程上弹出一条水平线，作为标记，混凝土浇筑到这一标记，其高程即达到设计要求了。

11.3.5 翼墙放样

翼墙的一端连接着闸墩，另一端连接着上游或下游连接段，并与底板结成一体，因此，它们的主筋应一道结扎。

翼墙基础的形式较多，有矩形、梯形和圆弧形等。对于矩形之类的基础，可以从设计图上求出其转折点相对于主轴线和边墩轴线位置关系，而标定出它们的位置。如果是圆弧形式，则可以先标定出圆心和起始点的位置，再根据地形情况或用其半径以圆心定点划圆弧，或采用偏角法测定出圆弧上一定间距的点，而后连接成圆弧。基础位置标定后在浇筑闸底板时一并绑扎钢筋立模浇筑。

11.3.6 上部建筑物轴线的标定

当闸墩浇筑到一定高度时，要在闸浇筑的侧面用墨线弹出一条高程为整米数的水平线，以便作为继续往上浇筑时量算高程的依据。当闸墩浇筑到顶部最后一层（即盖顶）时，要用水准仪测设顶部高程。其顶部高程可以作为建造上部结构的高程依据。当闸墩浇筑完工后，还应在闸墩上标出闸的主轴线，由此定出工作桥和交通桥的中心线。

11.4 水工隧洞的施工测量

11.4.1 洞外控制测量

洞外控制测量包括平面控制测量和高程控制测量。

洞外平面控制测量常用的方法有：中线法、精密导线法、三角网法和 GPS 测量等。这里主要介绍中线法。

中线法就是将隧道线路中线的平面位置按定测的方法先测设在地表，经核对无误后，才能把地表控制点确定下来。

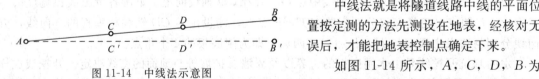

图 11-14 中线法示意图

如图 11-14 所示，A，C，D，B 为 A，B 之间修建隧道定测时中线上的转折点。具体方法为：以 A，B 作为隧道方向控制点，将经纬仪安置在 C' 点上，后视 A 点，正倒镜分中定出 D' 点；再置镜 D' 点，正倒镜分中定出 B' 点。若 B' 和 B 不重合，可量出 $B'B$ 的距离，则

$$D'D = \frac{AD'}{AB'} \cdot B'B \tag{11-4}$$

自 D' 点沿垂直于线路中线方向量出 $D'D$ 定出 D 点，按相同方法也可定出 C 点。再将经纬仪分别安在 C、D 点上复核，证明该两点位于直线 AB 的连线上时，即可将控制点确定下来。

11.4.2　隧洞施工测量

11.4.2.1　掘进方向的测设

当导坑从最前面一个临时中线点继续向前掘进时，在短距离时可采用"串线法"延伸中线。在临时中线点前或后用仪器再设置两个中线点，其间距不小于 5m。串线时可在这三个点上挂垂球线，先检验三点是否在一直线上，可用肉眼瞄直，在工作面上给出中线位置，指导掘进方向。当串线延伸长度超过临时中线点的间距时，则应设立一个新的临时中线点。

若用激光导向仪，将其挂在中线洞顶部来指示开挖方向，可以定出 100m 外的中线点。

11.4.2.2　腰线的测设

在隧洞施工中，为随时控制洞底的高程和进行断面放样，通常在隧洞侧面岩壁上沿中线前进方向每隔一定距离（5～10m）标出比洞底设计地坪高出 1m 的抄平线，称为腰线，腰线和隧洞底设计地坪高程是平行的。

洞内测设腰线的临时水准点应设在不受施工干扰、点位稳定的边墙外，每次引测时都要和相邻点检核，确保无误。

11.4.2.3　开挖断面的放样

开挖断面的放样是在中垂线和腰线基础上进行的，包括两侧边墙、拱顶、底板三部分。根据设计图纸给出的断面宽度、拱脚和拱顶的标高、拱曲线半径等数据放样，常采用断面支距法测设断面轮廓。

11.4.3　洞内控制测量

11.4.3.1　平面控制测量

由于洞内场地狭窄，短的隧道采用中线法，即用经纬仪在地面将路线中线标定出来，直线段用正、倒镜法标定；曲线段则可按曲线测设方法进行。长隧道可采用全站仪布设导线作为平面控制依据。导线控制的方法较中线形式灵活，点位易于选择，测量工作也较简单，且具有多种检核方法。

11.4.3.2　高程控制测量

洞内高程测量通常采用水准测量或光电三角高程测量方法。采用水准测量时，应往返观测，视线长度不宜大于 50m；采用光电三角高程测量时，应进行对向观测。另外，洞内高程点作为施工高程的依据，必须定期复测。当隧洞贯通后，求出相向两支水准的高程贯通误差，并在未衬砌地段进行调整。所以开挖、衬砌工程应以调整后的高程指导施工。

11.4.4　竖井联系测量

在隧洞施工中，为了缩短工期，减少施工干扰，除了隧道进、出口两个开挖面外，常设置一些竖井、斜井等，以增加开挖面。为使洞内与洞外采用统一的坐标系统需要进行联系测量。联系测量包括平面联系测量和高程联系测量两方面，这里主要介绍竖井的联系测量。

11.4.4.1　平面联系测量

平面联系测量又称定向。如图 11-15 所示，在竖井内悬挂两根钢丝，将地面的坐标和边的方位角传递到井下，该工作分为投点和连接两个部分。

（1）投点　投点是以井筒中悬挂的两根钢丝形成的竖直面将井上的点位和方位角传递到井下。通常情况下，两垂线间的距离一般不超过 3～5m。

（2）连接　连接测量分为地面连接测量和井下连接测量两部分。地面连接测量是在地面

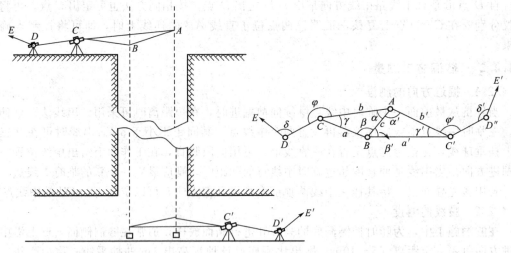

图 11-15　平面联系测量

测定两钢丝的坐标及其连线的方位角；井下连接测量是在定向水平根据两钢丝的坐标及其连线的方位角确定井下导线起始点的坐标与起始边的方位角。

11.4.4.2　高程联系测量

高程联系测量又称导入标高，目的是建立井上、下统一的高程系统。竖井高程联系测量主要有钢尺法、钢丝法和光电测距法。

（1）钢尺法　如图 11-16 所示，在地面向井下自由悬挂一根钢尺，末端挂上重锤。在井上、下各安置一架水准仪，A、B 水准尺上读数分别为 a、b，照准钢尺，井上、下同时读数为 N_1、N_2。

则井下水准基点 B 的高程为 $H_B = H_A + a - b - (N_1 - N_2)$。

为检核和提高精度，导入标高应进行两次，误差不得大于井筒深度的 1/8000。

（2）光电测距法高程联系测量　如图 11-17 所示，在井口附近的地面上安置光电测距仪，在井口和井底分别安置反射镜。井口反射镜与水平面成 45°角，井下反射镜水平。通过测距仪分别测出仪器中心至井上反射镜的距离为 l，至井下反射镜的距离 s，则井上、下反

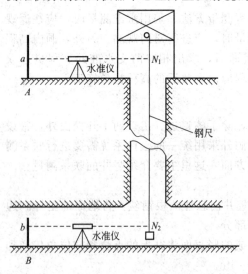

图 11-16　钢尺高程联系测量

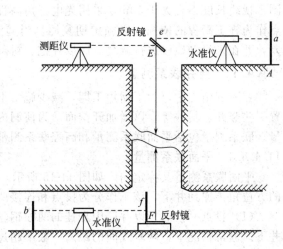

图 11-17　光电测距法高程联系测量

射镜的铅垂距离为 $H=s-l+\Delta l$，Δl 为仪器的总改正数。

　　分别在井上、下安置水准仪。测出井上反射镜中心与地面水准基点间的高差和井下反射镜中心与井下水准基点的高差，从而计算出井下水准基点 B 的高程：

$$H_B=H_A+h_{AE}-h_{FB}-H,\quad h_{AE}=a-e,\quad h_{FB}=b-f$$

本章小结

　　本章以渠道、混凝土坝、水闸以及水工隧洞等常见典型的水利工程建构筑物为对象，详细介绍了水利水电工程测量的基本知识。

　　1. 渠道测量工作主要包括渠道中线测量、纵横断面测量、渠道土方计算以及渠道放样。

　　2. 混凝土坝测量工作包括坝轴线的测设、坝体控制测量、清基和坝体立模放样。

　　3. 水闸施工测量包括水闸中心轴线测设、施工控制网的建立、水闸底板及基坑开挖线的放样、闸墩轴线和基础开挖线的放样、底板立模线及高程的测定、翼墙的放样等工作。

　　4. 水工隧洞的施工测量包括洞外、洞内控制测量，隧洞施工测量以及竖井联系测量。

思 考 题

1. 在渠道选线时，应该考虑哪些主要事项？
2. 渠道中线测量包括哪些工作内容？如何进行？
3. 如何进行渠道的纵横断面测量？
4. 如何进行混凝土坝坝身的控制测量？
5. 混凝土坝清基开挖线的放样和坝脚线放样有什么区别？
6. 坝轴线及闸线是怎样确定和测设的？
7. 如何进行竖井联系测量？

第 12 章 民用建筑施工测量

施工测量是建筑工程测量的任务之一。本章主要内容包括建筑场地的施工控制测量、建筑物施工测量、地下管道工程测量、建筑物的变形监测、工程竣工总平面图绘制。

12.1 概述

建筑物是指供生活、学习、工作、居住及从事生产和文化活动的房屋，按用途可分为民用建筑、工业建筑和农业建筑三大类。本章主要讲解民用建筑施工测量的基本工作。

12.1.1 施工测量的资料准备

建筑施工测量前，应准备好下列资料：总平面图，建筑物的设计与说明，建筑物或构筑物的轴线平面图，建筑物基础平面图，设备基础图，土方开挖图，建筑物结构图，管网图。另外，还要收集施工测量所需的已知控制点数据。

12.1.2 施工测量的主要内容

建筑工程施工测量包括工程施工准备阶段的测量工作、施工过程中的测量工作和竣工测量。建筑施工测量的主要内容如下。

（1）建立施工控制网 为了把设计的各个建筑物的平面位置和高程以一定的精度测设到地面上，使其能相互连成统一的整体，必须在施工前建立施工控制网。

（2）建筑物的放样 在施工期间，要根据施工进度要求把图纸上建筑物的平面位置和高程按设计要求测设到地面上或相应的施工部位，作为施工时的依据。

（3）建筑物构件的安装测量 在施工期间，如预制柱的安装测量等。

（4）检查验收测量 在每个施工工序完成后，都必须通过测量来检查各部件的实际尺寸、位置和高程是否符合设计要求。实测的验收记录、编绘资料和竣工图作为验收时鉴定工程质量的依据。

（5）变形观测 根据施工的进展情况，要测定建筑物在水平和高程方面产生的位移和沉降，收集和整理各种变形资料，为工程验证和确保建筑物安全使用提供资料。

12.1.3 施工测量的主要技术要求

我国《工程测量规范》（GB 50026—2007）对工业与民用建筑物的施工放样的主要技术指标见表 12-1。

表 12-1　建筑物施工放样的主要技术指标

建筑物结构特征	测距相对中误差	测角中误差/″	在测站上测定高差中误差/mm	根据起始水平面在施工水平面上测定高程中误差/mm	竖向传递轴线点中误差/mm
金属结构、装配式钢筋混凝土结构、建筑物高度 100～120m 或跨度 30～36m	≤1/20000	5	1	6	4
15 层房屋、建筑物高度 60～100m 或跨度 18～30m	≤1/10000	10	2	5	3

续表

建筑物结构特征	测距相对中误差	测角中误差/″	在测站上测定高差中误差/mm	根据起始水平面在施工水平面上测定高程中误差/mm	竖向传递轴线点中误差/mm
5～15 层房屋、建筑物高度 15～60m 或跨度 6～18m	≤1/5000	20	2.5	4	2.5
5 层房屋、建筑物高度 15m 或跨度 6m 以下	≤1/2000	30	3	3	2
木结构、工业管线或公路铁路专用线	≤1/2000	30	5	—	—
土工竖向整平	≤1/1000	45	10	—	—

注：1. 对于具有两种以上特征的建筑物，应取要求高的中误差。
　　2. 特殊要求的工程项目，应根据设计对限差的要求，确定其放样精度。

12.2　建筑场地的施工控制测量

　　根据"先整体后细部"的放样原则，在建筑场地内应先进行施工控制测量，建立满足工程施工放样精度要求的施工控制网。施工控制网可利用原有的测图控制网。如果原有测图控制网的控制点在分布、密度和精度上难以满足施工测量放样的要求，或者原测图控制点多数已被破坏，则应在建筑场地上重新建立施工控制网。

　　施工控制网分为平面控制网和高程控制网。对于面积不大、地势平坦的建筑场地，平面控制网可采用导线和建筑基线；对于大中型的建筑区通常采用建筑方格网。

12.2.1　平面施工控制网

12.2.1.1　建筑基线

　　在地势较平坦、面积不大的建筑场地上，布设一条或几条基准线，作为施工测量的平面控制，称为建筑基线。建筑基线的布设，应根据建筑物的分布、场地的地形和原有测量控制点的情况而定。基线应靠近主要建筑物，并与其轴线平行，以便采用直角坐标法进行放样。通常建筑基线可以布设成如图 12-1 所示形式：(a) 三点直线形；(b) 三点直角形；(c) 四点丁字形；(d) 五点十字形。

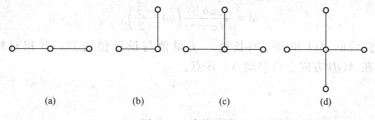

　　　(a)　　　　　　　　(b)　　　　　　　　(c)　　　　　　　　(d)

图 12-1　建筑基线

　　为了便于检查建筑基线点位有无变动，要求其基线点数不得少于三个。相邻基线点要相互通视，边长一般为 100～200m，点位应不易受施工破坏，便于保存。将设计的建筑基线测设到建筑场地上，可根据建筑场地已有的控制点，采用极坐标法、角度交会法或全站仪测设法等。测设前应将建筑基线点的施工坐标换算为测量坐标，反算出测设数据，然后再进行实地测设工作。

　　如图 12-2 所示，根据控制点 P、Q，可采用极坐标法测设出 A、O、B 三个建筑基线点。然后将经纬仪安置于 O 点，观测角度 $\angle AOB$，要求观测角值与 90° 之差应小于 10″。再用钢

尺丈量 OA、OB 两段的长度，其测量值与设计长度比较，相对误差应小于 1/2000，否则应进行必要的调整。

12.2.1.2 建筑方格网

在大中型的建筑场地上，建筑工业厂房时，通常建立由正方形或矩形格网组成的施工控制网，称为建筑方格网。布设建筑方格网是根据建筑设计总平面图上各建筑物、构筑物及道路和各种管线的位置，结合施工场地的实际情况，选定方格网的主轴线。如图 12-3 所示，图中 MON 和 COD，即为方格网的主轴线，它是建立建筑方格网的基础。

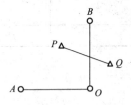

图 12-2 建筑基线测设

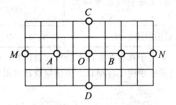

图 12-3 建筑方格网主轴线

(1) 布设建筑方格网的基本要求

① 应清理布网场地，便于量距；

② 方格网的主轴线应位于厂区的中部，且与总平面图上的主要建筑物轴线平行；

③ 方格网的边长一般为 100~200m，相邻方格网点之间应通视良好；

④ 方格网点应埋设坚固标石，便于长期保存；

⑤ 方格网的交角与理论值之差不应大于 10″；

⑥ 方格网边长的相对精度不应低于 1/10000。

(2) 方格网主轴线的测设

① 根据已有测量控制点计算出测设数据如图 12-4 所示，将主轴线上的 AOB 的设计施工坐标换算为测量坐标，然后再反算出测设数据。图 12-4 中的 β_1，β_2，β_3 和 d_1，d_2，d_3 为测设数据；E_1，E_2，E_3 为测量控制点。

② 测设主轴线 AOB 如图 12-5 所示，根据 E_1，E_2，E_3 测量控制点，用极坐标法初步定出 A'，O'，B' 点，$A'O'$ 和 $B'O'$ 的长度分别为 a，b，然后安置经纬仪于 O' 点，测出 β 角。如果它与 180° 之差大于 10″，可按图 12-5 中箭头所示方向移动 A'，O'，B' 点。其移动量为 δ

$$\delta = \frac{ab}{\rho''(a+b)}\left(90 - \frac{\beta}{2}\right) \tag{12-1}$$

③ 丈量调整后的 AO 和 BO 的长度 丈量值与设计值之差，其相对精度应不大于 1/10000，否则在 AOB 方向上再移动 A，B 点。

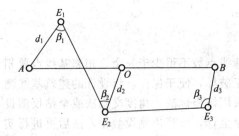

图 12-4 方格网主轴线的放样

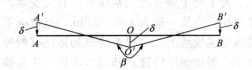

图 12-5 横轴线精确放样

④ 测设主轴线 COD 将经纬仪安置于 O 点，照准 A 点，分别向左右各转 90°，并在经

纬仪视线方向上，分别丈量 L_1 和 L_2，定出 C' 和 D'，精确测量出 AOC' 和 AOD'，它们与 90°的差值为 ε_1，ε_2，若超过 $10''$，则按下式计算出改正值 Δ_1、Δ_2。

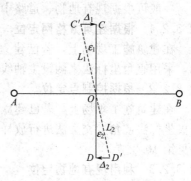

$$\left.\begin{array}{c}\Delta_1 = L_1\dfrac{\varepsilon''_1}{\rho''}\\[2mm]\Delta_2 = L_2\dfrac{\varepsilon''_2}{\rho''}\end{array}\right\} \qquad (12\text{-}2)$$

如图 12-6 所示，将 C' 和 D' 点分别沿垂直于 OC'、OD' 方向移动 Δ_1 和 Δ_2 得 C、D 点，并丈量 CO、DO 的长度，与 L_1 和 L_2 比较，以资检核。

图 12-6　纵轴线精确放样

（3）方格网测设

① 如图 12-3 所示，从主轴线交点 O 起，分别沿纵、横轴线，用精密测设距离的方法，依次测设各方格网的边长，定出主轴线上各方格网点的位置。

② 将两架经纬仪分别安置在位于纵、横主轴线上的各方格网点上，精确测设 90°角，交会不在主轴线上的各方格网点，并埋设标石。

③ 将经纬仪分别安置在所交会出的方格网点上，检查各方格网的交角，其角值与 90°之差不应大于 $10''$。

④ 用钢尺精确丈量相邻两方格网的边长，其长与设计长度之差应满足设计的精度要求。

12.2.2　施工高程控制

建筑基线的桩点或建筑方格网点可作为施工场地的高程控制点，也可在施工现场测设专用水准点。水准点的密度要大些，使其与建筑物的距离只需安置一次仪器就可测出需要测设的高程。高程控制点要按四等水准测量的要求严格施测，并且与国家高程控制点连测，以便使高程与国家高程系统一起来。

为了施工放样的方便，在每栋较大的建筑物附近，还需测设±0 水准点。其位置多选在较稳定的建筑物的墙上或柱的侧面，用红漆画成上边为水平线的三角形（▼）形状。

12.3　建筑物的施工测量

12.3.1　准备工作

① 熟悉设计图纸　设计图纸是施工测量的依据。在测设前，应从设计图纸上了解施工的建筑物与相临地物的相互关系，以及建筑物的尺寸和施工要求等，仔细核对各设计图纸的尺寸，以免出现差错。

② 现场踏勘　目的是了解现场的地物、地貌和原有测量控制点的分布情况，调查与施工测量有关的问题。对施工控制点、水准点要进行检核，获得正确的测量起始数据和点位。

③ 制定测设方案　根据设计要求、定位条件、现场地形和施工方案等因素，制订施工放样方案，即确定适宜的放样方法。

④ 准备测设数据　根据施工控制点和设计坐标计算出必要的放样数据，从图纸上查取房屋内部的平面尺寸和高程数据。建筑物放线所依据的设计图纸有总平面图、建筑平面图、基础平面图、基础详图（即基础大样图）、立面图和剖面图等。

12.3.2　建筑物的定位

建筑物的定位是把建筑物外廓的轴线交点测设在地面上，然后再根据这些点进行细部测设。一般可根据现有地物、道路中心线和建筑方格网等测设。

12.3.2.1　根据建筑方格网定位

在建筑施工现场上，若已建立建筑方格网或建筑基线，可根据建筑物各角点的设计坐标，采用直角坐标法来测设主轴线。

12.3.2.2　根据控制点定位

在建筑施工现场上，若已建立施工平面控制网，根据建筑物主轴线点的设计坐标，可采用极坐标法或角度交会法进行放样，也可以采用全站仪测设法或 GPS-RTK 测设法，具体方法见第 10.3 节。

12.3.2.3　利用现有地物定位

在设计总平面图上，往往给出拟建建筑物与现有建筑物或道路中心线的位置关系数据，可依据这些关系数据测设建筑物的主轴线。

（1）利用现有建筑物定位　如图 12-7 所示，在总平面图上给出拟建楼房与已建房屋两墙的外缘间距为 5m，两建筑物互相平行，主轴线 $QM=PN=20$m，$QP=MN=12$m。定位时，首先延长已有房屋东、西墙的外边线，量一等距离 d 得 A、B 两点，将经纬仪安置在 A 点上，瞄准 B 点，并从 B 沿 AB 方向量出 $d_1=5.25$m 得 C 点（楼房外墙设计宽 0.5m，轴线离外墙皮 0.25m），再继续量 20m 得 D 点，然后将经纬仪分别安置在 C、D 两点上，后视 A 点并左转 90°沿视线方向量出距离 $d'(d'=d+0.25$m）得 M、Q 两点，再继续量出 12.00m 得 N、P 两点。M、N、P、Q 四点即为楼房外廓定位轴线的交点。最后，检查 NP 的距离是否等于 20m，$\angle MNP$ 和 $\angle NPQ$ 是否等于 90°，距离相对误差应小于 1/2000，角度误差应小于 $1'$。各轴线交点测设后，打上木桩并钉一小钉表示其点位。

若拟建建筑物与已有建筑物是前后平行或垂直关系，可采用类似的方法进行定位。

（2）利用道路中心线定位　如图 12-8 所示，拟建建筑物的主轴线平行于道路中心线。测设时，先找出道路的中心线 MN，根据设计数据 d_1、d_2 按照距离放样方法确定出 P、Q 点，然后按角度放样方法在路中心线 P、Q 点作垂线 PC、QB，再按设计的距离，在地面上截取相应长度，便得主轴线 AB 和 CD。

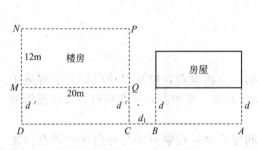

图 12-7　利用现有建筑物定位

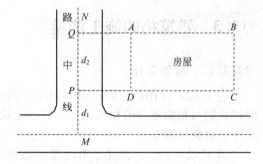

图 12-8　利用道路中心线定位

此外，还可利用其他明显地物点（如电杆、独立树）采用距离交会法进行建筑物定位。

12.3.3　建筑物的轴线控制

在建筑物的主轴线测设之后，就可详细测设建筑物其他各轴线交点的位置，并用木桩（桩顶钉小钉）标定出来，叫做中心桩。然后，根据中心桩的位置和基础平面图标明的尺寸撒出基槽边界线。

施工挖槽时，由于轴线交点中心桩将被挖掉，所以在挖槽前要把各轴线延长到槽外，并做标志，作为挖槽后各阶段施工中恢复轴线的依据。这项工作称为轴线控制。轴线控制的方法有龙门板和轴线控制桩两种。

12.3.3.1　龙门板测设

　　龙门板适合小型的建筑物测设。如图 12-9 所示，在建筑物四角和隔墙两端基槽外 1～2m 处，设置与其平行的大木桩，叫做龙门桩。龙门桩要钉得牢固、竖直，桩面与基槽平行。

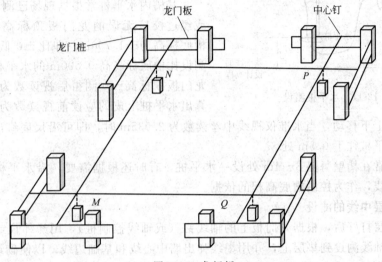

图 12-9　龙门板

　　根据高程控制点，在每个龙门桩上测设出室内地坪的 ±0m 标高线，也可测设比 ±0m 高或低一定数值的标高线。同一建筑物只选一个标高，若地形起伏较大选用两个标高时，一定要标注清楚。沿桩上 ±0m 标高线钉设水平的木板，叫做龙门板，使其上缘正好为 ±0m，并用水准仪校核。

　　用经纬仪或线绳将墙或柱的中心线引测到龙门板顶面上，用小钉做标志（称为中心钉），并用钢尺沿龙门板顶面实量各钉间隔，检查是否正确，作为测设校核。当校对无误后，以中心钉为准，将墙宽、基础宽标在龙门板上，作为以后施工的依据。在测设龙门板和中心钉时，龙门板高程的限差为 ±5mm，中心钉的误差应小于 ±5mm。钢尺检查中心钉之间的距离，其精度应达到 1/2000～1/5000。

　　龙门板应注记轴线编号。龙门板使用方便，但占地大、影响交通，在机械化施工时，一般设置轴线控制桩。

12.3.3.2　轴线控制桩测设

　　轴线控制桩设置在基槽外基础轴线的延长线上，作为开槽后各施工阶段确立轴线位置的依据。根据施工场地的条件，确定轴线控制桩离基槽外边线的距离。如附近有已建的建筑物，也可将轴线投设在建筑物的墙面上，用红油漆做上标志。

　　测设轴线控制桩，如图 12-10 所示，在各轴线的延长线上打两个木桩，桩顶钉上小钉表示轴线的方向。为了保证轴线控制桩的精度，施工中将控制桩与定位桩一起测设；有时可先测设控制桩，再测设定位桩。

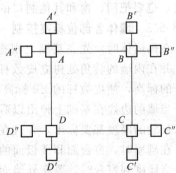

图 12-10　轴线桩

12.3.4　基础施工测量

12.3.4.1　基槽（或基坑）抄平

　　在施工中，基槽（或基坑）是根据基槽灰线破土开

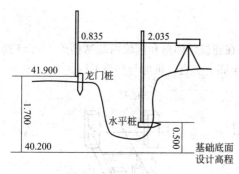

图 12-11　水平桩测设

挖的，当挖土快到槽底设计标高时，应在基槽壁上测设离基槽底设计标高为某一整数（如0.500m）的水平桩（俗称平桩），如图 12-11 所示，用以控制基槽深度。

基槽内水平桩常根据现场已测好的±0 标志或经过校核无误的龙门板顶标高测设。例如，槽底标高为−1.700m，即比±0 低 1.700m，为测设比槽底标高高 0.500m 的水平桩，首先引用龙门板顶标高±0 测得后视读数为 0.835m，计算出水平桩上皮的应读前视读数为 2.035m。立尺于槽壁，并上下移动，当水准仪视线中丝读数为 2.035m 时，即可沿尺底钉出水平桩。槽底就在距此水平桩往下 0.5m 处。

施工时，常在槽壁每隔 3~4m 处设一水平桩，有时还根据需要，沿水平桩上皮在槽壁上弹出水平墨线，作为控制槽底高程的依据。

12.3.4.2　垫层中线的测设

在基础垫层打好后，根据龙门板上的轴线钉（或轴线控制桩），用经纬仪或用拉绳挂锤球的方法，把轴线测设到垫层上，并用墨线弹出墙中心线和基础边线，以便砌筑基础。由于整个墙身砌筑物以此线为准，所以要严格校核后方可进行砌筑施工。

12.3.4.3　基础标高的控制

房屋基础墙（±0 以下的砖墙）的高度是利用基础皮数杆来控制的。基础皮数杆是一根木制的杆子，在杆上事先按照设计尺寸，将砖、灰缝厚度画出线条，并标明±0 和防潮层的标高位置。立皮数杆时，可先在立杆处打一木桩，用水准仪在木桩侧面定出一条高于垫层标高某一数值（如 10cm）的水平线，然后将皮数杆高度与其相同的一条线与木桩上的水平线对齐，并用大铁钉把皮数杆与木桩钉在一起，作为基础墙的标高依据。

基础施工结束后，应检查基础面的标高是否符合设计要求（也可检查防潮层）。方法是用水准仪测出基础面上若干点的高程，将其与设计高程进行比较，允许误差为±10mm。

12.3.5　墙体施工测量

12.3.5.1　墙体定位

根据轴线控制桩，或者龙门板上的轴线和墙边线标志，用经纬仪或用拉细线绳挂锤球的方法将轴线投测到基础面或防潮层上，然后用墨线弹出墙中线和墙边线。检查外墙轴线交角是否等于 90°，符合要求后，把墙轴线延伸并画在外墙基础上，作为向上投测轴线的依据。同时，也要把门、窗和其他洞口的边线在外墙基础立面上画出。

12.3.5.2　墙体各部位标高控制

在砌墙体时，先在基础上根据定位桩（或龙门板上的轴线）弹出墙的边线和门洞的位置，并在内墙的转角处树立皮数杆，每隔 10~15m 立一根。在立杆时，要用水准仪测定皮数杆的标高，使皮数杆的±0 标高与房屋的室内地坪标高相吻合。

当墙的边线在基础上弹出以后，就可根据墙的边线和皮数杆砌墙。在皮数杆上，每一皮砖和灰缝的厚度都要标出，并且在皮数杆上还要画出窗台面、窗过梁及梁板面等的位置和标高。在砌墙时，窗台面和楼板面的标高都是用皮数杆来控制的。

当墙砌到窗台时，要在外墙面上根据房屋的轴线量出窗的位置，以便砌墙时预留窗洞的位置。一般在设计图上的窗口尺寸比实际窗的尺寸大 2cm，因此只要按设计图上的窗洞尺寸砌墙即可。

当墙砌到窗台时，要在内墙面上高出室内地坪 15~30cm 的地方用水准仪测出一条标高线，并用墨线在内墙面的周围弹出标高线的位置。这样在安装楼板时，可以用这条标高线来检查楼板底面的标高。使底层的墙面标高都等于楼板的底面标高后，再安装楼板。同时，标高线还可以作为室内地坪和安装门窗等标高位置的依据。

楼板安装好后，二层楼的墙体轴线是根据底层的轴线，用锤球先引测到底层的墙面上，然后再用锤球引测到二层楼面上。在砌二层楼的墙时，要重新在二层楼的墙角处立皮数杆，皮数杆上的楼面标高位置要与楼面的标高一致，这时可以把水准仪放在楼板面上进行检查。同样，当墙砌到二层楼的窗台时，要在二层楼的墙面上用水准仪测定出一条高出二层楼面 15~30cm 的标高线，以控制二层楼面的标高。

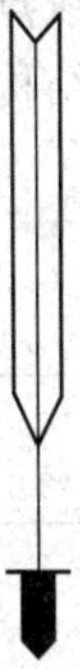

12.3.5.3　墙的竖直度控制

图 12-12　托线板

墙的竖直度常用托线板进行校正，如图 12-12 所示，把托线板的侧面紧靠墙面，看托线板上的锤线是否与板的墨线对准，如果有偏差，可校正砖的位置。

12.4　高层建筑物的施工测量

随着我国城市建设事业的发展，现代城市的高层建筑物日益增多。高层建筑物由于层数多、高度大，多采用现场浇筑或装配式框架结构，施工机械化程度高。施工测量中，对建筑物各部位的水平位置、竖直度、中线间距和标高精度要求都很高；而施工现场往往比较狭窄，受干扰大，给施工放线带来很大困难。因此，高层建筑物的施工测量方法不同于一般的测量方法。

12.4.1　基础定位与矩形控制网的设置

高层建筑物各部位的放样精度要求较高，因此根据设计资料及现场已有控制点的情况，首先标定主轴线的位置，然后再设置矩形控制网。以主轴线和矩形控制网为依据，测设出其他轴线。轴线的延长线都要设置牢固的控制桩，以防受破坏。

如图 12-13 所示，mm' 和 nn' 为主轴线，STQR 为矩形控制网，①—①、②—②、③—③、④—④为外墙轴线。当基础砌筑完之后，用经纬仪将轴线投测到建筑物的底部，并作出标志。如图 12-13 中 A_0、B_0 等。

每一层层面上的各种构筑物的位置，是以由地面投测上来的轴线为依据标定的。一般的高层建筑物，要将主轴线和外墙的轴线投测到各层的层面上。

12.4.2　轴线投测

随着建筑物砌筑的升高，可利用经纬仪投测法、吊垂球法和激光铅垂仪法将轴线点向上投测。

12.4.2.1　经纬仪投测法

将经纬仪安置在轴线控制桩上，用正倒镜观测方法向上投测。当建筑物砌筑到一定高度以后，望远镜的仰角过大，操作困难且投测精度降低。对此，可在轴线的延长线上增加轴线控制桩，在远处的控制桩上安置经纬仪投测。如附近原有的高层建筑物可以利用，也可将轴线投测到原有建筑物上。再利用原有建筑物上的投测点向高层投测。

当场地狭小无法延长轴线时，可采用侧向借线法。如图 12-14 所示。将建筑物底层的轮廓轴线向外侧平移一段距离，$AA'=BB'=d$（称为借线距离），然后将经纬仪安置在 A' 点，后视 B' 点，固定照准部，抬高望远镜的竖丝，并指挥上层伸出的横尺向里或向外移动，当望远镜的竖丝对在尺上的零刻划，由零向内等于 d 的刻划处即为轴线点 b 的位置。一个层面上的轴线点定位后，要丈量它们之间的距离，以校核投测有无差错，然后再以它们为依据标定其他结构的位置。

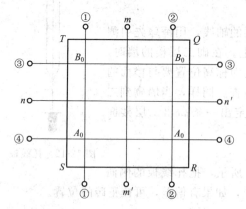

图 12-13 矩形控制网与主轴线测设

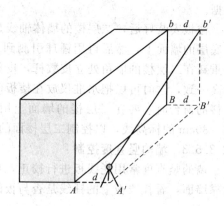

图 12-14 侧向借线法投点

12.4.2.2 吊垂球法

通常在 50m 以下高层建筑物施工中，可用直径 $0.5\sim0.8$mm 的钢丝悬挂 $10\sim20$kg 重的大垂球，逐层将基础轴线点向上投测。利用这种方法投测轴线点，在施工时各层相应于轴线点处都要留一个 200mm×200mm 的传递孔（称为口子），以便投测时拉引钢丝。

12.4.2.3 激光铅垂仪法

激光铅垂仪是定位的专用仪器，具有定位精度高、操作方便等优点。安置激光铅垂仪于地面轴线上，向上发射激光束，移动上部设置的接收靶，当靶心与激光束重合后，将接收靶固定，即得投测点的位置。目前，高层建筑物多采用滑模施工，滑模施工大都采用激光铅垂仪投测轴线点。

12.4.3 高程传递

高层建筑物上部的高程通常采用下述两种方法向上传递。

（1）直接丈量法 根据施工场地上的水准点，测出底层的±0 标高点。从±0 标高点起沿建筑物的外墙或边柱向上丈量，一幢高层建筑物至少从三个底层±0 标高点向上丈量。传递上去的几个标高点，要用水准仪进行检测，其误差不得大于 3mm。

（2）悬吊钢尺法 此法是在地面上和建筑物的高处，各安置一台水准仪，同时在悬吊的钢尺上读数，从而把高程传递到上部（见本书第 10.2 节）。在施测前，要在建筑物上部选择几个高程点，将高程传递上去后，就可依据这些高程点测设其他需要测设的高程。

12.5 地下管道施工测量

地下管道工程主要包括给水、排水、热力和其他管道等。在管道工程建设中，测量工作的主要内容为：一是为设计提供管道线路纵横断面资料；对于大中型管道工程还要提供线路带状地形图资料；二是按设计要求将管道位置敷设于实地。

12.5.1 地下管道施工测量的任务

管道施工测量的主要任务，就是根据设计要求，结合工程的施工进度情况，为施工测设各种标志,为施工人员随时提供中心线方向和标高位置。

为确保工程进度和工程质量,首先,根据规划设计图纸确定管道中线的位置并给出定位的数据,即管道的起点、转向点及终点的坐标和高程。然后将图纸上所设计的管道中线进行实地测设标定,作为施工的依据。

施工前,要收集管道测设所需要的管道平面图、断面图、附属构筑物图以及有关资料,熟悉和核对设计图纸,了解测设精度要求和工程进度安排,深入施工现场熟悉地形,找出中心线上各桩点的位置。若在设计阶段地面上标定的中线位置就是施工时所需的中线位置,且各桩点完好,则仅需校核一次,不重新测设。若有部分桩点丢损或施工的中线位置有所变动,则应根据设计资料重新恢复旧点或按改线资料测设新点。

为了在施工过程中便于引测高程,应根据设计阶段布设的水准点,在管道中心线附近采用水准测量方法每隔约150m增设临时水准点。

12.5.2 地下管道放线测设

地下管道工程放线包括测设施工控制桩和槽口放线。

12.5.2.1 测设施工控制桩

在施工时,中线上的各桩将被挖掉,应在不受施工干扰、便于引测和保存的地方测设施工控制桩,用以恢复中线;测设地物位置控制桩,用以恢复管道附属构筑物的位置,如图12-15所示。

中线控制桩的位置,一般是测设在管道起止点及各转点处中心线的延长线上;附属构筑物控制桩则测设在管道中线的垂直线上。

12.5.2.2 槽口放线

管道中线控制桩定出后,就可根据管径大小、埋设深度以及土质情况,决定开槽宽度,并在地面上钉上边桩,然后沿开挖边线撒出灰线,作为开挖的界线。如图12-16所示,若横断面上坡度比较平缓,开挖宽度可用下列公式计算。

$$B = b + 2mh \tag{12-3}$$

式中,b 为槽底宽度;h 为中线上的挖土深度;m 为管槽放坡系数。

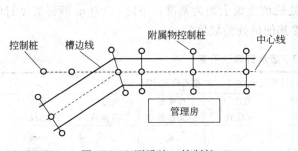

图 12-15　测设施工控制桩

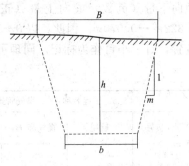

图 12-16　槽口放线

若横断面上坡度不均匀,挖土深度较大且槽边坡不一致时,应根据实际横断面情况和设计坡度进行计算,确定开槽宽度。

12.5.3 地下管道施工测量

管道的埋设要按照设计的管道中线和坡度进行,因此施工中应设置施工测量标志,以使管道埋设符合设计要求。在开挖管槽前,应设置控制管道中心位置和高程的测量标志,通常采用两种方法:坡度板法和平行轴腰桩法。

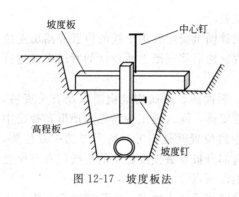

图 12-17 坡度板法

12.5.3.1 坡度板法

管槽开挖时,沿中线每隔 10~20m 以及检查井处应设置一块坡度板,如图 12-17 所示。中线测设时,根据中线控制桩,用经纬仪将管道中线投测到坡度板上,并钉一小钉标定其位置,此钉叫中线钉。各龙门板中线钉的连线标明了管道的中线方向。在连线上挂锤球,可将中线投测到管槽内,以控制管道中线。

地下管道要求有一定的坡度。为了控制管槽开挖深度,应根据附近的水准点,用水准仪测出各坡度板顶的高程。根据管道设计坡度,计算出该处管道的设计高程,则坡度板顶与管道设计高程之差就是从坡度板顶向下开挖的深度,通称为下反数。下反数往往不是一个整数,并且各坡度板的下反数都不一致,施工、检查很不方便,因此,为使下反数成为一个整数 c,必须计算出每一坡度板顶向上或向下量的调整数 ΔH。计算公式为:

$$\Delta H = b_{实} - (H_i - H_{管底} - c) \tag{12-4}$$

式中,H_i 为视线高;$H_{管底}$ 为管底设计高程;$b_{实}$ 为实际立尺读数。

根据计算出的调整数 ΔH,在高程板上用小钉标定其位置,该小钉称为坡度钉,如图 12-17 所示。相邻坡度钉的连线即与设计管底坡度平行,且相差为选定的下反数 c。利用这条线来控制管道坡度和高程,便可随时检查槽底是否挖到设计高程。

设置坡度钉通常使用水准测量的方法。见表 12-2 所示,先将利用水准仪测出的各坡度板顶高程列入表第 6 栏内,根据第 1 栏和设计坡度计算出各坡度板处的管底设计高程,列入表第 4 栏内,如 0+000 高程为 49.000,设计坡度 $i = -3‰$,0+000 至 0+010 之间距离为 10m,则 0+010 的管底设计高程为 $49.000 + 10i = 48.970$m。同理可以计算出其他各测点处的管底设计高程。第 7 栏表示应读数,即 $b_{应}$ = 视线高 - (管底设计高程 + 下反数),例如 0+000 桩的应读数为:$51.822 - (49.000 + 2.000) = 0.752$m,其余类推。第 8 栏是每个坡度板顶向下量(负数)或向上量(正数)的调整数,0+000 桩的调整数为:$\Delta H = 0.752 - 0.822 = -0.070$m。因此,以 0+000 桩处的坡度板上面为基准,下降 0.070m 即得坡度钉的位置,钉一小钉作为标记。同理可以设置其他桩处的坡度钉。

表 12-2 坡度钉测设手簿

工程名称:××煤气管道			设计坡度—3‰		水准点高程 $BM_0 = 50.465$m		
测点(板号)	后视	视线高 H_i	管底设计工程	坡度钉下反数 c	坡度板实读数	坡度钉应读数	改正数 $\Delta H/m$
1	2	3	4	5	6	7	8=6-7
BM_0	1.357	51.822					
0+000			49.000	2.000	0.752	0.822	-0.070
0+010			48.970	2.000	0.800	0.852	-0.052
0+020			48.940	2.000	0.792	0.882	-0.090
...			...	...	...	...	...

高程板上的坡度钉是控制高程的标志,所以坡度钉钉好后,应重新进行水准测量,检查

是否有误。施工中容易碰到坡度板，尤其在雨后，坡度板可能有下沉现象，因此还要定期进行检查。

12.5.3.2　平行轴腰桩法

当管径较小、地面坡度大、精度要求不高时，可采用平行轴腰桩法来控制管道中线和高程。

(1) 测设平行轴线桩　开工之前，在管道中线的一侧或两侧于管槽开挖线以外，测设一排距中线的距离为 a 的平行轴线桩。其桩的间距一般为 20m 左右，检查井的井位也相应地在平行轴线上设桩，如图 12-18 所示。管道定位时，以平行轴线桩控制管道中线的位置。

(2) 测设腰桩　当管道开挖到一定深度时，在槽壁上打一排与平行轴线桩相对应的横桩，称为腰桩。如图 12-19 所示，腰桩距设计槽底的高度一般为 1m 左右。在腰桩上钉一小钉，并用水准仪引测各腰桩上小钉的高程，小钉的高程减去管底设计高程即为腰桩下反数 h，施工时以小钉和下反数 h 来控制下挖深度。

图 12-18　平行轴线放样

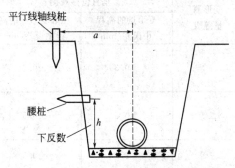

图 12-19　腰桩放样

由于以上方法计算出的各腰桩的下反数不一致，施工时比较麻烦，也容易出错。为了施工方便，有时先确定一个整分米数的下反数 h_0，在求出各腰桩的下反数后，从腰桩的小钉向下或向上量取该腰桩的下反数 h 与 h_0 的差数，再打一个桩，并钉上小钉。这些桩上小钉的下反数均为统一的 h_0，这样在施工量取下反数时不易出错。

12.6　建筑物的变形观测

12.6.1　概述

变形观测是测定建筑物（构筑物）及其地基在建筑物荷重和外力作用下随时间而变形的工作，包括沉降观测、位移观测、倾斜观测、裂缝观测和挠度观测等。

变形观测是监测重要建筑物在各种应力作用下是否安全的重要手段，也是验证设计理论和检验施工质量的重要依据。通过变形观测可以掌握建筑物的变形情况，及时发现问题，采取有效措施，确保工程质量和安全生产。变形观测在工程施工和使用期间进行。

12.6.1.1　变形观测的特点和基本要求

(1) 变形观测的特点　与一般的测量工作相比，变形观测具有精度要求高、需要重复观测、观测时间长、数据处理方法严密等特点。

(2) 变形测量点的分类　变形测量点可分为变形观测点、基准点和工作基点。设置在变形体上的照准标志点，称为变形观测点，简称变形点或观测点。点位要设在能准确反映变形体变形特征的位置上。用于测定工作基点和观测点的固定不动点，称为基准点。基准点要设在变形区以外的稳定区域，每个工程至少应有 3 个基准点。用来直接测定变形观测点的相对稳定的点，称为工作基点，也称工作点。

（3）变形观测的基本要求　大型或重要的工程建筑物（构筑物）在工程设计时，应对变形测量统筹安排，施工开始时就进行变形观测。根据建筑物的性质、结构、重要性、对变形的敏感程度等因素，确定变形观测的精度，从而选定测量仪器。每次观测前，应对测量仪器进行检验与校正。每次观测时，应采相同的观测路线、观测方法、同一台仪器、固定观测人员，以及基本相同的环境和工作条件。根据建筑物的特征、变形速率、观测精度要求和工程地质条件等因素综合考虑确定观测周期，并根据变形量的变化，适当调整。变形观测结束后，应根据工程需要及时整理资料，如观测点分布图、变形量曲线图、变形分析等。

12.6.1.2　变形观测的等级及精度

我国《工程测量规范》（GB 50026—2007）规定的变形观测的等级划分及精度要求见表 12-3。

表 12-3　变形观测的等级划分及精度要求

变形测量等级	垂直位移观测		水平位移观测	适用范围
	变形点的高程中误差/mm	相邻变形点的高程中误差/mm	变形点的点位中误差/mm	
一等	±0.3	±0.1	±1.5	变形特别敏感的高层建筑、工业建筑、高耸构筑物、重要古建筑、精密工程设施等
二等	±0.5	±0.3	±3.0	变形比较敏感的高层建筑、工业建筑、高耸构筑物、重要古建筑、重要工程设施和重要建筑场地的滑坡监测等
三等	±1.0	±0.5	±6.0	一般性的高层建筑、工业建筑、高耸构筑物、滑坡监测等
四等	±2.0	±1.0	±12.0	观测精度要求比较低的建筑物、构筑物和滑坡监测等

12.6.2　建筑物的沉降观测

测定建筑物、构筑物上所设观测点的高程随时间而变化的工作称为沉降观测。用水准测量方法或液体静力水准仪法，定期测量观测点相对于水准基点的高差，根据各沉降点高程的变化可了解建筑物的上升或下降的情况。另外，测定一定范围内地面高程随时间而变化的工作，也是沉降观测，通常称为地表沉降观测。

12.6.2.1　水准点和观测点的布设

水准点应埋设在沉降影响范围以外，或设在已建多年基础稳定的建筑物墙脚上；在高寒地区标石应埋设在冰冻土层以下。水准点不能距离观测点太远（一般约为 100m），以便提高观测精度。

观测点在施工期间埋设，其布设的数目和位置应能全面反映建筑物、构筑物变形特征。这与建筑物或设备基础的结构、形状、大小和荷重，以及地质条件等有关。标志点应稳定、明显、结构合理，不影响建筑物、构筑物的美观和使用。点位应避开障碍物，便于观测和长期保存。沉降观测点分两种形式，如图 12-20 所示为墙壁或柱子上的观测点，如图 12-21 所

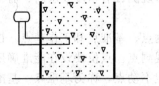

图 12-20　墙壁或柱子上的沉降观测点

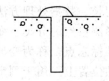

图 12-21　基础底板上的沉降观测点

示为埋设于基础底板上的观测点。

布设建筑物、构筑物沉降观测点时，点位宜选择在下列位置。

① 建筑物四角或沿外墙每 10～15m 处或每隔 2～3 根柱基上。

② 裂缝、沉降缝或伸缩缝的两侧，新旧建筑物或高低建筑物应在纵横墙交界处。

③ 人工地基和天然地基的接壤处，建筑物不同结构的分界处。

④ 烟囱、水塔和大型储藏罐等高耸构筑物的基础轴线的对称部位，每一构筑物不得少于 4 个点。

12.6.2.2　观测方法

沉降观测的观测方法视沉降观测点的精度而定。观测方法有精密水准测量、液体静力水准测量、短视线三角高程测量等。

施工期间，基础沉降观测在浇灌底板前和基础浇灌完毕后应至少观测一次；高层建筑物每增加一、二层应观测一次；其他建筑的观测次数不应少于 5 次。竣工后的观测周期，可根据建筑物的稳定性情况而定。沉降观测的各项记录必须注明观测时的气象情况和荷载变化。

一般来讲，对于连续生产的大型车间通常要求观测工作能反映出 1mm 的沉降量；对于一般的厂房要求能反映出 2mm 的沉降量。沉降观测要采用闭合水准路线。

12.6.2.3　沉降观测的成果整理

每次观测结束后，应检查手簿中的数据及计算是否合理、正确，精度是否合格等。然后把历次各观测点的高程列入表中，计算两次观测之间的沉降量和累计沉降量，并注明观测日期和荷重情况，见表 12-4。为了更清楚地表示沉降、荷重、时间之间的关系，可绘出各观测点的荷重、时间和沉降量的关系曲线图，如图 12-22 所示。

表 12-4　沉降观测成果

观测日期	荷重/(t/m²)	观测点 1 高程/m	本次沉降/mm	累计沉降/mm	观测点 2 高程/m	本次沉降/mm	累计沉降/mm
2012.03.15	0.0	31.0671	0.0	0.0	31.0835	0.0	0.0
2012.04.01	4.0	31.0642	2.9	2.9	31.0814	2.1	2.1
2012.04.15	8.0	31.0614	2.8	5.7	31.0793	2.1	4.2
2012.05.10	10.0	31.0602	1.2	6.9	31.0764	2.9	7.1
2012.06.05	12.0	31.0596	0.6	7.5	31.0751	1.3	8.4
2012.07.05	12.0	31.0583	1.3	8.8	31.0720	3.1	11.5
2012.08.05	12.0	31.0572	1.1	9.9	31.0701	1.9	13.4
2012.10.05	12.0	31.0560	1.2	11.1	31.0692	0.9	14.3
2012.12.05	12.0	31.0553	0.7	11.8	31.0681	1.1	15.4
2013.02.05	12.0	31.0552	0.1	11.9	31.0674	0.7	16.1
2013.04.05	12.0	31.0542	1.0	12.9	31.0665	0.9	17.0
2013.06.05	12.0	31.0541	0.1	13.0	31.0664	0.1	17.1

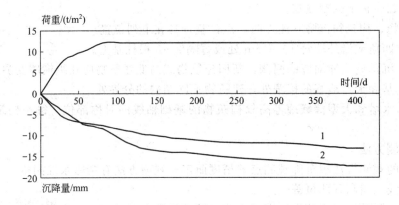

图 12-22　荷重、沉降量、时间的关系

12.6.3　建筑物的倾斜观测

当建筑物、构筑物受到不均匀沉降或其他外力作用时，往往会产生倾斜。测量建筑物、构筑物倾斜率随时间而变化的工作称为倾斜观测。一般在建筑物立面上设置上下两个观测标志，上标志通常为建筑物中心线或其墙、柱等的顶部，下标志为上标志相应的底部点。设它们高差为 h，测出上下标志间的水平距离 a，则两标志的倾斜率 i 为

$$i = \frac{a}{h} \tag{12-5}$$

倾斜率也称倾斜度，a 称为倾斜值。倾斜观测的方法有以下几种。

① 垂线投点法　用铅垂线作为基准，在上标志处固定金属丝，下端悬挂重锤，将上标志中心投测到下面，量出上、下标志中的倾斜值，从而计算出倾斜度。

② 经纬仪投点法　用经纬仪把上标志中心投影到下标志附近，量取它与下标志中心的距离，即可测得与经纬仪视线垂直方向的倾斜值。

③ 前方交会法　用前方交会法测量上下两处水平截面中心的坐标，计算出独立构筑物在两个坐标轴方向的倾斜值。这种方法常用于水塔、烟囱等高耸构筑物的倾斜观测。

④ 倾斜仪法　倾斜仪是测量物体随时间的倾斜变化及铅垂线随时间变化的仪器。一般能连续读数、自动记录和进行数字传输，而且精度高。常见的倾斜仪有水管式倾斜仪、水平摆倾斜仪、气泡倾斜仪和电子倾斜仪等。

12.6.4　建筑物的水平位移观测

建筑物、构筑物的位置在水平方向上的变化称为水平位移。水平位移观测是测定建筑物、构筑物的平面位置随时间变化的位移量。一般先测出观测点的坐标，然后将两次观测的坐标值进行比较，计算出位移量 δ 和倾斜方向 α。

$$\delta = \sqrt{\Delta x^2 + \Delta y^2} \tag{12-6}$$

$$\alpha = \arctan \frac{\Delta y}{\Delta x} \tag{12-7}$$

水平位移观测常用的方法有测角前方交会法、极坐标法、测边交会法、导线测量法和准直法（测小角法）。可根据现场情况选用适宜的观测方法。

有时只要求测定建筑物在某特定方向上的位移量，观测时可在与其垂直方向上建立一条基线，在建筑物上设立观测标志。用拉紧的金属线构成基准线的方法，称为引张线法。用激光准直仪的激光束构成基准线的方法，称为激光准直法。在基点上安置仪器，测定观测方向

与基线的水平角来确定水平位移的方法，称
为测小角法。

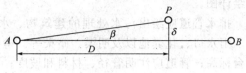

图 12-23　测小角法观测水平位移

测小角法的原理如图 12-23 所示。AB 为
基准线，在 A 点安置经纬仪，在 B 点及观测
点 P 上设立观测标志，测出水平角 β。由于水
平角 β 较小，根据经纬仪到标志点的水平距离
D，则可计算 P 点在垂直基线方向上的偏离量 $\delta = \beta D / \rho$，其中 $\rho = 206265''$。

12.7　竣工总平面图的绘制

建筑工程都是按照设计总平面图进行施工的，但在施工过程中，可能由于各种原因，会
使原设计位置发生变更，这使工程的竣工位置与原设计不完全相符，因此设计总平面图不能
完全代替竣工总平面图。为了准确反映工程施工后的实际情况，为工程验收和以后的管理、
维修、改造、扩建及事故处理提供依据，需要及时进行竣工测量，并编制竣工总平面图。

12.7.1　竣工测量

建筑物和构筑物竣工验收时进行的测量工作，称为竣工测量。在每一个单项工程完成后，必
须由施工单位进行竣工测量，提供工程的竣工测量成果，作为编制竣工总平面图的依据。

竣工测量可利用施工控制网来施测，若原有控制点数量少不够用时，需补测控制点。实
施竣工测量时，主要建筑物的墙角、地下管线的转折点、上下水道的检查井中心点、烟囱
（水塔）的中心点、道路的交叉点，以及管线网结点等重要地物点均需要测量，对于重要建
筑物的室内地坪、上下水管道的管顶和管底、道路的变坡点等，可采用水准测量的方法测量
高程。竣工测量与地形图测绘的方法基本相同，主要区别在于内容和精度不同，一般地物、
地貌按地形图要求进行测绘。

12.7.2　竣工总平面图的绘制

竣工总平面图的比例尺、图幅大小、图例符号及注记符号应与原设计图一致。若采用数
字测图，可设几个图层，每个图层可建立专题数据库，供编图时调用。

绘制竣工总平面图前，应收集汇编相关的主要资料，如设计总平面图、纵横断面图、施
工图及其说明、设计变更资料、施工放样资料、施工检查测量及竣工测量资料。

如果把地上和地下所有建筑物、构筑物都绘制在一张总平面图上，由于线条过于密集而
不便于使用时，可采用分类编图。如总平面图及交通运输竣工图、给排水管道竣工图、动力
及工艺管道竣工图、输电及通信线路竣工图、综合管线竣工图。

（1）总平面图及交通运输竣工图　绘出地面建筑物、构筑物、公路、铁路、地面排水
沟、树木绿化等设施。矩形建筑物、构筑物在对角线两端外墙轴线的交点，应注明两点
以上的坐标；圆形建筑物、构筑物应注明中心坐标及半径；所有建筑物都应注明室内地
坪标高。公路中心的起始点、交叉点应注明坐标及标高；弯道应注明交角、半径及交点
坐标；路面应注明材料及宽度。铁路中心线的起始点、曲线交点应注明坐标；曲线上应
注明曲线的半径、切线长、外矢距和偏角诸元素；铁路的起始点、变坡点及曲线的内轨
面应注明标高。

（2）给排水管道竣工图　给水管道应绘出地面给水建筑物、构筑物及各种水处理设备。
在管道的结点处，当图上按比例尺绘制有困难时，可用放大详图表示。管道的起始点、交叉
点、分支点应注明坐标，变坡处应注明标高，变径处应注明管径及材料；不同型号的检查井

应绘详图。

排水管道应绘出污水处理的建筑物、水泵站、检查井、跌水井、水封井、各种排水管道、雨水口、化粪池以及明渠、暗渠等。检查井应注明坐标、出入口管地标高、井底标高和井台标高；管道应注明管径、材料和坡度；不同类型的检查井应绘出详图。

（3）动力及工艺管道竣工图　绘出管道及有关的建筑物、构筑物，管道的交叉点、起始点应注明坐标、标高、管径及材料。地沟埋设的管道应在适当位置绘出地沟断面，并表示沟的尺寸及沟内各种管道的位置。

（4）输电及通信线路竣工图　绘出变电所、配电站、车间降压变电所、室外变电装置、柱上变压器、铁塔、电杆、地下电缆检查井等；通信线路应绘出中继线、交接箱、分压盒（箱）、电杆、地下电缆入孔等。各种线路的起始点、分叉点、交叉点的电杆应注明坐标，线路与道路交叉处应注明净空高，地下电缆应注明深度或电缆沟的沟底标高；各种线路应注明线径、导线数、电压等数据。各种输电设备应注明型号与容量。绘出有关的建筑物、构筑物及道路。

（5）综合管线竣工图　绘出所有地上、地下管道，主要建筑物、构筑物及道路；在管道密集处及交叉处用剖面图表示其相互关系。

本 章 小 结

本章主要介绍了建筑场地的施工控制测量、建筑工程施工测量、工程建筑物的变形监测的基本方法。

1. 施工控制测量分为平面控制测量和高程控制测量，平面控制测量可以采用原有测图控制网，也可以采用建筑基线和建筑方格网，高程控制测量一般采用四等水准测量方法。

2. 建筑物的位置通常利用已有建筑物、道路中心线、建筑方格网或控制点进行定位，建筑物的测设一般采用龙门板法和轴线控制桩。高层建筑物的轴线投测常采用经纬仪投测法、吊垂球法和激光准直仪法，高程传递常采用直接丈量法和悬吊钢尺法。地下管道工程的测量主要包括地下管道位置放线和施工测量。工程施工完成后，还要编制竣工总平面图。

3. 建筑物的变形监测主要包括沉降观测、倾斜观测和位移观测。沉降观测常用水准测量方法或液体静力水准仪法；倾斜观测常用垂线投点法、经纬仪投点法、前方交会法和倾斜仪法，水平位移观测常用极坐标法、测边交会法和测小角法等。

思 考 题

1. 民用工程施工测量的主要任务有哪些？
2. 民用工程施工测量的主要技术指标有哪些？
3. 建筑基线有哪几种布设形式？如何测设？
4. 建筑方格网如何测设？
5. 工程施工测量之前应做哪些准备工作？
6. 建筑物定位的常用方法有哪些？
7. 建筑物的主轴线在施工中如何控制？
8. 高层建筑物的高程传递方法有哪些？

9. 地下管道工程施工测量的主要任务是什么？

10. 地下管道的坡度钉如何测设？

11. 用什么方法控制地下管道的中线和高程？如何测设？

12. 工程建筑物变形监测的主要内容有哪些？

13. 工程建筑物沉降观测的方法有哪些？如何分析建筑物沉降情况？

14. 工程建筑物倾斜观测的方法有哪些？

15. 工程建筑物位移观测的方法有哪些？测小角法适合于什么情况？

16. 为什么要进行竣工测量？竣工测量方法有哪些？

17. 绘制竣工总平面图前，应收集哪些资料？

18. 工程竣工总平面图可分哪几类？

第13章 路桥工程施工测量

路桥工程测量工作是工程测量的重要内容之一。本章主要介绍道路勘测、道路中线测量、匝道测设、道路竖曲线测设、路基及边坡测设、桥梁施工测量的基本知识。

13.1 概述

13.1.1 道路工程测量的任务

道路工程主要指铁路工程和公路工程。一条道路通常由线路、桥涵、隧道及其他设施所组成,其中铁路由路基和铁轨组成,公路由路基和路面组成。我国道路按服务对象不同,一般分为城市道路、联系城镇之间的公路、工矿企业的专用道路以及农村道路。按设计行车速度不同又可分为高速公路、一级公路、二级公路及二级以下公路,由此组成全国道路网。

(1)道路勘测设计测量 现代高等级公路的运行发现,在汽车高速行驶过程中,平直路线容易使司机疲劳和疏忽,从而导致行车不安全。为了选择一条经济合理、安全行车的路线,必须进行路线勘测。路线勘测一般分为初测和定测。初测阶段的任务是:在指定的范围内布设导线,测量路线各方案的带状地形图和纵断面,收集沿线水文、地质等有关资料,为在图纸上定线、编制比较方案的初步设计提供依据。根据初步设计,选定某一方案,便可以转入路线的定测工作。定测阶段的任务是:在选定设计方案的路线上进行中线测量、纵断面和横断面测量,以及局部地区的大比例尺地形图的测绘等,为路线纵坡设计、工程量计算等道路的技术设计提供详细的测量资料。初测和定测工作称为路线勘测设计测量。

(2)道路施工测量 道路技术设计经批准后,即可施工。施工前和施工中需要恢复中线、测设路基边桩和竖曲线等,作为施工的依据。当工程逐项结束后,还应进行竣工验收测量,以检查施工质量是否符合设计要求,并为工程竣工后的使用、养护提供必要的资料。这些测量工作称为道路施工测量。

当各项工程施工结束后,还应进行竣工测量,以检查施工质量,并为以后使用、养护工作提供必要的资料。

13.1.2 桥梁工程测量的任务

桥梁按其轴线长度一般分为特大桥(>500m)、大桥(100~500m)、中桥(30~100m)、小桥(8~30m)四类。其施工测量的方法及精度要求随桥梁轴线长度和河道情况而定。

桥梁施工测量的主要内容包括平面控制测量、高程控制测量、墩台定位和墩台基础及其顶部放样等工作。

13.2 路线中线测量

13.2.1 中线测量概述

道路中线测量是把设计好的道路中心线(中线)具体地测设到地面上去,并测出其里程。中线的平面几何线型是由直线和曲线组成的,如图13-1所示。

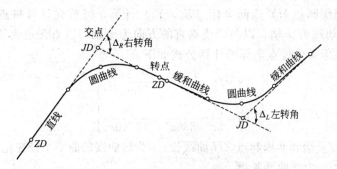

图 13-1 直线、缓曲线和圆曲线组成的道路中线

传统的中线测量包括测设路线各交点、量距和钉桩、测设路线各偏角、测设缓曲线和圆曲线等。

定交点通常有两种方法：一是采用现场标定法，即根据既定的技术标准，结合地形、地质条件，在现场反复比较，直接定出交点的位置，然后将仪器置于导线点上，测出各交点的坐标。这种方法不需测绘地形图，比较直观，但只适合于等级较低的公路。另一种方法称为图上定线法，先在大比例尺地形图（通常为 1∶1000 或 1∶2000 地形图）上定出路线，再到实地放线，把交点在实地标定下来。交点定出后，在交点测定转角，按照设计的圆曲线半径和缓曲线长度，依次将路线中线测设在实地上。

现在用全站仪测设道路中线，宜采用图上定线法。首先在大比例尺地形图上定出线路，设计出圆曲线的半径和缓曲线长度，在图上量取各交点的坐标，据此计算路线各中桩的坐标；然后将仪器安置于实地布设的导线点上，利用各中桩的坐标，将其直接测设在实地上。

13.2.2 中线桩点的坐标计算

如图 13-1 所示，一条路线是由直线段、圆曲线段以及回旋曲线路段组合而成的，每一个路段称为曲线元。曲线元与曲线元的连接点即为曲线元的端点。如果一个曲线元的长度及两端点的曲率半径已经确定，则这个曲线元的形状和尺寸也就确定了。当给出曲线元起点的直角坐标和起点的坐标方位角，则曲线元在直角坐标系的位置即可确定。经路线勘测设计后，交点 JD 的坐标 $(X_{JD}，Y_{JD})$、路线直线段的坐标方位角 (A)、各交点的转角 (α)、各圆曲线半径 (R)、缓曲线长度 (L_s) 都已经确定出来，这样根据各桩点的里程桩号，即可计算出相应的中线桩点坐标 $(X，Y)$。

（1）直线段的中桩坐标计算 已知直线段的起点坐标和该直线的方位角，则各桩点的坐标 $(X_i，Y_i)$ 计算公式如下。

$$\left.\begin{array}{l} X_i = X_0 + D_i \cdot \cos A \\ Y_i = Y_0 + D_i \cdot \sin A \end{array}\right\} \tag{13-1}$$

式中，$(X_0，Y_0)$ 为直线起点坐标；D_i 为各桩点至直线起点的距离，即各桩与直线起点中桩里程之差；A 为直线的坐标方位角。

（2）缓曲线段的中桩坐标计算 高等级公路在线路从直线变为圆曲线时，为使行车平稳，避免突然产生离心力而感到不适，设计时往往在直线段和圆曲线段间加缓和曲线连接。缓曲线可以设计成回旋曲线，如图 13-1 所示，回旋曲线的基本公式为

$$\rho = \frac{c}{l} \tag{13-2}$$

式中，ρ 为回旋曲线上任一点的曲率半径；l 为该点至回旋线起点的曲线长度；c 为缓曲线的曲率半径变化率。

直缓点 ZH 至缓圆点 HY 点间坐标 (X_i, Y_i) 计算，可首先计算桩点的切线支距法坐标 (x, y)，即以切线为 x 轴，以与切线垂直的方向为 y 轴，以直缓点为原点建立建筑坐标系。缓曲线在该坐标系中桩点坐标的计算公式如下。

$$\left. \begin{array}{l} x = l - \dfrac{l^5}{40c^2} + \dfrac{l^9}{3456c^4} \\[3mm] y = \dfrac{l^3}{6c} - \dfrac{l^7}{336c^3} + \dfrac{l^{11}}{42240c^5} \end{array} \right\} \tag{13-3}$$

式中，l 为桩点至缓和曲线起点 ZH 曲线长；c 为缓曲线的曲率半径变化率，$c = R \cdot L_s$；R 为圆曲线的半径；L_s 为缓曲线长度。

然后通过坐标变换，将建筑坐标系坐标变换为测量坐标 (X_i, Y_i)，坐标变换公式如下。

$$\left. \begin{array}{l} X_i = X_{ZH} + x \cdot \cos A - y \cdot \sin A \\[2mm] Y_i = Y_{ZH} + x \cdot \sin A + y \cdot \cos A \end{array} \right\} \tag{13-4}$$

式中，(X_{ZH}, Y_{ZH}) 为直缓点的坐标；A 为 ZH 点处切线方位角。

在运用式（13-4）计算时，当曲线为左转角，应以 $y = -y$ 代入计算。同样方法，可以计算出圆缓点 YH 至缓直点 HZ 间缓曲线段中桩坐标。

中桩点处对应的曲线切线方位角为 A_i，其计算公式如下。

$$A_i = A + k \cdot \frac{l^2}{2c} \cdot \frac{180°}{\pi} \tag{13-5}$$

式中，k 为符号函数。当曲线为右转角时 $k = 1$；当曲线为左转角时 $k = -1$。

（3）圆曲线段的中桩坐标计算　计算圆曲线段中桩坐标，可首先计算出偏角 θ 和弦长 d，计算公式如下。

$$\left. \begin{array}{l} \theta = \dfrac{l}{2R} \cdot \dfrac{180°}{\pi} \\[3mm] d = 2R \cdot \sin\theta \end{array} \right\} \tag{13-6}$$

式中，l 为桩点至圆曲线起点（切点）的弧长，即两点的里程之差；R 为圆曲线半径。

圆曲线中桩坐标 (X_i, Y_i) 计算公式如下。

$$\left. \begin{array}{l} X_i = X_0 + d \cdot \cos(A + \theta) \\[2mm] Y_i = Y_0 + d \cdot \sin(A + \theta) \end{array} \right\} \tag{13-7}$$

式中，(X_0, Y_0) 为圆曲线起点（切点）的坐标；A 为圆曲线起点的切线方位角。

在运用式（13-7）计算时，当曲线为左转角时，应以 $\theta = -\theta$ 代入计算。当然，计算圆曲线中桩坐标的方法很多，也可根据圆曲线设计半径和圆曲线切点切线方位角，首先计算出圆心坐标及圆心与切点连线方位角，然后再根据半径和弧长计算中桩坐标。其计算公式可自行推导出来。

13.2.3　中线实地测设

用全站仪测设道路中线，是依据导线控制点和中桩坐标现场测设。导线控制一般在道路勘测阶段已经完成，对于高等级公路，布设的导线应该与附近的高级控制点进行联测，构成附合导线。在测设过程中，由于原导线点密度不够或已遭破坏，往往需要在原有导线的基础上加密一些控制点，以便把中桩逐个定出。

手工计算中桩坐标既烦琐又易出错。因此，可采用袖珍计算机现场计算，也可利用道路设计软件计算，然后以文件的方式输入全站仪中。现场放样如图 13-2 所示，将仪器置于导线点上，按中桩坐标进行测设，把中桩逐个定出。具体操作可参照第 10 章全站仪放样点位

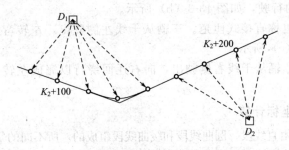

图 13-2　用全站仪测设道路中线示意图

的有关内容。

中线桩测设的精度要求见表 13-1 和表 13-2。

表 13-1　直线中桩桩位测量的限差要求

公路等级	纵向误差/m	横向误差/cm
汽车专用公路	0.1+S/2000	10
一般公路	0.1+S/1000	10

注：S 为两路线控制桩之间的距离，或两中桩之间的距离；汽车专用公路指的是二级以上公路。

表 13-2　曲线测量的限差要求

公路等级	纵向闭合差		横向闭合差/cm
	平地	山地	
汽车专用公路	1/2000	1/1000	10
一般公路	1/1000	1/500	10

13.3　道路立交匝道测设

13.3.1　匝道的基本形式

立交是高等级公路和交通繁忙的城市道路不可缺少的组成部分。立交的设置，可以提高道路交叉口的通行能力，减缓或消除交通拥挤和阻塞，改善交叉口的交通安全。组成立交的基本单元是匝道。所谓匝道，是指在立交处连接立交上、下道路而设置的单车道单方向的转弯道路。匝道的形式千变万化，但从转弯的行驶状况可分为四种基本形式：

① 右转弯匝道　车辆从干线向右转弯驶出的匝道，如图 13-3（a）所示。

② 环行匝道　车辆左转弯行驶所采用的一种匝道形式。车辆自干线右侧驶出，右转弯

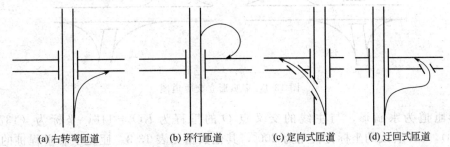

| (a) 右转弯匝道 | (b) 环行匝道 | (c) 定向式匝道 | (d) 迁回式匝道 |

图 13-3　匝道的基本形式

约 270°，完成左转弯的行驶，如图 13-3（b）所示。

③ 定向式匝道　也称直接式匝道。车辆从干线左侧驶出，左转弯以短捷的路线驶入连接的干线，如图 13-3（c）所示。

④ 迂回式匝道　车辆从干线右侧驶出，向右迂回绕行以完成左转弯的行驶，如图 13-3（d）所示。

13.3.2　匝道中桩坐标计算

匝道的曲线元也是由直线段、圆曲线段和缓曲线段组成的。所不同的是匝道因具有连接立交上、下道路的功能，因此设计上可能具有连接两圆曲线的缓曲线，对于其他曲线元中桩坐标计算方法与第 13.2 节相同，不再赘述。在此仅说明两圆曲线间缓曲线中桩坐标计算方法。与 13.2 节中计算缓曲线中桩坐标步骤相似，首先计算出各中桩在建筑坐标系中的坐标，公式如下。

$$
\left.\begin{array}{l}
x = (l - l_0) - \dfrac{l^5 - l_0^5}{40c^2} + \dfrac{l^9 - l_0^9}{3456c^4} \\[2mm]
y = \dfrac{l^3 - l_0^3}{6c} - \dfrac{l^7 - l_0^7}{336c^3} + \dfrac{l^{11} - l_0^{11}}{42240c^5}
\end{array}\right\}
\tag{13-8}
$$

式中，c 为曲率半径变化率，$c = \left| \dfrac{L_s \rho_1 \rho_2}{\rho_1 - \rho_2} \right|$；$L_s$ 为缓曲线长度；ρ_1，ρ_2 为缓曲线端点的曲率半径，即圆曲线的曲率半径；$l_0 = \dfrac{c}{\rho_1}$；$l = l_0 + k(s - s_0)$，其中 s 为计算坐标的桩点里程，s_0 为起点里程，k 为符号函数，当 $\rho_1 > \rho_2$ 时 $k = 1$，否则 $k = -1$。然后将建筑坐标换算成测量坐标，公式如下。

$$
\left.\begin{array}{l}
X_i = X_0 + kx\cos T - y\sin T \\
Y_i = Y_0 + kx\sin T + y\cos T
\end{array}\right\}
\tag{13-9}
$$

式中，(X_0, Y_0) 为缓曲线起点坐标；$T = A - k\dfrac{l_0^2}{2c}$，$A$ 为起点切线方位角。

中桩点处对应的曲线切线方位角为 A_i，其计算公式如下。

$$
A_i = A + k \times \frac{l^2}{2(r_e \cdot L_s)} \times \frac{180°}{\pi}
\tag{13-10}
$$

式中，$r_e = \rho_1 \cdot \rho_2 / (\rho_1 + \rho_2)$，$k$ 为符号函数，当曲线为右转角时 $k = 1$；当曲线为左转角时 $k = -1$。

匝道中桩坐标计算示例，图 13-4 为一座喇叭形立交，是收费立交常用的形式。现仅以其中环形匝道段，说明其计算方法。

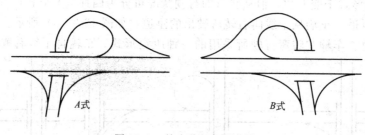

图 13-4　喇叭形立交匝道图

环形匝道为水滴形，与主线的交叉点 O 的里程为 $KO + 116$，坐标为（1378.214，2822.950），OA 直线的坐标方位角为 200°，其他数据见表 13-3。匝道上各里程桩的坐标计算见表 13-4。

表 13-3 匝道曲线元素数据

路段名称	曲线元性质	曲线元长度及端点曲率半径/m	曲率半径变化率
OA	直线	$L=34$	
AB	回旋曲线	$L=74$	$c=9176$
BC	圆曲线	$L=117.84, R=124$	
CD	回旋曲线	$L=65.81$	$c=7650.41$
DE	圆曲线	$L=88.176, R=60$	
EF	回旋曲线	$L=81.667$	$c=4900.02$
FG	直线	$L=62.507$	

表 13-4 匝道各曲线元坐标计算

曲线元性质	桩 号	x	y	备 注
直线段	K0+116	1378.214	2822.950	$A=200°$
	+120	1374.455	2821.582	
	+140	1355.661	2814.741	
	+150	1346.264	2811.321	
回旋曲线段	+150	1346.264	2811.321	$\rho_0>\rho, k=+1$
	+160	1336.873	2807.884	$l_0=0$
	+180	1318.248	2800.602	$l=s-s_0$
	K0+200	1300.142	2792.121	
	+220	1283.073	2781.725	
	+224	1279.845	2779.363	
圆曲线段	+224	1279.845	2779.363	$A=217°05'47''$
	+240	1267.740	2768.917	
	+260	1254.662	2753.814	
	+280	1244.179	2736.807	
	K0+300	1236.564	2718.337	
	+320	1232.013	2698.884	
	+340	1230.646	2678.952	
	+341.84	1230.682	2677.113	
回旋曲线	+341.84	1230.682	2677.113	$A=271°36'22''$
	+360	1232.623	2659.086	$\rho_0>\rho, \Delta=+1$
	+380	1238.684	2640.077	$l_0=61.697$
	K0+400	1249.451	2623.291	$l=l_0+(s-s_0)$
	+407.65	1254.824	2617.841	
圆曲线段	+407.65	1254.824	2617.841	按圆曲线计算各桩点坐标,并推算出 D 点处的切线方位角为 $318°13'55''$
	+420	1264.814	2610.617	
	+440	1283.470	2603.670	
	+460	1303.372	2603.209	
	+480	1322.330	2609.285	
	+495.826	1335.275	2618.308	
回旋曲线段	+495.826	1335.275	2618.308	$A=42°26'02''$
	K0+500	1338.257	2621.228	$\rho_0<\rho; k=-1$
	+520	1349.806	2637.479	$l_0=81.667$
	+540	1357.272	2656.000	$l=l_0-(s-s_0)$
	+560	1361.832	2675.462	
	+577.493	1364.620	2692.731	
直线段	计算结果从略			$A=81°25'37''$

13.3.3　匝道测设

在计算出匝道中心桩点的坐标后，同样可采用坐标放样法，将仪器置于适当的控制点上进行测设，具体方法不再赘述。

13.4　竖曲线的测设

在线路纵坡变更处，考虑到视距要求和行车的平稳，在竖直面内用圆曲线连接起来，这种曲线称竖曲线。竖曲线有凹形竖曲线和凸形竖曲线两种。

13.4.1　竖曲线测设数据计算

竖曲线设计时，根据路线纵断面设计中的竖曲线半径 R 和相邻坡道的坡度 i_1、i_2，计算测设数据。如图 13-5 所示。

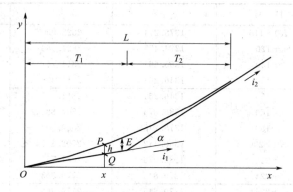

图 13-5　竖曲线的形式图

竖曲线元素的计算可以用平曲线的计算公式如下。

$$\left.\begin{array}{l} T=R\cdot\tan\dfrac{\alpha}{2} \\[2mm] L=R\cdot\dfrac{\alpha}{\rho} \\[2mm] E=R\cdot\left(\dfrac{1}{\cos\alpha}-1\right) \end{array}\right\} \tag{13-11}$$

因为竖曲线的坡度转折角 α 很小，计算公式可以作一些简化，由于

$$\alpha\approx|i_1-i_2|\cdot\rho,\ \tan\frac{\alpha}{2}\approx\frac{\alpha}{2};$$

因此

$$\left.\begin{array}{l} T=\dfrac{1}{2}R\cdot|i_1-i_2| \\[2mm] L=R\cdot|i_1-i_2| \end{array}\right\} \tag{13-12}$$

对于 E 值也可以按下面推导的近似公式近似计算：因为 $DF\approx CD=E$，$\triangle AOF$ 与 $\triangle CFA$ 相似，则有 $R:AF=AC:CF\approx AC:2E$，因此

$$E=\frac{AC\cdot AF}{2R} \tag{13-13}$$

又因为 $AF\approx AC=T$，得到：

$$E=\frac{T^2}{2R} \tag{13-14}$$

同理可导出竖曲线中间各点按直角坐标法的纵距（即标高改正值）计算公式如下。

$$y_i = \frac{x_i^2}{2R} \tag{13-15}$$

上式中 y_i 值在凹形竖曲线中为正号，在凸曲线中为负号。

【例 13-1】 如图 13-5 所示，设 $i_1 = -1.114\%$，$i_2 = +0.154\%$，为凹形竖曲线，变坡点的桩号为 1+670，高程为 48.60m，欲设置 $R = 5000\text{m}$ 的竖曲线，求各测设元素、起点和终点的桩号及高程、曲线上每 10m 间距里程桩的标高改正数和设计高程。

解： $T = \frac{1}{2}R|i_1 - i_2| = \frac{1}{2} \times 5000 \times |-0.01114 - 0.00154| = 31.70 \text{ (m)}$

$L = R|i_1 - i_2| = 5000 \times |-0.01114 - 0.00154| = 63.40 \text{ (m)}$

$E = \frac{T^2}{2R} = \frac{31.70^2}{2 \times 5000} = 0.100 \text{ (m)}$

竖曲线起点、终点的桩号和高程为：

起点桩号 = 1 + (670 - 31.70) = 1+638.30；

终点桩号 = 1 + (638.30 + 63.4) = 1+701.70；

起点坡道高程 = 48.60 + 31.7 × 1.114% = 48.953 (m)；

终点坡道高程 = 48.60 + 31.7 × 0.154% = 48.649 (m)。

然后按 $R = 5000\text{m}$ 和相应的桩距 x_i，即可求得竖曲线上各桩的标高改正数 y_i，最后再根据各桩的坡道高程，计算竖曲线上各桩的高程。计算结果列于表 13-5 中。

表 13-5 竖曲线各桩高程计算表

桩 号	至起、终点距离 x_i/m	标高改正数 y_i/m	坡道高程/m	竖曲线高程/m	备注
1+638.3	$x_1 = 0.0$	$y_1 = 0.000$	48.953	48.953	起点
1+640	$x_2 = 1.7$	$y_2 = 0.000$	48.934	48.934	
1+650	$x_3 = 11.7$	$y_3 = 0.014$	48.823	48.887	
1+660	$x_4 = 21.7$	$y_4 = 0.047$	48.711	48.758	
1+670	$x_5 = 31.7$	$y_5 = 0.100$	48.600	48.700	
1+680	$x_6 = 21.7$	$y_6 = 0.047$	48.616	48.663	变坡点
1+690	$x_7 = 11.7$	$y_7 = 0.014$	48.631	48.645	
1+700	$x_8 = 1.7$	$y_8 = 0.000$	48.646	48.646	
1+701.7	$x_9 = 0.0$	$y_9 = 0.000$	48.649	48.649	终点

13.4.2 竖曲线测设

竖曲线的测设实质上是在竖曲线范围内测设出各里程桩的设计标高，因此实际工作中，测设竖曲线一般与测设路面高程桩一起进行。测设时只需把已算出的各里程桩的设计高程测设于各桩的顶面即可。

13.5 桥梁施工测量

13.5.1 桥梁施工控制测量

桥梁的中心线称为桥轴线。桥轴线上两岸的控制桩 A、B 间的距离称为桥轴线长度。当桥轴线位于深水大河上或原导线点密度不足时，则应建立桥梁施工控制网，以精确测定桥轴线长度和作为测设桥墩、桥台的平面控制。用全站仪建立桥梁控制，可布设成闭合导线的形式，亦可布设成双三角形和大地四边形的边角网。无论采用导线还是边角网，均应把桥轴线

两岸控制桩 A、B 作为网中控制点。施测时，用全站仪直接测出各点坐标，平差采用坐标平差法。

13.5.2　桥墩、桥台中心和轴线控制桩的测设

（1）墩、台中心坐标计算　首先应根据桥梁设计图纸中桥中心桩号及墩台设计尺寸，计算各墩、台中心里程桩号，并依此计算各墩、台中心所在线路上的平面坐标，计算方法参考第13.2节、第13.3节。如果设计文件中给出各墩、台中心的坐标，可直接利用坐标进行测设。

（2）轴线控制桩坐标计算　由于施工过程中，已放样的墩、台中心将被破坏，并且施工要求随时恢复墩、台中心及控制墩、台外轮廓线，为此还要放样出墩、台轴线控制桩如图13-6所示。

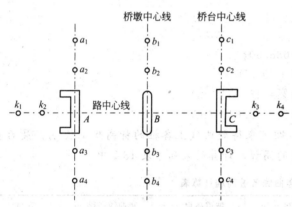

轴线控制桩坐标计算，依据墩、台中心坐标和线路在墩、台中心处的切线方位角及控制桩距墩、台中心的距离计算。线路在墩、台中心处的切线方位角依据墩、台中心里程桩号推算；控制桩距中心距离可根据实地便于设桩和不受施工干扰处，实地概量出。应注意斜交桥中交角（交角即主线与被交线在交点处切线的夹角）的变化。

图 13-6　桥墩、台轴线控制桩示意图

（3）实地放样　将全站仪安置在适宜的控制点上，依据计算出的墩、台中心坐标和轴线控制桩坐标，分别放样出墩、台中心和轴线控制桩位置。放样完毕后，需要用全站仪（或经纬仪）进行现场穿线，场地条件允许时还需用钢尺或测距仪丈量相邻控制桩距离，以检验放样是否有误。

13.6　路基边桩与边坡放样

路基是在天然地表面按照道路的设计线形（位置）和设计横断面（几何尺寸）的要求开挖或堆填而成的岩土结构物；路面是在路基顶面的行车部分由各种混合料铺筑而成的层状结构物。路基是道路路面的基础。路基放样主要包括路基边桩放样与边坡放样。

13.6.1　路基边桩放样

路基施工前，应把路基边坡与原地面相交的坡脚点（或坡顶点）找出来，以作为施工的依据。路基边桩的位置按填土高度（或挖土深度）、边坡坡度及断面的地形情况，由两侧边桩至中桩的距离来确定。常用的边桩测设方法如下。

13.6.1.1　图解法

在勘测设计时，地面横断面图及路基设计断面线已绘在方格纸上，可直接在横断面图上，依比例量取中桩至边桩的距离，然后在实地从中桩用皮尺沿横断面方向将边桩丈量并标定出来。在填挖方不大时，使用此法较多。

13.6.1.2　解析法

解析法是根据路基填挖高度、边坡坡度、路基宽度和地形情况，通过计算求出路基中桩

至边桩的距离，然后在实地将边桩放样出来。具体方法按下述两种情况进行。

（1）平坦地段的边桩放样　图 13-7 为填方路堤，坡脚桩至中桩的距离 D 应为：

$$D=\frac{B}{2}+m\times H \tag{13-16}$$

图 13-8 为挖方路堑，坡顶桩至中桩的距离 D 应为：

$$D=\frac{B}{2}+S+m\times H \tag{13-17}$$

式中，B 为路基宽度；m 为边坡坡度；H 为填挖高；S 为路堑边沟顶宽。

以上是路基横断面位于直线段时求算 D 值的方法。若横断面位于弯道上有加宽时，按上述方法求出 D 值后，还应在加宽一侧的 D 值中加上加宽值。

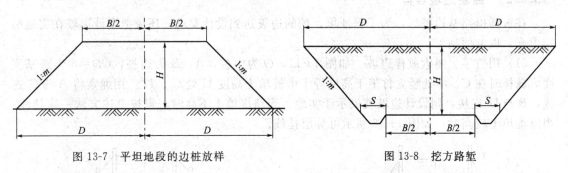

图 13-7　平坦地段的边桩放样　　　　　　图 13-8　挖方路堑

（2）倾斜地段的边桩放样　在倾斜地段，计算时要考虑横坡的影响。如图 13-9 所示，路堤坡脚桩至中桩的距离 $D_上$、$D_下$ 为：

$$D_上=\frac{B}{2}+m(H-h_上)$$

$$D_下=\frac{B}{2}+m(H+h_下) \tag{13-18}$$

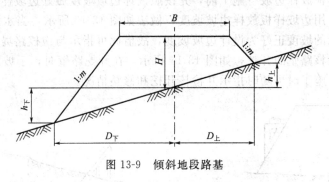

图 13-9　倾斜地段路基

如图 13-10 所示，路堑坡顶桩至中桩的距离 $D_上$、$D_下$ 为

$$D_上=\frac{B}{2}+S+m(H+h_上)$$

$$D_下=\frac{B}{2}+S+m(H-h_下) \tag{13-19}$$

式中，$h_上$、$h_下$ 分别为上、下两侧路基坡脚（或坡顶）至中桩的高差。其中 B、S、m、h 均为已知。$D_上$、$D_下$ 随 $h_上$、$h_下$ 变化而变化。由于边桩未定，所以 $h_上$、$h_下$ 均为未知数，因此还不能计算出路基边桩至中桩的距离。因此在实际工作中采用"逐点趋近法"放样边桩。

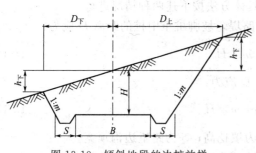

图 13-10 倾斜地段的边桩放样

逐点趋近测设边桩位置的步骤是：首先根据地面实际情况，估计边桩的位置（若结合图解法，则估计值更易接近实际值）；然后测出估计位置与中桩的高差，按此高差计算出对应的边桩位置。若计算值与估计值相符，即得边桩位置，否则，再按实测高差进行估计，重复上述工作，逐点趋近，直到计算值与估计值相符或十分接近为止。

13.6.2 路基边坡放样

在放样出路基边桩后，为了保证填、挖的边坡达到设计要求，还应把设计边坡在实地标定出来，以方便施工。

（1）用竹竿、绳索放样边坡 如图 13-11，O 为中桩，A、B 为边桩，$CD=b$ 为路基宽度。放样时在 C、D 处竖立竹竿于高度等于中桩填土高度 H 处 C'、D'，用绳索将 A 与 C' 连接，B 与 D' 连接，则设计边坡就展示于实地。当路堤填土不高时，可按上述方法一次挂线。当路堤填土较高时，如图 13-12 所示可分层挂线。

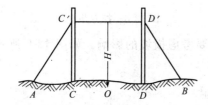

图 13-11 用竹竿、绳索放样边坡

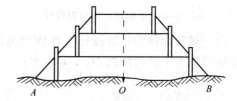

图 13-12 分层挂线放样边坡

（2）用边坡样板放样边坡 施工前，先按照设计边坡坡度做好边坡样板。施工时按照边坡样板进行放样。用边坡样板放样边坡坡度，做法如图 13-13 所示，当水准气泡居中时，边坡样板斜边所指示的坡度正好为设计边坡坡度，故借此可指示与检核路堤的填筑。同理边坡样板也可指示与检核路堑的开挖，如图 13-14 所示，在开挖路堑时，于坡顶桩外侧按设计坡度设立固定样板，施工时可随时指示并检核开挖和修整情况。

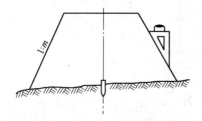

图 13-13 活动坡板放样边坡

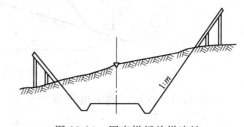

图 13-14 固定样板放样边坡

13.6.3 机械化施工路基横断面的控制

（1）路堤边坡与填高的控制方法 机械填土时，应按铺土厚度及边坡坡度，保持每层间正确的向内收缩的距离一定。不可按自然的堆土坡度往上填土，这样会造成超填而浪费土方。每填高 1m 左右或填至距路肩 1m 时，要重新恢复中线、测高程、放铺筑面边桩，用石灰显示铺筑面边线位置，并将标杆移至铺筑面边上。距路肩 1m 以下的边坡，常按设计宽度每侧多填 0.25m 控制；距路肩 1m 以内的边坡，则按稍陡于设计坡度控制，使路基面有足够的宽度，以便整修边坡时铲除超宽的松土层后，能保证路肩部分的压实度。填至路肩标高时，应将大部分地段（填高 4m 以下的路堤）设计标高进行实地检测；填高大于 4m 地段，应按土质和填高不同，考虑预留沉落量，使粗平后的路基面无缺土现象。最后测设中线桩及路肩桩，抄平后计算整修工作量。

（2）路堑边坡及挖深的控制方法　路堑机械开挖过程中，一般都需配合人工同时进行整修边坡工作。机械挖土时，应按每层挖土厚度及边坡坡度保持层与层之间的向内回收的宽度，防止挖伤边坡或留土过多。每挖深 1m 左右，应测设边坡、复核路基宽度，并将标杆下移至挖掘面的正确边线上。每挖 3～4m 或距路基面 20～30cm 时，应复测中线、高程、放样路基面宽度。按以上做法，可及时控制填方超填和挖方超挖现象。

13.7　路面施工放样

路基施工后，为便于铺筑路面，要进行路槽的放样。在已恢复的路线中线的 100m 桩、10m 桩上，用水准测量的方法测量各桩的路基设计高，然后放样出铺筑路面的标高。路面铺筑还应根据设计的路拱，由施工人员制成路拱样板控制施工操作。路面施工是在路基土石方施工完成以后进行的。路面施工阶段的测量放样工作仍然包括恢复中线、放样高程和测量边线。

在路面底基层（或者垫层）施工前，首先应进行路槽放样。路槽放样包括两个方面的内容：中线施工控制恢复放样和中平测量；路槽横坡放样。除面层外，各结构层横坡按直线形式放样。

13.7.1　路槽放样

如图 13-15 所示，在铺筑路面时，首先应进行路槽放样，在已完工的路基顶面上恢复中线，每隔 10m 设加桩，再沿各中桩的横断面方向向两侧量出路槽宽度的一半 $b/2$ 得到路槽的边桩，量出路基宽度的一半 $c/2$ 得到路肩的边桩（曲线段设置加宽时，要在加宽的一侧增加加宽值 W），然后用放样已知点高程的方法使中桩、路槽边桩、路肩边桩的桩顶高程等于路面施工完成后的路面标高（要考虑路面和路肩的横坡以及超高）。在上述这些边桩的旁边挖一个小坑，在坑中钉桩，然后用放样已知点高程的方法，使桩顶高程附合于考虑过路槽横向坡度后的槽底高程，以指导路槽的开挖和整修。低等级公路一般采用挖路槽的路面施工方式，路槽修正完毕后，便可进行培路肩和路面施工。高等级公路一般采用培路肩的路面施工方式，所以路槽开挖整修要进行到路肩的边缘。

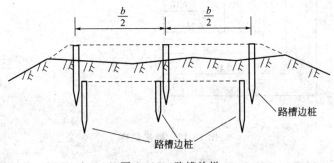

图 13-15　路槽放样

机械施工时，木桩不易保存，因此路中心和路槽边的路面高程可不放样，而在路槽整修完成后，在路槽底面上放置相当于路面加虚方厚度的木块作为路面施工的标准。

13.7.2 路面放样

路面各结构层的放样方法仍然是先恢复中线，然后由中线控制边线，再放样高程，控制各结构层的高程。除面层外，各结构层横坡按直线形式放样。要注意有超高和加宽时，还要考虑路面超高加宽的设置。路面放样主要是路面边桩和路拱的放样。

（1）路面边桩放样　路面边桩的放样可以先放出中线，再根据中线的位置和横断面方向用钢尺丈量放出边桩。在高等级公路路面施工中，有时不放中桩而直接根据边桩的坐标放样边桩。

（2）桩坐标的计算　假设路线中线上任意一点 P 桩号为 L_P，其坐标为 $(X_P，Y_P)$，切线坐标方位角为 $\alpha_{切}$。过 P 点的法线坐标方位角 $\alpha_{法}$ 按下式计算求得：

$$\alpha_{法}=\alpha_{切}+90° \tag{13-20}$$

为计算方便，规定 $\alpha_{法}$ 方向总是指向中线右侧，左右两侧是相对于路线前进方向而言的。

横断面方向上任一点 M，距离中线的距离（即横支距）为 L，规定中线左侧横支距为负，中线右侧横支距为正。则横断方向上 M 点的坐标用下式计算。

$$X_M=X_P+L\cos\alpha_{法} \tag{13-21}$$
$$Y_M=Y_P+L\sin\alpha_{法} \tag{13-22}$$

（3）路面边桩放样　路面边桩放样与路基边桩放样相同，但对于高等级公路，可根据前面计算出的路基边桩坐标，采用坐标放样的方法放出边桩。

13.7.3 路拱放样

为有利于路面排水，在保证行车的平稳要求下，路面应做成中间高并向两侧倾斜的拱形，称为路拱。对于水泥混凝土路面或有中间带的沥青类路面，其路拱按直线形式放样。对于没有中间带的沥青类路面，其路拱一般有下列几种形式，放样是从路中线开始的，按图13-16所示的坐标形式进行放样，一般把路幅宽度分为10等分。

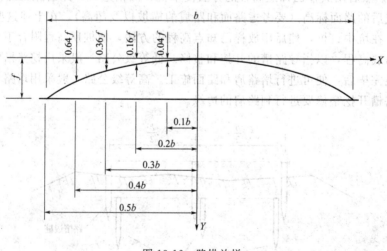

图 13-16　路拱放样

对于中间没有分隔带的沥青路面，其路面路拱的放样一般采用路拱样板进行，在施工过程中逐段检查。

本 章 小 结

本章内容主要包括道路勘测、道路中线测量、匝道测设、道路竖曲线测设、路基及边坡测设、桥梁施工测量的基本知识。

1. 道路工程测量包括道路勘测设计测量和道路施工测量。道路勘测设计测量包括初测与定测。道路中线测量是根据设计的坐标在实地把中线桩标定出来。同样，可进行匝道中心桩点的测设。

2. 竖曲线测设实质上是在竖曲线范围内测设出各里程桩的设计标高，其主要工作是计算放样数据和实地测设各里程桩的设计高程。

3. 桥梁施工测量主要包括桥梁施工控制测量、桥墩、桥台中心和轴线控制桩的测设。

4. 路基边桩放样方法常用图解法和解析法。路基边坡放样可采用竹竿、绳索放样边坡，也可用边坡样板法。路面施工放样包括路槽、路面和路拱的放样。

思 考 题

1. 道路勘测设计测量包括哪两项内容？各自的任务是什么？

2. 何谓道路中线测量？用全站仪如何放样道路中线？

3. 如图 13-17 所示，设 $i_1 = +3.659\%$，$i_2 = -2.4555\%$，为凸形竖曲线，变坡点的桩号为 $3+890$，高程为 34.689m，欲设置 $R=4000$m 的竖曲线，求各测设元素、起点和终点的桩号及高程、曲线上每 10m 间距里程桩的标高改正数和设计高程。

4. 图 13-18 为一立交匝道的线路图，由 3 段缓曲线和 2 段圆曲线组成。其中缓曲线参数 A 和圆曲线半径 R，已在图中标注出来，其余已知数据见表 13-6，试计算曲线上每隔 10m 的中桩坐标，并计算各中桩处的曲线切线坐标方位角。

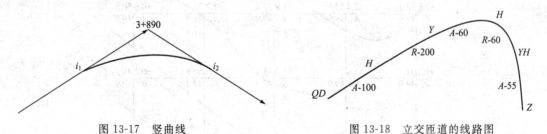

图 13-17 竖曲线 　　　　　　　　　　图 13-18 立交匝道的线路图

表 13-6 立交匝道曲线已知数据

点号	里程桩号	X/m	Y/m	切线方位角	曲线长/m
QD	0+000.000	84327.600	637092.120	57°38′57.9″	
HY	0+050.000	84352.555	637135.408	64°48′40.0″	50.000
YH	0+101.483	84368.262	637184.287	79°33′37.1″	51.483
HY	0+143.483	84368.081	637225.919	105°37′47.6″	42.000
YH	0+203.579	84327.825	637267.137	183°01′02.6″	60.096
ZD	0+253.996	84277.809	637267.942	187°05′22.4″	50.417

5. 路基结构一般分为几部分？各部分如何进行施工测量？

6. 桥梁结构一般分为几部分？桥梁施工测量包括哪些工作？

第 14 章　农林工程测量

测绘技术在农业和林业中应用范围很广，但在农林业应用中对精度的要求不高，通常采用简便的方法。本节主要介绍平原地区土地平整测量、山地梯田规划平整测量、果园定植测量、园林工程测量。

14.1　平原土地平整测量

平整土地是农田基本建设中的重要工作。搞好平整土地，对合理灌溉、节约用水、改良土壤、防止水土流失以及提高生产效率等方面都有着重要作用。

14.1.1　利用方格法平整土地

用方格法平整土地的主要工作包括设立方格网、测方格点的地面高程和田面平整。

14.1.1.1　设立方格网

平整土地要根据地面的地势变化情况进行，达到经济合理。为此必须在地面上设置一系列互相垂直和平行的直线，组成方格网，再用水准仪施测各网点的高程。布设方格网时，首先在测区中选择一个点，通过此点标定两条互相垂直的直线为主轴，然后在主轴上量取彼此相等的线段（如 20m），并在所取得的点上作垂线，于垂线上量取同样长度的一些线段，这样便构成了方格网。方格网的大小可根据地块大小、地形情况和施工方法而定。一般人工施工采用 10m×10m 或 20m×20m 的方格，机械施工一般采用 40m×40m 或 100m×100m 的方格。所有方格点均打以木桩并按行列编号，如图 14-1 所示。

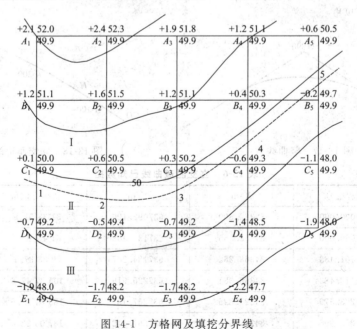

图 14-1　方格网及填挖分界线

14.1.1.2　测量方格网点的高程

在每个方格的中心安置水准仪，并读取立于方格四角上水准尺的读数。如图 14-1 方格

$A_1A_2B_2B_1$ 中，读得四角的读数为 a_1、a_1'、b_1、b_1'。将仪器移至方格 $A_2A_3B_3B_2$ 中，仍读取 A_2 和 B_2 桩的水准尺读数 a_2 和 a_2'。由于此二桩有两组读数，故常以下式进行检查：$a_2 + b_1' = a_2' + b_1$ 其差数视要求而定，一般为 4mm。检查观测无误后，继续进行施测。如果方格比较小时，一个测站可测若干个方格。所有读数都应仔细记入手簿中，手簿的格式通常就是一张全部施测点的略图。这种测定一块地面高低起伏的水准测量称为面水准测量，简称"面水准"。面水准测量的成果整理，首先从一个起始点开始计算出第一个转点的高程，依次推算整个方格网转点的高程，再回到起始点，以求得水准路线的闭合差。若闭合差在允许范围内，即按距离成比例地进行分配，并根据各转点调整后的高程计算所有各中间点的高程。

为提高测量速度，可充分发挥现代测绘仪器的优势，利用全站仪或 GPS RTK 技术测量各方格网点的高程。

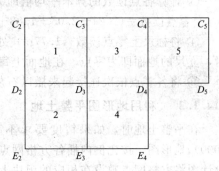

图 14-2 边、角、中、拐点

14.1.1.3 田面的平整

(1) 计算田面的平均高程 首先分别求出各方格四个顶点高程的平均值，即各方格的平均高程；然后，将各方格的平均高程求和并除以方格数 n，即得到设计高程 H_0。如图 14-2 所示，桩号（即各方格顶点的编号）C_2、C_5、D_5、E_4、E_2 各点为角点，C_3、C_4、E_3、D_2 各点为边点，D_3 为中间点，D_4 为拐点。各方格点参加计算的次数分别为：角点（图边往外）高程一次；边点（图边上）高程两次；拐点（图边往内）高程三次；中间点高程四次。

则地面设计高程为

$$H_0 = (\sum H_\text{角} + 2\sum H_\text{边} + 3\sum H_\text{拐} + 4\sum H_\text{中})/4n \tag{14-1}$$

根据图 14-1 中的数据和式（14-1）计算得到地面设计高程为 49.9m，并注于方格顶点的右下角，如图 14-1 所示。

(2) 计算各方格桩点的填挖数 平整土地必须考虑土方平衡问题，就是要使挖方量和填方量相等。如果将田面整平，按式（14-1）求出田面平均高程，作为田面设计高程，就能达到土方平衡的目的。各方格桩点的填挖数为：填挖数＝田面设计高程－各桩点高程。所得结果为"＋"时表示填土，为"－"时表示挖土，并将填挖数值标注于相应方格顶点左上角，如图 14-1 所示。

(3) 确定填挖边界线 根据设计高程 $H_0 = 49.9$m，在地形图上用内插法绘出 49.9m 等高线。该线就是填、挖边界线，也称零线，用虚线表示，如图 14-1 所示。

(4) 计算土方量 分别计算每个方格的挖方量与填方量，然后取其总和即可。若挖方量与填方量基本相等，可用下式计算。

$$V = S\left(\frac{\sum h_1}{4} + \frac{2\sum h_2}{2} + \frac{3\sum h_3}{4} + \sum h_4\right) \tag{14-2}$$

式中，V 为挖（填）土方量总和；S 为每个方格面积；$\sum h_1$、$\sum h_2$、$\sum h_3$、$\sum h_4$ 为各角、边、拐、中点挖深（填高）总和。

在数字地图成图软件中，如南方绘图软件 CASS，对数字地形图利用"工程应用"菜单，根据需要可生成数字地形模型、等高线、横断面和方格网，再选择相应的土方量计算方式，设置场地平整的设计高程，可非常准确便捷地计算出土方量。

(5) 田面平整施工 根据设计高程在实地找出填、挖边界线后，撒上石灰线，在各网点标记填深或挖深，作为施工的依据。施工过程中，要随时检查各网点的高程，以便与设计高程相符。

14.1.2　小范围的田面平整

小范围平整土地常用零线法，即在地面上找出一些不填不挖的点，称为零点，连接零点的线称为零线。在实地找出零线后，撒上石灰，一侧为挖土，另一侧为填土。施测步骤如下。

① 在地面选择一些有代表性的测点，如1，2，…，7，8。

② 安置水准仪于适当的地方，分别立标尺于各点上，将读数记于图中的点号下。

③ 计算各点读数的算术平均值即为零点读数。

零点读数＝(2.21＋2.05＋1.88＋1.50＋2.20＋1.71＋1.65＋0.97)/8＝1.77(m)

④ 将标尺上零点读数（1.77m）处系一标志，移动标尺，当水准仪的视线与标志重合时，立尺的地面即为零点。在地面上每隔一定距离即应确定一个零点。

⑤ 将各零点依次连接起来撒以石灰即为零线。

14.1.3　利用地形图平整土地

在平整土地时，如果精度要求不高，可直接利用大比例尺（1∶500，1∶1000，1∶2000）地形图，按比例内插各方格网点的高程。求得高程后，在图上进行设计，然后再根据设计图将方格网点敷设在相应的田块上，即可进行平整施工。下面主要介绍平整有一定坡度地面的方法。

有时需要将场地按地形现状平整成一个或几个有一定坡度的倾斜平面。横向坡度一般为零，若横向有坡度以不超过纵坡（水流方向）的一半为宜。纵横坡度一般不宜超过1/200，否则会造成水土流失。具体步骤如下。

① 绘制方格网并求方格顶点的地面高程　与将场地平整成水平地面方法相同，首先绘制方格网，按比例内插法求各方格网点的高程，并将其标注在图上，如图14-3所示，图中

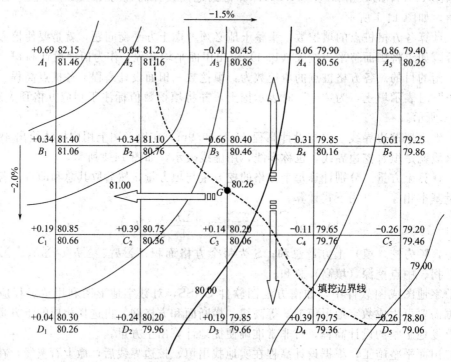

图 14-3　平整成倾斜地面

方格边长为 20m。

② 计算场地几何形重心点的高程　根据填、挖土方量基本平衡的原则，按将场地平整成水平地面计算设计高程相同的方法，计算场地几何形重心点 G 的高程，并作为平均高程。用图中的数据计算得重心 G 的高程为 $H_G = 80.26$m。

③ 计算各方格顶点的设计高程　重心点及平均高程确定以后，根据方格点间距和设计坡度，自重心点起沿方格方向，向四周推算各方格顶点的设计高程 H_0。以图 14-3 中的数据为例，南北两方格点间的设计高差 $= 20$m$\times 2\% = 0.4$（m），东西两方格点间的设计高差 $= 20$m$\times 1.5\% = 0.3$（m）。则

B_3 点的设计高程 $= 80.26$m$+(0.4$m$\div 2) = 80.46$（m）；

A_3 点的设计高程 $= 80.46$m$+0.4$m$= 80.86$（m）；

C_3 点的设计高程 $= 80.26$m$-(0.4$m$\div 2) = 80.06$（m）；

D_3 点的设计高程 $= 80.06$m-0.4m$= 79.66$（m）。

同理可推算得其他方格顶点的设计高程，并将高程注于方格顶点的右下角。推算高程时应进行以下两项检核：第一，从一个角点起沿边界逐点推算一周后到起点，设计高程应闭合；第二，对角线各点设计高程的差值应完全一致。

④ 计算方格顶点的填、挖高度　按 $h = H_地 - H_0$ 计算各方格顶点的填、挖高度，并注于相应各网点的左上角。

⑤ 计算填、挖土石方量　根据方格顶点的填、挖高度及方格面积，分别计算各方格内的填挖方量及整个场地总的填、挖方量，计算方法与平整成水平面时的方法相同。

14.1.4　小块田合并的田面平整

如图 14-4 所示，有四块不等高的平台阶地，现为了适应机耕要求将其合并成一块大田。

设四块田的面积为 S_i（$i = 1 \sim 4$），高程为

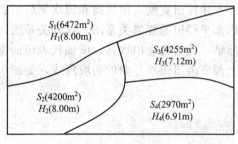

图 14-4　地块合并测量

H_i，可用水准仪测出，其高程可用假定高程或从附近水准点引测。若田面比较平坦，可只测地段中间有代表性的一点；若田面有较均匀的坡度，可在田块两端各测一点取平均值，作为本田块的高程。设田块合并后的大块田高程为 H_m，为满足土方填挖平衡，H_m 可按下式求出

$$H_m = \frac{S_1 H_1 + S_2 H_2 + S_3 H_3 + S_4 H_4}{S_1 + S_2 + S_3 + S_4} = \frac{\sum S H_i}{\sum S} \tag{14-3}$$

设四块田的填（挖）高度为 $H_m - H_i$，则各个田块填（挖）土方量为 $V_i = S_i(H_m - H_i)$。根据填挖土方量平衡原则，则

$$\sum V_i = 0, \quad \sum S_i(H_m - H_i) = 0 \tag{14-4}$$

由式（14-3）可见，为了满足土方平衡条件，平整后的田面高程并不是各块田面高程的简单算术平均值，而是其加权平均值。平整后的田面高程平均高程 H_m 计算出来后，即可逐个算出各块田的填高或挖深尺寸，作为施工的依据。

14.2　山地梯田规划和平整测量

14.2.1　梯田规划

在丘陵地区把倾斜的地面整理成水平梯田，可防止水土流失，达到农作物的高产、稳

产，也有利于发展果树和林业。水平梯田的规划主要指梯田的田面宽度、田坎高和田坎侧坡。如图 14-5 所示，田面宽度就是梯田田面内边缘至外边缘的宽度；田坎高就是指每一级水平梯田的高差；田坎侧坡就是梯田田坎的边坡。根据边坡处于田坎外边缘和内边缘的不同位置，田坎侧坡分内侧坡和外侧坡。水平梯田的设计就是要确定梯田的田面宽度、田坎高和田坎侧坡。

(1) 梯田田面宽度的确定　确定梯田的田面宽度要根据地面坡度、土壤厚度、种植作物种类、劳力和机械化程度等因素综合考虑。一般来说，地面坡度较陡时，田面应窄些；坡度较缓时田面应宽些。土层薄的，田面窄些；土层厚的田面宽些。劳力充足和机械化程度较高，田面宜宽；反之则田面宜窄。

(2) 梯田田坎高的确定　梯田田坎高与田面宽和原地面坡度有关。若田面宽度一定，原地面越陡，田坎就越高；原地面坡度缓，田坎就低。若原地面坡度一定，田面越宽，则田坎越高；田面越窄，田坎就越低。如果田坎太高，不但修筑困难而且容易崩塌。一般土田坎，高度以 0.9～1.8m 为宜。

(3) 梯田田坎侧坡的确定　梯田田坎侧坡坡度的大小与修筑田坎的材料和田坎的高低有关。砂质土壤黏着力小，田坎的外侧坡应较缓；黏质土黏着力较大，田坎的外侧坡可较陡。若田坎用石料筑成则侧坡可更陡些。田坎高度在 3m 以下时，外侧坡的坡度角一般可采用 45°～80°，内侧坡的坡度角可采用 45°～60°。

上述梯田宽度，田坎高和田坎侧坡三者是互相影响和互相关联的。梯田规格的选定一般多用水平梯田的规格关系图。这种关系图，简便实用。其绘制方法是：在方格纸上画出纵横坐标轴，纵轴代表田坎高，横轴代表田面宽度。过坐标原点在右下部分画出地面坡度线；在左上部分画出田坎外侧坡的坡度线，如图 14-6 所示。

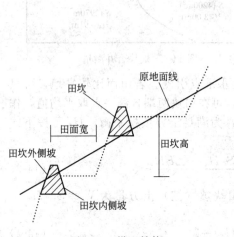

图 14-5　梯田结构

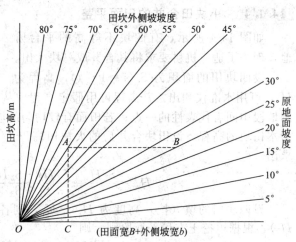

图 14-6　水平梯田规格关系图

使用此图时，比例可任意选用，只要纵横比例相同即可。如已知测得的地面坡度 α，又根据耕作区的土质等情况已决定出田坎外侧坡的坡度 β，并根据需要确定了梯田的田面宽 B，有了 α、β、B 三个数据就可利用图 14-6 求得田坎高度等其他数据。

【例 14-1】　设已测得耕作区地面坡度为 25°，设计梯田面宽 2m，田坎外侧坡坡度为 65°。求每一级梯田的田坎高、每一级梯田开垦前在山坡上的斜距、田坎外侧坡宽。

解：　按一定比例在直尺或三角板边线上定出梯田面宽为 2m 的长度，若用 1：20 的比例，在直尺或三角板边线上的相应长度则为 10cm，把直尺或三角板上这一长度在图 14-6 中的田坎外侧坡线盒原地面坡度线之间作上下平行移动，使这一长度的起点在田坎外侧坡度65°的直线上，终点在原地面坡度25°的直线上，并力求直尺或三角板的边缘水平；相应梯田面宽的水平线段即为 AB 直线。此时，按相同的 1:20 比例，量取 A 点或 B 点的纵横坐标值得 1.2m，就是田坎高。量取 OB 的距离得 2.85m，就是每级梯田开垦前在山坡上的斜距。量取 OC 的距离得 0.56m，就是田坎外侧坡的宽度。

利用此图，也可根据田坎高、地面坡度和田坎外侧坡坡度求梯田田面宽度。

14.2.2 梯田定线测量

梯田规划设计好后，就可以开始放线，其主要工作包括测定基线、测定等高线、标定梯田开挖线和梯田土方计算。

（1）测定基线 在耕作区内地面坡度相差不大的地方选好基线，基线可设在坡面的中部，以便从基线向两侧测定等高线，如图 14-7 所示。当地形复杂坡度不一致时，基线应选在较陡的地方以保证最窄处田面不过窄，在坡度上下不均匀的直面上或在鞍部的地区则可根据实地情况选设多基线，如图 14-8 所示，可分区选择 AB、CD、EF 三条基线。基线确定后，可按设计要求定出地埂等高线的基点来。

如图 14-7 所示，基线的顶端与环山大道相连，下端指向山脚。在基线首末端插上标杆以便丈量基线。根据设计的每级梯田总宽，从基线上端开始向下端用水平丈量的方法丈量，定出每级梯田的总宽，或根据已定出的斜坡距离 L，用斜量法丈量梯田总宽，梯田面总宽的两端点就是基线点。在基点打桩并编号。基线从上往下依次丈量时，遇到突然高起的或突然低下的特殊地面时，基点可略向左右移动，使其地面能代表四周地面的高程。

若耕作区面积大，坡度变化复杂，用梯田面总宽测定基线难以解决问题时，也可用梯田田坎高来测定基线，强调等高而宽度不等。

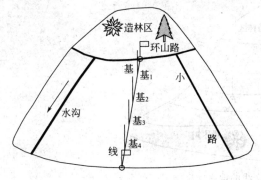

图 14-7 测定基线

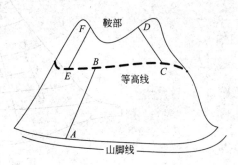

图 14-8 折基线

（2）测定等高线并调整 测定等高线就是分别按各基点的地面高程测出每一耕作区坡地上等高的地面点，将它们连起来成为一条等高线。为了尽量使田面等宽，保证梯壁圆滑饱满，还需要调整等高点。

① 测定等高线 一般利用水准仪来进行。已测定基$_1$、基$_2$ 等基点后，在适当的地方安置水准仪，如图 14-9 所示，转动望远镜，观测立于基点上的标尺读数，如基$_1$ 点上标尺读数为 0.93m。移动标尺到距离基点 10~15m 的 A 点处。标尺移动的距离应根据地形的具体情况而定，但要便于以后调整等高线和施工。标尺立在 A 点处，如水准仪上的读数仍为 0.93m，则说明 A 点与基$_1$ 点的高程是相同的，此时在立尺点上打木桩或用石灰做标记并编号。否则，沿坡上下移动标尺，使读数为 0.93m 为止。同理，可依次测出其他等高点。

为提高测量速度，实际测量时，可在应读数处缚上一红色丝带做标志，观察者不必读出

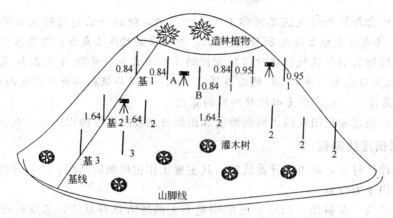

图 14-9　测量等高线

0.93m，只要指挥标尺上、下移动，直至使望远镜中丝能对准标志即可。

② 调整和取舍等高线　按照上述方法测出的等高线，因有些等高点受局部地形的影响失去了代表性，使等高线过于弯曲形成一条折线而不是一条圆滑曲线。为了尽量使田面等宽，保证梯壁圆滑饱满，应调整等高点。调整等高点的原则是"大弯就势、小弯取直"，通常是把局部凸出的等高点向上移，凹处向下移，使梯田田坎不至于突然过于弯曲。但应特别注意把等高点下移小弯取直的田坎施工时必须加固，否则容易在此处崩塌。

根据等高线的性质，在陡坡处等高线可能较密，使开垦的梯田面变得过窄，如宽度小于梯田合成一级。如图 14-10 中，第二、第三级梯田开垦至 CD 处。若坡度较缓，两相邻等高线距离超过两基点的距离的 1 倍以上，如图 14-10 中 B 处，可内插一条等高线，在 EF 以后分成二级梯田，但一般情况以不加密为好。

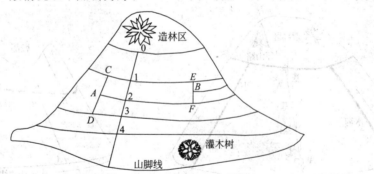

图 14-10　等高线的取舍

（3）标定梯田开挖线　调整后的等高线点，可连成圆滑饱满的曲线。这些调整后的曲线就是梯田开挖线。标定等高线的方法，是以小绳子沿梯田开挖线拉成圆滑的曲线，按绳子的位置上撒上石灰或锄成一条小土沟。作为梯田田坎外侧坡的中点连线，也就是上挖下填的分界线。根据这条梯田开挖线即可进行施工。

（4）梯田土方计算　开垦梯田施工前，应计算土方量以方便施工和合理安排劳动力。开垦梯田一般是半填半挖的，而且填挖方应基本相等。因此每级梯田的土方量就是这一级梯田的挖方（填方）量，也就是挖方断面三角形的面积乘以这一级梯田的长度，即

$$V=\frac{1}{2}\left(\frac{1}{2}B\times\frac{1}{2}H\right)\times L=\frac{1}{8}B\times H\times L \tag{14-5}$$

式中，V 为梯田挖方量，m³；L 为每级梯田长度，m；B 为梯田的田面宽，m；H 为梯田田坎高，m。由式（14-5）得每 666.7m² （1 亩）梯田的挖方量

$$V=\frac{1}{8}\times B\times H\times L\times\frac{666.7}{B\times L}=83.3H \tag{14-6}$$

依式（14-6），可预算成表格，以备计算时查用，见表 14-1。

表 14-1　梯田土方量查对表

田坎高/m	0.5	0.8	1.0	1.2	1.5	1.8	2.0	2.5	3.0
梯田每 666.7m² 土方量/m³	42	67	83	100	125	150	167	208	250

14.2.3　水平梯田施工

水平梯田的施工必须达到既可使梯级等高度相同，又可使梯壁牢靠稳固，防止梯田崩塌，而且还要尽量利用全部表土，把表土层全部放置到耕作层或果树坑处以创造良好的土壤条件。

修筑梯田的方法很多，可以参考相关的书籍和施工放样相关章节，在此不再赘述。施工时要做到田面平整，防止水土流失，并要注意保留表土，达到当年建成、当年增产。

14.2.4　条田的平整测量

在坡面上为了使田面便于灌溉，需要进行条田的平整。平整时要求纵向（顺水方向）整成一定的坡度（1/400～1/1000）。横向则一般整成水平。即在地面上设立数排间距相近的桩点。用水准仪施测各桩点的高程，取其平均值作为条田中心的设计高程（H_0）。则各排桩点的高差＝桩距×设计比降。即顺水流方向，各桩点的高差为固定值。这样可直接在图上推算出各桩点的设计高程。然后计算各桩点的填挖数：填挖数＝设计高程－地面高程；填挖数为"＋"表示填土；填挖数为"－"表示挖土。各点的填土数总和与挖土数总和应该相等，检查无误后计算土方：总挖方量（或总填方量）＝挖深总和（或填高总和）×每个桩点所代表的面积；其中，桩点代表面积＝条田面积/桩点数。

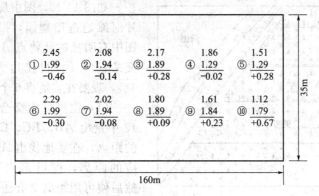

图 14-11　条田平整测量

如图 14-11 所示，某一条田长 160m、宽 35m，共设立两排桩点，用水准仪测得各桩点的高程，取平均值得

$$H_0=(2.45+2.08+\cdots+1.12)/10=1.89(\mathrm{m})$$

按坡度 1/500 和桩点间距 25m 推算各点的设计高程为 1.99，1.94，1.89，1.84，1.79。即顺水方向各桩点的高差为 5cm。再算出各桩点的填挖数为－0.46，－0.14，…，＋0.67。则

挖深总和＝－0.46－0.14－0.28－0.02－0.30－0.08＝－1.28（m）；

填高总和＝0.28＋0.09＋0.23＋0.67＝＋1.27（m）；

相差 0.01m 系由于小数取舍所致。

条田面积＝160×35＝5600（m²）；

桩点代表面积＝5600÷10＝560（m²）；

总挖方量＝1.28×560＝716.8（m³）；

总填方量＝1.27×560＝711.2（m³）；

最后根据各桩点的填挖数，找出零线位置在地面上撒出灰线作为施工的依据。

14.3 果园定植测量

在果园、桑园的建立中，需要利用地形图进行规划设计。其内容包括园地小区的划分、道路及排灌系统、防护林带、水土保持及必要的建筑物，施工时需根据设计图进行放样。本节重点讲述果园、桑园主要界线的放样及小区内苗木定植点位的测定。

14.3.1 平原地区定植测量

果园、桑园的放样，要从原有测图控制点来进行，如果原有控制点不足，也可以另设基线。设立基线可以利用附近控制点的坐标和设计的放样基线点坐标，通过计算求得放样数据，采用放样测量的方法进行，并需设计一些校核条件。如果附近没有合适的控制点，也可以利用明显地物来测设放样基线。根据放样基线，先将主要界线及各栽植小区界线测设到地面，然后在各小区内再测量定植点。

14.3.1.1 果园主要界线放样

中小型果园、桑园的界线一般采用图解法放样。首先从设计图上直接量取控制点（或放样基线点）与设计点、线之间的角度和距离，然后再进行放样。放样方法可根据仪器设备及现场情况而定。

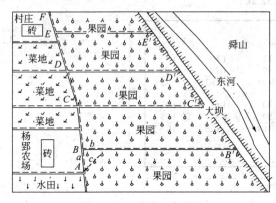

图 14-12 果园界线测量

如图 14-12，图中规划在东河西边一大片河滩地造田建园，拟分成 6 个作业区。图中有明显的地物点 A（农场东南角公路交叉点）、F（村庄边大车道与公路交叉点），现要在实地将 6 个作业区放样出来。

（1）钢尺量距交会法 首先在图 11-12 中量出 AB、BC、CD、DE、EF 点间的距离，在实地找出 AB 点，逐段量出相应的距离，即可定出 B、C、D、E 点，然后便可用距离交会法放样。例如，欲测设 BB′ 方向线，可在图上量 a、b、c 三边

的实际长度，在实地便可交会出 BB′ 的方向线。由于短边交会延长直线产生误差会大些，所以在实际工作中，交会边尽量长些为好。同时，尽可能多设置一些供校核的条件。

（2）全站仪法 在设计图上用图解法求算出设计坐标值。把全站仪安置在 A 点上，后视 B 点，分别输入 B、B′、C、C′、D、D′、E、E′、F 等点的图解坐标，用全站仪法放样即可测设出各点的实地位置。在平原地区建园放样，由于测设数据均是采用图解法获得的，是一种不甚严密的放样方法，若发现桩位与实地不符合，可作适当调整。

14.3.1.2 树木（果树）定植点放样

果树定植点放样，就是在作业区内，按设计的株行距，在实地把树木的点位标定出来。

常用的定植方法有矩形法和菱形法。

（1）矩形法定植点放样　包括正方形、长方形、带状（宽窄行）等栽植方式。如图14-13所示，其放样步骤如下。

① 首先在小区一边 AB 的两端分别作垂线 BC、AD，使小区的两对边线保持平行。

② 在小区的两对边线上按设计的行距标记号，注意第一行距 AB 边只要半个行距。

③ 在测绳上按栽植的株距做好记号，将测绳沿两对边平行移动，按测绳上的记号插木棍或撒石灰标定定植点，每移动一次，即可确定一行定植点。

如果小区较大，可在小区的中间定出一行或几行定植点，然后拉绳的两端依次定点。

按标定的定植点位置挖穴后栽植，栽植时，最好在小区四周设立标杆，并在两头有人瞄准，保证栽后成行。

（2）菱形法定植点放样　如图14-14所示，定植点为菱形的测设方法与定植点为方形的测设方法相同。其中，行距①—②，②—③，…和①′—②′，②′—③′，…的距离为等边三角形的高，也就是设计的株距乘以 $\sin 60°$，即 $0.866×$株距。而测绳上的株距记号按 1/2 株距做记号。确定植点时，奇数行按奇数株距定点，偶数行按偶数株距定点。即第1行定1，3，5，…，第2行定2，4，6，…，以此类推。在测绳上做记号时，可以用两种不同颜色的布条，一种为奇数株距，拴在2、4、6等处。一行依一种颜色布条定点，另一行则依另一种颜色布条定点。

图14-13　矩形定植点测设

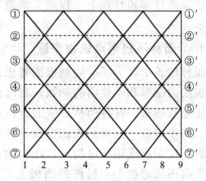

图14-14　菱形定植点测设

14.3.1.3　行道树定植放线

道路两侧的行道树，要求栽植的位置准确、株距相等。一般是按道路设计断面定点。在有路边的道路上，以路边为依据进行定植点放线。无路边则应找出道路中线，并以此为定点的依据，用皮尺定出行距，大约每10株钉一木桩，做好控制标记。每10株与路另一侧的10株要一一对应，经检核后，最后用白灰标定出每个单株的位置。

14.3.2　山丘地区定植测量

山地和丘陵地区果树、桑树等均沿等高线栽植，这样有利于水土保持。栽培方式有梯田和撩壕两种形式。在坡度陡、土层厚的地方，最好修筑梯田。梯田的规划和测量已在前面讲过。修筑撩壕也是根据测定的等高线进行的。

测设等高线的方法与梯田定线测量的方法相同。即首先测定基线，在基线上按规定的行距作出基点，以作为各等高线的起点标志；然后用水准仪以基点为起点，分别向左右延伸测出等高线；再经过调整，舍弃受局部地形影响没有代表性的点，把小弯取直，使成为形状整齐的等高线。调整后高低当然因此变化，可以在撩壕时平高垫低。由于山地坡面不一致，初测的等高线容易产生上线与下线距离太远或很近的现象，也需要进行适当调整。如距离很远，已超过行距 2/3 的等高线，可加栽短行，以充分利用空间，叫"加线"；如果两条等高线距离很小，不足行距的 2/3，即可把不足行距的线去掉，叫"舍线"。

等高线测好后，就可以根据等高线修筑撩壕。即在山坡上按等高线挖成横向线沟，沟的下面堆土成壕，在壕的外坡上即可按株距确定栽植点。由于坡地地形变化多，栽植点不一定要求整齐。山地果园或桑园小区是依山势来划分的，由顺坡路与横坡路组成。

14.4　园林主要工程测设

广义的园林工程是指园林建筑设施与室外工程，包括山水工程、道路桥梁工程、假山置石工程、园林建筑设施工程等。其中，山水工程主要指园林中改造地形、模山范水、创造优美环境和园林意境的工程，如堆山叠石、建造人工湖、驳岸、跌水、喷泉以及理水工程等。道路桥梁工程主要指园林中的主园路、次园路、游步道、园桥及汀步石等。园林建筑设施工程包括游憩设施（亭、廊、榭、舫、厅、堂、楼、阁、栏杆、雕塑等）、服务设施（餐厅、酒吧、茶室、接待室、售票房等）、公共设施（电话、通信、导游牌、路标、停车场、供电及照明、饮水站、厕所等）、管理设施（大门、围墙、办公室、变电室等）。

园林工程施工测量的任务是按照图纸设计的要求，把园林建筑物与室外工程的平面位置和标高测设到地面上，主要包括园林建筑物测设、园林工程（园路、水体、堆山）测设、树林种植定位放样和园林地下工程施工测量等。本节主要介绍不规则园林建筑物、园林工程测设的基本方法。

14.4.1　园林不规则建筑物测设

在园林建筑中，为了适应地形或考虑造园艺术性，有的亭、廊、水榭的平面形状往往设计为不规则的图形和不规则的轴线，有时建筑物还修建在山坡或水边。由于受地形限制，其位置不能随意摆布。这种园林建筑的定位过程分为初步定位和细部测设。

（1）初步定位　如某一荷花亭设计在湖边，半靠水面，半靠岸边。定位时，根据总平面图先由附近控制点或明显地物点，在实地初步定出亭子的中心点 P 和一主轴线 PA，然后把设计的平面图固定在小平板仪的图板上，在 P 点安置小平板仪，对中、整平，以 PA 方向线进行定向，然后把测斜照准仪直尺一端对准图上 P 点，移动另一端对准设计图轮廓特征点（如 C 点），沿瞄准方向，在地上量取从 P 点到 C 点的实地距离，定出特征点的实地位置。用同样方法把亭子轮廓的其他主要几个特征点测设到地面上，然后观察一下亭子的总体位置是否合适，有无偏于水面或地面。如认为不合适，则重新调整 P 点和 PA 轴线，重新测设主要的轮廓点。如果认为合适，然后开始细部测设。

（2）细部测设　如果亭子是正六角形、正方形、圆形、扇形、八角形等规则的几何图形，测设时可以用钢尺（或皮尺）按几何作图的方法在地面上标定。

亭子的附属部分（看台、花台）的测设，当精度要求不高时，可以采取上述初步定位方法，将平面图粘在小平板仪图板上，安置在已知 O 点，对中、整平。用主轴线定向，并通过其他已测设点作方向检查，当检查无误后，用上述定一方向量一段距离的方法测设看台及花台轴线上各特征点，然后用绳子连接各特征点后，注有尺寸部分如看台，用钢尺实量一下，如果与图上设计长度不符，适当调整使之符合设计长度，最后撒上灰线，标明各轴线位置。

当亭子附属部分测设要求精度较高时，先在图上打方格，在实地根据主轴线打出同样的方格，然后按方格网测设轴线的各特征点。

14.4.2　园路测设

公园道路分为主园路和次园路两种。主园路能通汽车，要求比较高。次园路一般是人行道。主园路的测设可参照城市道路或公路的测设方法，可参见本书第 13 章相关内容。

次园路的测设精度要求较低。园路放线时，把路中心线的交叉点、拐弯点的位置测设到地面上，定点距离不能过长，地形变化不大地段一般以 10～20m 测设一点，圆弧地段要加密。在定好的点位上打一木桩，写上编号，然后用水准仪施测路中线各点原地面高程，做适当调整，求出各点填挖高写在桩上。施工时，根据路中心点和图上设计路宽，在地面画出路边线，如与实际地形不合适，可适当修改。

测设园路用小平板仪比较方便，也可根据控制点或明显地物点用直角坐标法或极坐标法进行。圆弧如有设计半径，在地面先放出圆心，然后在地面上用皮尺画圆弧，撒上灰线。

14.4.3　公园水体测设

在公园建设施工中，挖湖、修渠的测设可利用仪器测设，也可采用格网法测设。

（1）仪器测设　根据湖泊、水渠的外形轮廓曲线上的拐点与控制点的相对关系，用仪器将它们测设到地面上，并钉上木桩，然后用较长的绳索把这些点用圆滑的曲线连接起来，即得湖地的轮廓线，然后用白灰撒上标记。

湖中等高线的位置也可用上述方法放样，每隔 3～5m 钉一木桩，并用水准仪按测设高程的方法，将要挖深度标在木桩上，以作为掌握深度的依据。也可在湖中适当位置打上几个木桩，标明挖深，便可施工。施工时木桩处暂时留一土墩，以便掌握挖深，待施工完毕，最后把土墩去掉。

为了施工方便，还用边坡样板来控制边坡坡度。如果用推土机施工，定出湖边线和边坡样板就可动工，开挖快到设计深度时，用水准仪检查挖深，然后继续开挖，直至达到设计深度。

（2）格网法测设　如图 14-15 所示，首先将放样的湖面在图上画上方格网，然后将图上方格网按比例尺放大到实地上，根据图上湖泊（或水渠）外轮廓线各点在格网中的相对位置数据，在地面方格网中，按直角坐标法找出相应的点位，如 1，2，3，4 等曲线转折点，再用长麻绳依图上形状将各相邻点依次连成圆滑的曲线。顺着曲线撒上白灰，做好标记。

若湖面较大，可分成几段或十几段，用长 30～50m 的麻绳来分段连接曲线。

14.4.4　公园堆山测设

测设堆山或微地形等高线平面位置时，等高线标高可用竹竿表示。如图 14-16 所示，从最低的等高线开始，在等高线的轮廓线上，每隔 3～6m 插一根长竹竿。利用已知水准点的高程测设出设计等高线的高度，标在竹竿上，作为堆山时控制堆高的依据，然后进行填土堆山工作。在第一层的高度上继续以同法测设第二层的高度，堆放第二层、第三层直至山顶。

当土山小于 5m 时，可把各层标高均标在一根长竹竿上，不同层的标高位置用不同颜色表示，便可施工。如果用机械堆土，只要标出堆山的边界线，司机参考堆山设计模型就可堆土，等堆到一定高度后，测量人员用水准仪检查标高，不符合设计的地方，用人工加以修整，使之达到设计要求。

14.4.5　平整场地的测设

平整场地测设一般用方格法，先在设计图上按要求打好方格（一般边长为 20m），放线时将图上方格测设到地面上，打上木桩，并在每个木桩上写上编号、填挖高度，便可施工。

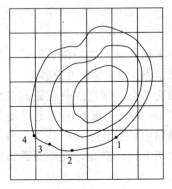

图 14-15　格网法测设水体

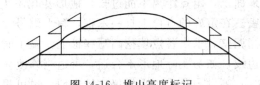

图 14-16　堆山高度标记

在平整场地施工过程中，要求测量人员用水准仪定期检查标高，指导施工进程。

本 章 小 结

　　本章主要内容包括平原土地平整测量、山地梯田规划平整测量、果园定植测量和园林工程测量。

　　1. 平原土地平整测量可采用实地格网法、也可利用地形图进行土地平整。其主要工作包括计算平整场地的平均高程、各格网点的填挖深和填挖土石方量。

　　2. 山地梯田规划平整测量主要包括梯田规划设计、梯田定线测量和梯田施工。水平梯田的规划主要是确定梯田的田面宽度、田坎高和田坎侧坡。梯田定线测量工作主要包括测定基线和实地等高线、标定梯田开挖线、计算梯田土石方。

　　3. 果园定植测量主要包括果园界线放样和果树定植点测量。果树定植常用方法有矩形法和菱形法。

　　4. 园林工程测量主要包括园林建筑物、园路、水体、堆山测设，树林定植点放样和园林地下工程施工测量等。

思 考 题

　　1. 简述利用格网法进行土地平整的基本步骤。
　　2. 简述利用地形图进行土地平整的基本步骤。
　　3. 山地梯田规划主要包括哪些内容？
　　4. 简述山地梯田定线测量的主要方法。
　　5. 果园界线放样的主要方法有哪些？
　　6. 果树定植点测量的主要方法有哪些？
　　7. 园林工程测量内容主要有哪些？
　　8. 公园园路、水体、堆山如何测设？

第15章 地籍测量

地籍测量是土地管理中的一项基础性工作。本章主要介绍与地籍相关的一些基本概念，地籍调查、地籍测量的基本知识，地籍图的测绘、面积量算和汇总方法，数字地籍测量的基本知识。

15.1 概述

15.1.1 地籍

15.1.1.1 地籍的概念

一般认为，土地是指地球表层的陆地部分（包括内陆水域和沿海滩涂）及其附着物。但也有的学者认为不仅如此，它还包括地球特定区域的表面，及其以上一定高度和以下一定深度范围内的土壤、岩石、大气、水文和植被所组成的自然资源综合体。在这个综合体中，土地的质量与作用取决于全部构成因素的综合影响。离开这个综合体，各单个的构成因子都不能理解为土地，而只能是它本身。

"地籍"一词在国外最早来自拉丁文"Caput"和"Capitastrum"，前者意为课税的对象，后者译为课税对象的登记或清册。中国《辞海》（1979年版本）中称地籍为"中国历代政府登记土地作为征收田赋根据之簿册"。现在认为，地籍是指记载土地的位置、四至、界址、数量、质量、权属和用途等基本状况的簿册。简言之，地籍就是土地的"户籍"。

15.1.1.2 地籍的分类

（1）按照地籍的用途划分

① 税收地籍　是指仅为税收服务的地籍，即专门为土地课税服务的土地清册。它要求较准确地记载地块的面积和质量。

② 产权地籍　是国家为维护土地所有制度、鼓励土地交易、防止土地投机、保护土地买卖双方的权益而建立的土地清册。产权地籍必须以反映宗地的界址线和界址点的精确位置以及准确的土地面积为主要内容。产权地籍亦称法律地籍。

③ 多用途地籍　是税收地籍和产权地籍的进一步发展，其目的不仅是为课税和保护产权服务，更重要的是为土地利用、保护和科学管理土地提供基础资料。多用途地籍亦称现代地籍。

随着科学技术的发展，现代地籍的内容正朝着技术、经济、法律等综合方向发展，其信息获取与处理手段也逐步被信息技术、现代测量技术和计算机技术所代替。

（2）按照地籍的特点和任务划分

① 初始地籍　是指在某一时期内，对辖区内全部土地进行全面调查后，最初建立的图和簿册，而不是指历史上的第一本簿册。

② 日常地籍　是针对土地数量、质量、权属及其空间分布和利用、使用情况的变化，以初始地籍为基础，进行补充和更新的地籍。日常地籍亦称变更地籍。

（3）按照城乡土地的不同特点划分

① 城镇地籍　是指城市和建制镇的城区土地，以及独立于城镇以外的工矿企业、铁路、

交通等用地的簿册。

② 农村地籍　是指城镇郊区及农村集体所有的土地，国有农场使用的国有土地和农村居民点用地等的簿册。

随着技术的进步和经济的发展，将逐步建立城乡一体化地籍。

15.1.2　地籍管理

15.1.2.1　地籍管理的概念

地籍管理是国家或地方政府为了掌管土地权属，行使国家土地所有权管理，掌握土地信息，保护土地所有者、使用者的合法权益，仲裁土地纠纷，研究有关土地政策而采取的行政、法律、经济和技术的综合措施体系。

按照我国实际情况的需要，现阶段地籍管理的内容包括土地调查、土地登记、土地统计、土地分等定级、估价和地籍档案管理等。

15.1.2.2　地籍管理的原则

为确保地籍工作的顺利进行，地籍管理必须遵循以下基本原则。

（1）地籍管理必须按照国家规定的统一制度进行　地籍管理的具体内容，如地籍图测绘、土地登记规则、土地统计报表格式等，国家都作出了统一的规定，全国各地都要严格执行。

（2）保证地籍资料的连续性和系统性　地籍管理的基本信息，应该是有关土地数量、质量、权属和利用状况的连续记载资料。对土地的数量、质量、权属和利用状况等发生变化的，要随时更新，保证地籍资料的连续性和系统性。

（3）保证地籍资料的可靠性和精确性　地籍簿上记载的数据必须达到一定的精度要求，如宗地的界址线、界址点的位置精度要符合规范要求，调查表格内容等要准确无误。

（4）保证地籍资料的概括性和完整性　要保证全国地籍资料的概括性和完整性，同时保证地区间和地块间的地籍资料不出现间断和重、漏现象。

15.1.3　地籍调查

15.1.3.1　地籍调查的概念

地籍调查是政府为取得土地权属和利用状况等基本地籍资料而组织的一项系统性社会调查工作。地籍调查是查清每一宗土地的位置、权属、界线、面积和用途等基本情况，以图、簿示之。它既是一项政策性、法律性和社会性很强的基础工作，又是一项集科学性、实践性、统一性、严密性于一体的技术工作。

地籍调查按其调查区域不同，分为农村地籍调查和城镇地籍调查两大部分。农村地籍调查结合土地利用现状调查进行；城镇地籍调查包含着农村居民点的地籍调查，即村庄内部的地籍调查。

15.1.3.2　地籍调查的内容

地籍调查包括权属调查和地籍测量。

（1）土地权属调查　实地进行土地及其附着物的权属调查，在现场标定界址点，确定权属范围，绘制宗地草图，调查土地利用现状，填写地籍调查表，为土地登记和地籍测量提供基础资料。

（2）地籍测量　在土地权属调查的基础上，借助测绘仪器，采用相应的测量方法，测量每宗地的权属界线、位置，以及地类界线等，并绘制地籍图，计算每宗地的面积和总面积，为土地登记提供依据。

权属调查和地籍测量有着密切关系，但也存在着质的区别。权属调查主要是遵循规定的法律行为、法律程序，根据有关政策，利用行政手段，确定界址点和权属界线的行政性工作；地籍测量则主要是将地籍要素按一定的比例尺和图例绘制在图纸上的技术性工作。

15.1.4　地籍测量

地籍测量是调查和测定土地及其附着物的位置、形状、大小、数量、质量、权属和利用现状等地籍要素的测绘工作。

地籍测量按施测对象的不同，分为农村地籍测量和城镇地籍测量；根据施测任务和测量时间的不同，分为初始地籍测量和变更地籍测量。

地籍测量资料是建立地籍信息系统和土地管理信息系统的基础，其在土地资源规划和管理中发挥着极其重要的作用。

地籍测量虽然属于测绘科学范畴，但由于测绘的内容与应用涉及法律、经济、管理和社会等领域，所以从事地籍测量及地籍管理的人员，必须学习和了解有关土地、经济、社会、法律等方面的知识，并在外业调查和施测过程中得到有关部门的合作与配合。

15.2　地籍调查

15.2.1　地籍调查单元划分与宗地编号

15.2.1.1　地籍调查单元划分

地籍调查的单元是宗地，即被权属界址线所封闭的独立权属地块。

一般情况下，由一个土地使用者所使用的地块，称为独立宗；一地块由几个权属单位共同使用而其间又难以划清权属界线，称为共用宗。划编宗地要根据权属性质、土地使用者、土地利用现状及地籍调查的要求进行，一般可按如下方法划编宗地。

①　一个使用者有完整的权属界线封闭的地块，可单独编宗；

②　同一土地使用者，使用不连接的若干地块，则每一块编一宗；

③　当一个权利人拥有或使用的地块跨越土地登记机关所辖的范围，即一个地块分属于两个以上土地登记机关管辖时，应按行政辖区界线分别划分宗地；

④　一个土地使用者，使用两种所有权的土地，则必须按国有土地和集体所有土地分别编宗；

⑤　土地所有权不同或土地使用者不同的土地，应分别编宗；

⑥　由几个土地使用者共同使用某地块，其间难以划分各自的使用范围者，可编为一宗；

⑦　一院多户，各自有使用范围，应分别编宗，共用部分按各自建筑面积分摊；

⑧　凡被河流、道路、行政境界线等分割的土地，不论其是否是同一个使用者，一律分别编宗；

⑨　市政道路、公共道路用地不编入宗地内，也不单独编宗。

15.2.1.2　宗地编号

为了顺利地进行地籍调查，宗地要进行统一编号。

（1）城镇地区地籍编号　一般以行政区划的街道和宗地两级进行编号，如果街道下划分有街坊，就采用街道、街坊和宗地三级编号。《地籍调查规程》（TD/T 1001—2012）规定地籍编号统一自西向东，从北到南，从阿拉伯数字"001"开始顺序编号。如 03-05-012，表示××省××市××区第 3 街道，第 5 街坊，第 12 号宗地。地籍图上采用不同的字体和不同大小加以区分，街道、街坊的编码一般分别用宋体和等线体表示；而宗地号在图上宗地内以分数形式表示，分子为宗地号，分母为地类号。通常省、市、区、街道、街坊的编号在调查前已经编好，调查时只编宗地号，并及时填写在相应的表册中。

（2）农村地区地籍编号 农村地区应以乡（镇）、宗地和地块三级组成编号。其原则同上，如 02-04-005 表示××省××县（县级市）××乡（镇）第 2 行政村，第 4 宗地，第 5 地块（图斑）。

通常，省、县（县级市）、乡（镇）、行政村的编号在调查前已经编好，调查时只编宗地号和地块号，并及时填写在相应的表册中。

（3）全国的统一编号 以前，每个宗地编号共有 13 位。编号的第 1～10 位为该宗地所属行政区划的代码，其中，前 6 位即省、地市、县/区的代码，可直接采用身份证的前 6 位编号方案，如 370902 代表山东省泰安市泰山区；第 7、8 位为街道/镇/乡代码；第 9、10 位为街坊/行政村代码，它们是在所属上一级行政区划范围内统一编号的。第 11、12、13 位为宗地号，按"弓"形顺序编号。

现在的城镇宗地编码系统共有 19 位，实行 6 位行政编码（2 位省级代码＋2 位市级代码＋2 位县区代码）＋3 位街道号＋3 位街坊号＋4 位宗地号＋3 位宗地支号，共 19 位。具体参见《地籍调查规程》（TD/T 1001—2012）。

15.2.2 土地权属调查

15.2.2.1 土地权属

土地权属，即土地所有权和使用权归谁所有的问题，简称地权。

土地所有权是指土地所有者在法律规定的范围内占有、使用和处置其土地，并从土地中获得合法收益的权利，是土地所有制的法律表现形式；是土地所有者所拥有的、受到国家法律保护和限制的排他性的专有权利。

土地使用权是指依照法律对土地加以利用并从土地中获得合法收益的权利。土地使用权是从所有权中分离出来的，受国家法律和所有权的约束。

15.2.2.2 土地权属调查的内容

土地权属调查是以宗地为单位，对土地的权属来源、权利所占地界线、位置、数量、质量、用途以及四至关系等基本情况的调查。土地权属调查的调查人员必须到现场实地调查，并且实地设立界址点标志，绘制宗地草图，填写地籍调查表，为地籍测量和权属审核发证提供文书凭证。土地权属调查的主要内容如下。

（1）权属状况 城市市区的土地属于国家所有，单位和个人只有使用权；农村和城市郊区的土地，除法律规定属于国家所有的以外，其余属于劳动群众集体所有，集体单位和个人只有使用权。土地权属调查时要查清每块宗地的权属性质、权属来源、取得土地时间、土地使用期限、土地所有者或使用者名称、地址、单位法人，以及个人身份证明等。

（2）宗地位置 宗地位置是指宗地所在的行政区域、街道、门牌号及四至的权属者名称等。

（3）界址点和界址线 土地的权属范围除小部分以曲线形地物（如河岸等）为权属界线外，大多数都以界址点（即拐点或转角点）及其间的连线为权属界线。界址点是明显地物点，需要在图上标记清楚，并给予必要的文字说明。如果界址点所在位置无明显地物时，必须使用文字说明其位置。

为了保证界址点位置的准确，便于在遗失、破坏后复原，可丈量其与相邻永久性地物点的相关距离，注记在调查图上。

（4）使用状况 包括土地的用途、级别、共用情况，以及地上建筑物、构筑物等情况。

15.2.2.3 土地权属调查的实施

土地权属调查成果具有法律效力，应由政府部门领导，土地管理部门具体负责实施。

(1) 调查准备工作

① 准备调查底图　收集调查区已有的地籍图或者大比例尺地形图。如果没有上述图面资料，应按照街坊或者小区的现状绘制宗地关系位置草图，作为调查工作底图，以免重复和遗漏。

② 划分调查区及预编宗地号　准备好调查底图后，按调查工作计划，在底图上依行政区域或自然界线划分调查区，并在街坊内逐宗预编宗地号。

③ 准备外业调查表　外业调查表的格式据调查内容而定，在调查前将表格设计并印出，以备各调查组按统一格式填写。

④ 向被调查单位发放通知单　实际调查前，要向土地使用者发出通知书，同时对其四至发出指界通知。按调查工作计划，分区分片公告通知或邮送通知单，通知土地使用者及其四至的合法指界人，按时到现场指界。

(2) 权属外业调查　主要任务是在现场明确土地权属界线，具体内容包括现场指界、设置界标、填写地籍调查表、签订认可书、绘制宗地草图。

① 指界　界线的认定必须由本宗地及相邻宗地使用者亲自到场共同认界。相邻双方同指一界，为无争议界线；如双方所指界线不同，则两界之间土地为争议土地。在规定指界时间，如一方缺席，其宗地界线以另一方所指界线为准，并将结果以书面（附略图）形式送达缺席者，如有争议须在 15 日内提出重新划界申请，并负责重新划界的全部费用，逾期不申请，则认为确界生效。

② 设置界址点标志（界标）　在无争议的界址点处设置界址点标志。界标可根据实际情况分别选用混凝土型、钢钉型和喷漆型三种界址标志。

③ 填写地籍调查表　调查结果应在现场记录于地籍调查表中。《地籍调查规程》（TD/T 1001—2012）中规定的地籍调查表的样式见表 15-1。地籍调查表的填写必须做到图表与实地一致，各项目填写齐全，准确无误，字迹清晰整洁；填写各项目均不得涂改，同一项内容划改不得超过两次，全表不得超过两处，划改处应该加盖签章；每宗地填写一份，内容多的可加附页。地籍调查表结果与土地登记申请书填写不一致时，应该按照时间情况填写，并在说明栏中注明原因。

④ 绘制宗地草图　宗地草图是地籍调查表的附图，是描述宗地位置、界址点、界址线和相邻宗地关系的实地记录，同时又是处理土地权属的原始资料，必须在调查现场绘制。

宗地草图的样图如图 15-1 所示，其中：①，②，③，…，⑥为界址点编号，1～6 为宗地号，(4)，(6)，(8) 为门牌号。

⑤ 权属界线的审核　土地权属外业调查后，要对其结果进行审核。对使用国有土地的单位，外业调查完毕后要将实地标绘的界线与权属证明文件上记载的界线相对照。若两界一致，则认为调查结束，若不一致，则需要查明原因，根据具体情况作进一步处理。对集体所有土地，若其四邻对界线无争议并签字盖章，则调查结束。

对权属调查表中含有纠纷的界线，应由所在地政府出面调解，由当事人协调解决，协商不成，调解无效时，由人民政府处理。在土地权属争议解决之前，任何一方不得改变土地现况，不得破坏土地上的建筑物及其他附属物。

15.2.3　土地利用现状调查

土地利用现状调查是指在全国范围内，为查清现状用地的数量及其分布而进行的土地资源调查。土地利用现状即土地当前的利用类型，是土地权属调查时一项重要的地籍要素。村庄的地籍调查一般结合土地利用现状调查进行。

表 15-1　地籍调查表

基 本 表				
土地权利人		单位性质		
		证件类型		
		证件编号		
		通信地址		
土地权属性质		使用权类型		
土地坐落				
法定代表人或 负责人姓名		证件类型		电话
		证件编号		
代理人姓名		证件类型		电话
		证件编号		
国民经济行业分类代码				
预编宗地代码		宗地代码		
所在图幅号	比例尺			
	图幅号			
宗地四至	北：			
	东：			
	南：			
	西：			
批准用途		实际用途		
	地类编码		地类编码	
批准面积/m²	宗地面积/m²		建筑占地面积/m²	
			建筑面积/m²	
使用期限		年　月　日至　年　月　日		
共有/共用权利人情况				
说　明				

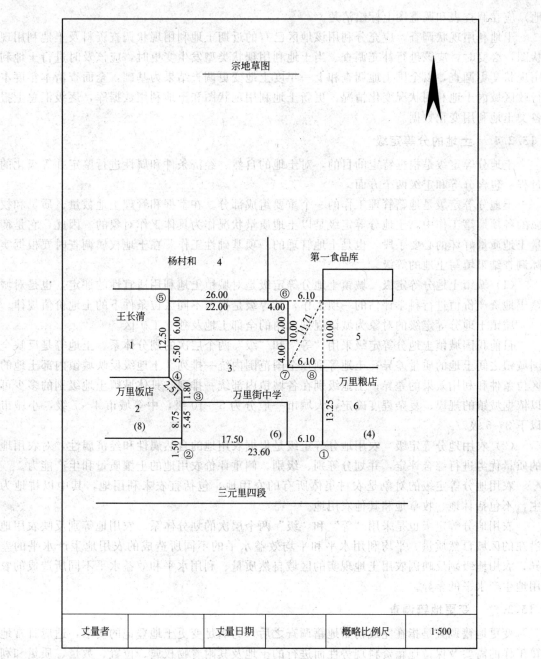

图 15-1　宗地草图

　　要进行土地利用现状调查，需要依据我国土地利用现状分类标准来调查土地的利用类型。2007 年，第二次全国土地调查采用新的《土地利用现状分类和编码》（GB/T 21010—2007），其采用二级分类体系，一级类 12 个，二级类 57 个。各地根据本地的具体情况，可在全国统一的二级分类基础上，根据从属关系续分三级类，并进行编码排列，但不能打乱全国统一的编码排序及其所代表的地类及含义。

　　外业调查时，必须首先调查土地权属界线，然后在同一宗地范围内，按照分类标准调查土地利用类型，调查结果填入地籍调查表，在调查用图上按照土地利用现状分类标准标绘地类界线、权属界线、行政界线、地物界线以及沟、渠、路、田埂等线状地物，对插花地（飞地）应在调查表和调查图上标绘清楚。

土地利用现状调查，应充分利用该地区已有的近期土地利用现状调查资料及土地利用现状图，必要时，应该进行补充调查。当土地利用现状类型发生变更时，应该及时进行土地利用现状变更调查，以全国土地调查和上一年度土地变更调查结果为基础，全面查清本年度本行政区域内土地利用状况变化情况，更新土地利用现状图和土地利用数据库，逐级汇总上报各类土地利用变化数据。

15.2.4 土地的分等定级

土地分等定级是根据特定的目的，对土地的自然、经济条件和属性进行鉴定并等级化的过程。包含分等和定级两个方面。

土地分等定级是地籍管理工作的一个重要组成部分。在掌握和管理土地数量、质量和权属的各项地籍工作中，土地分等定级是以土地质量状况作为具体工作对象的。因此，它是衡量土地质量好坏的必要手段，也是土地管理的一项基础性工作。在土地权属调查时要根据实际调查结果填写土地的等级。

（1）城镇土地分等定级　城镇土地分等定级是对城镇土地利用适宜性的评定，也是对城镇土地资产价值进行科学评估的一项工作，其等级是揭示不同区位条件下的土地价值规律。

城镇土地分等定级的对象为城镇规划区内的全部土地及独立工矿区。

目前我国城镇土地分等定级采用"等"和"级"两个层次的划分体系。土地等是反映全国城镇之间土地的质量差异；土地等别在全国范围内统一排列。土地级反映城镇内部土地的区位条件和利用效果的差异；土地级别在各城镇内部统一排列。具体城镇土地级别的多少可以依据城镇的规模、复杂程度确定，大城市一般分为 5~10 级，中等城市 4~7 级，小城市以下 3~5 级。

（2）农用地分等定级　农用地分等定级是根据农用地的自然属性和经济属性，对农用地的质量优劣进行综合评定，并划分等别、级别。侧重评价农用地的土壤质量和生产能力。

农用地分等定级的对象是农村集体所有的农用地，包括宜农未利用地，其中以耕地为主，不包括林地、牧草地和其他农用地。

农用地分等定级也是采用"等"和"级"两个层次的划分体系。农用地等别反映农用地潜在的区域自然质量、平均利用水平和平均效益水平的不同所造成的农用地生产水平的差异；农用地级别反映因农用土地现实的区域自然质量、利用水平和效益水平不同所造成的农用地生产水平的差异。

15.2.5 变更地籍调查

变更地籍调查是指在完成初始地籍调查之后，为满足变更土地登记的要求，适应日常地籍工作的需要及保持地籍资料现势性而进行的土地及其附着物权属、位置、数量、质量和利用现状的调查。通过变更地籍调查，不仅可以使地籍资料保持现势性，还可以提高地籍成果精度，逐步完善地籍内容。

变更地籍调查的工作程序与地籍调查的工作程序相似，但因变更地籍调查的面积要远远小于地籍调查，其工作程序相对简单。变更地籍调查的内容包括：权属变更调查和地籍变更测量。权属变更调查的步骤为：地籍变更申请；发送变更地籍调查通知书；宗地权属变更状况调查；界址调查及地籍资料的变更；地籍变更调查的审核与资料入库。地籍变更测量是在接受权属变更调查移交的资料后，测量变更后的土地权属界线、位置及宗地内部地物地类变化，并计算面积、绘制宗地图、修编地籍图，为变更土地登记提供依据。地籍变更测量的技术、方法与地籍测量相同。

15.3　地籍测量

在地籍测量工作中，为限制测量误差的积累，保证必要的测量精度，必须首先在整个地籍调查范围内建立控制网，然后以控制点为基础测量宗地界址点、地物特征点的坐标。

15.3.1　地籍平面控制测量

地籍控制测量是根据界址点和地籍图的精度要求，视测区范围的大小、测区内现存控制点数量和等级等情况，按测量的基本原则和精度要求，进行技术设计、选点、埋石、野外观测、数据处理的测量工作。地籍控制测量是地籍图件的数学基础，关系到地籍图界址点的精度。因此，地籍控制测量必须做到"精心设计、从高到低、分级布网、严密实施"。

地籍控制测量包括地籍平面控制测量和高程控制测量，以平面控制测量为主，高程控制测量为辅。

由于地籍平面控制网主要是为了开展界址点坐标测量及日常变更地籍测量工作服务的，所以其控制点设置及密度应满足日常地籍管理的需要，控制点精度要满足测定界址点坐标精度要求，同时必须遵循"分级布网、逐级控制"的布设原则。地籍平面控制测量方法与地形图平面控制测量方法基本相同，在此不再赘述。

15.3.2　界址点坐标测量

界址点坐标可精确表示界址点的地理位置，也是计算宗地面积的基础数据。界址点坐标对实地的界址点起着法律上的保护作用。一旦界址点标志被移动或破坏，则可根据已有的界址点坐标用放样的方法恢复界址点原来的位置。

（1）界址点坐标测量的方法　界址点坐标测量的方法包括解析法和图解法。

① 解析法　采用全站仪、GPS 接收机、测距仪等，通过全野外测量技术直接或间接获取界址点坐标的方法。主要用于街坊外围界址点和街坊内部明显界址点的坐标测定。解析法测定坐标的原理主要有极坐标法、角度交会法、距离交会法、直角坐标法等。

② 图解法　是先绘制地籍图再从图上量取界址点坐标的方法。图解法测量有两种情况，一种是在现场用经纬仪测绘法直接进行地籍测量，把界址点和其他地籍要素的位置测绘于图上，或者用航空摄影测量的方法，经过实地调绘而测量地籍要素的平面位置，最后绘制成地籍图。另一种方法是用大于（或等于）地籍图比例尺的地形图，经过图纸变形误差的处理后，将实际勘丈的地籍要素展绘或转绘到地形图上，经检核合格后，绘制成地籍图。根据《地籍调查规程》（TD/T 1001—2012），后者仅在条件暂不具备的个别地区使用。但这些方法的直接成果是地籍图，并非是坐标数据。界址点的坐标还需从图上量取，其精度低于解析法。

界址点坐标的精度，可以根据测区土地经济价值和界址点的重要程度加以选择。由于我国地域辽阔、经济发展不平衡，对界址点坐标的精度要求有不同的等级，具体见表 15-2。

表 15-2　界址点精度要求

档次	界址点相对于临近控制点点位中误差/m	适用范围
1	±0.05	城市繁华地区或街道外围及内部明显界址点
2	±0.10	城镇一般地区或大型工矿区及街道内部隐蔽界址点
3	±0.25	其他地区
4	±0.50	农村地区

针对某一具体地区，选用哪一级应由各地主管部门根据实地的实际情况和实际需要按地

区或按地段划分，并在设计书和实施方案中加以规定。当在实地确认了界址点位置并埋设了界址点标志后，通常都要求实测界址点坐标。

（2）界址点成果 解析法测定界址点坐标成果的计算，应由两人分别独立进行对算。对算的较差小于 1cm 时，取其平均值作为最后成果。在计算中距离取值至 1mm，坐标值取至 1cm。解析界址点成果见表 15-3。若采用全站仪、GPS 接收机测量界址点的坐标，坐标值取至 1mm。

表 15-3 解析界址点成果表

项目	界址点号	x/m	y/m	边长/m
街坊:三里庵	J_1	352.98	792.15	
	J_2	368.13	745.48	56.703
	J_3	379.89	750.63	3.763
单位:建设局	J_4	387.95	752.61	15.158
	J_5	410.25	762.07	34.013
	J_6	421.34	775.83	12.162
	J_7	352.98	813.15	60.829

15.4 地籍图的测绘

所谓地籍图是按照特定的投影方法、比例关系和专用符号把地籍要素及其有关的地物和地貌测绘在平面图纸上的图形，是地籍的基础资料之一。通过标识符使地籍图、地籍数据和地籍簿册建立有序的对应关系。

地籍图只能表示基本的地籍要素和地形要素。一张地籍图，并不能表示出所有应该要表示或描述的地籍要素，它主要在图上直观地表达地物和地貌，各类地物所具有的属性在地籍图上只能用标识符来进行有限的表示，这些标识符与地籍数据和地籍簿册建立了一种有序的对应关系，从而使地籍资料有机地联系起来。

15.4.1 地籍图的基本内容

一般来说，地籍图上的内容基本上包含地籍要素、地物要素和数学要素三类要素。

15.4.1.1 地籍要素

在地籍图上应表示的地籍要素主要包括行政界线、界址点、界址线、地类号、地籍号、坐落、土地使用者或所有者及土地等级等。

（1）各级行政界线 不同等级的行政境界相重合时只表示高级行政界线，境界线在拐弯处不得中断，应在转角处绘出点或线。

（2）地籍区与地籍子区界 地籍区以乡（镇）或街道办事处行政界线＋明显线性地物为基础划分，地籍子区以行政村或街坊界线＋明显线性地物为基础划分，地籍区和地籍子区划定后尽量保持稳定，原则上不随所依附界线或线性地物的变化而调整。

（3）宗地界址点、界址线 在地籍图上界址点一般用直径 0.8mm 的红色小圆圈表示，界址线用 0.3mm 的红线表示；当图上两个界址点间距小于 1mm 时，以一个点的符号表示，但应正确表示界址线。当土地权属界址线与行政境界重合时，应结合线状地物符号突出表示土地权属界址线，行政界线可适当移位表示。

（4）地籍号注记 包括地籍区号、地籍子区号、宗地号，应分别注记在所属范围内的适当位置，当被图幅分割时应分别进行注记。如果宗地太小，可适当移位进行注记。

（5）宗地坐落 宗地的坐落由行政区名、道路名（或地名）及门牌号组成，地籍图上应适当注记行政区名及道路名，宗地门牌号可以选择性注记。

（6）土地利用类型分类代码　土地利用类型分类代码可按第二次全国土地调查期间颁布的《土地利用现状分类和编码》（GB/T 21010—2007）的二级类注记。

（7）土地权利人名称　在地籍图上可选择注记单位名称和集体土地所有者名称，不需要注记个人用地的土地使用者名称。当宗地较小时，可以不在地籍图上注记单位名称，较大宗地注记其土地使用单位名称。

15.4.1.2　地物要素

在地籍图上应表示的地物要素主要包括建筑物、道路、水系、地貌、土壤植被、注记等。

（1）建筑物　在地籍图上要绘出固定建筑物的占地状况。非永久性建筑物如棚、简易房可舍去；附属建筑物如不落地的阳台、雨篷及台阶等可舍去，但大单位大面积的台阶、有柱的雨篷应表示；建筑物的细部如墙外砖柱等或较小的装饰性细部可舍去；小于 $6m^2$ 的房屋可以舍去；建筑群内的天井或院子大于 $6m^2$ 时应该表示；应在建筑物右上角注上建筑物层次。大型或线型构筑物应在地籍图上表示。

（2）道路　在地籍图上要绘出道路的道牙石线。道路的附属物、里程碑和指路牌等可舍去。桥梁、大的涵洞及隧道要在地籍图上绘出。

（3）水系、河流、湖泊、水塘等水域　必须测量并在地籍图上绘出其边界。

（4）地貌　在平坦地区，地籍图上一般不表示地貌。在山区或丘陵地区，为了用图方便起见，宜表示出大面积的斜坡、陡坎、路堤、台阶路等。在地籍图上应注记控制点的高程，散点高程可以选择性的注记。

（5）土壤植被　在地籍图上，大面积绿化土地、街心花园、城乡结合部的农田、园地、河滩等，可以用土壤及植被符号表示。道路内小绿地、单位内绿地、零星植被在地籍图上可以不表示。

（6）注记　在地籍图上，除地籍要素注记外，还可以选择性注记一些地名、有特色的地物名称等。

（7）其他　电力线、通信线、架空管线可以不在地籍图上表示，但高压线的塔位及与土地他项权利有关的管线应在地籍图上表示。

15.4.1.3　数学要素

① 内外图廓线、坐标格网线以及坐标注记。

② 埋石的各级控制点点位以及注记。

③ 地籍图比例尺、地籍图分幅索引图、本幅地籍图分幅编号、图名及图幅整饰等。

15.4.2　地籍图的测绘

地籍图测绘主要介绍分幅地籍图的测绘方法。分幅地籍图的成图方法有编绘法成图、摄影测量成图、野外采集数据机助制图，这些都是比较常规的测绘成图方法。随着科学技术的发展，地籍图也可采用数字化成图方法，即将界址点、地物点的坐标输入计算机，通过软件处理后，输出地籍图；也可利用附有自动记录装置的航测仪器从航片上或利用数字化仪从地形图上获得。下面简要介绍这几种成图方法。

15.4.2.1　编绘法成图

为了满足对地籍资料的需要，可利用测区内已有的地形图，按地籍的要求编制地籍图。编绘法成图的精度，必须考虑所利用的地形图的精度，即编绘法成图的界址点和地物点相对于邻近地籍图根控制点的点位中误差及相邻界址点的间距中误差不得超过图上±0.6mm。

编绘法成图的作业程序如下：

（1）选用底图　选用符合地籍测量精度要求的地形图、影像图作为编绘底图，底图的比例尺尽量与编绘的地籍图比例尺相同。

（2）复制二底图　将地形图或影像平面图复制成二底图，并对复制后的二底图进行图廓方格网变化情况和图纸伸缩的检查，当其限差不超过原绘制方格网、图廓线的精度要求时，方可使用。

（3）外业调绘　在已有的地形图上进行外业调绘，对测区的地物变化情况加以标注，以便制订修测、补测的计划。

（4）补测　补测工作应在二底图上进行。补测时应充分利用测区内原有的测量控制点，当控制点密度不够时，可进行加密。补测的内容主要有界址点的位置，权属界址线所必须参照的线状地物，新增或变化了的地物等地籍和地形要素。

（5）转绘　外业调绘与补测工作结束后，将调绘结果转绘到二底图上，并且进行地籍要素的注记，然后进行必要的整饰，就制作成地籍图的工作底图（或称草编地籍图）。

（6）蒙绘　在工作底图上，采用薄膜蒙绘法将地籍图所必需的地籍和地形要素透绘出来，舍弃等高线等地籍图上不需要的部分。蒙绘法所获得的薄膜图经清绘整饰后，就可制作成正式的地籍图。

编绘法成图的精度取决于原图的精度。因此，在选用地形图时，一定要仔细检查图面的精度，必要时要到现场检测。

15.4.2.2　摄影测量成图

摄影测量方法已经广泛应用于地籍测量工作中。摄影测量已从传统的模拟法过渡到解析法并且向数字摄影测量方向发展。无论摄影测量处于何种发展阶段，其制作地籍图和其他图件的作业流程大致如图15-2所示。

图 15-2　摄影测量地籍成图流程图

对于摄影测量原理及在地籍测量中的应用，可参考有关摄影测量教材，在此不再赘述。

15.4.2.3　野外采集数据机助成图

（1）数据采集　野外采集数据机助成图是指利用测量仪器如全站仪、经纬仪、测距仪、钢尺等，在野外对界址点、界址线和地物点进行实测，以获取测量数据，并且将数据存入存储器，通过接口，将数据输入计算机，利用相应的成图软件进行数据处理，从而获得各种地籍图面资料。

（2）编码　测定的编码问题是野外采集数据时一个非常重要的问题。在野外采集数据时，在输入数据到存储器的同时，应该对每个点的属性进行记录并作相关说明。现在有很多软件可以直接进行野外草图的绘制，仪器可以自动存储数据，这为后期的编码和精确绘图提供了更大方便。

15.4.3　宗地图的绘制

宗地图是以宗地为单位编绘的地籍图，是描述宗地位置，界址点、界址线和相邻宗地关系的图件。

15.4.3.1 宗地图的内容

① 本宗地所在图幅号、地籍区（街道）号、地籍子区（街坊）号、宗地号；

② 本宗地的权利人名称或单位名称；

③ 本宗地的界址点号、界址点坐标、界址边边长、宗地面积、土地利用分类号；

④ 相邻宗地的宗地号及相邻宗地间的界址分隔示意线；

⑤ 四邻宗地的使用者姓名，或单位名称，或地理名称，或道路名等；

⑥ 宗地内的建筑物、构筑物等附着物及宗地外紧靠界址点线的附着物；

⑦ 本宗地地物的现状，房屋栋号、结构、层数和用途；

⑧ 指北方向和比例尺，测图日期、制图日期；

⑨ 宗地图的制图者、审核者。

宗地图是地籍档案的一项重要资料和土地证上的图件。为确保成果的有效性和公正性，有些土管部门要求在宗地图上加盖测绘单位的测绘资质章，方可有效。

15.4.3.2 宗地图的编绘技术要求

① 界址线走向清楚，坐标正确无误，面积准确，四至关系明确，各项注记正确齐全，比例尺适当；

② 宗地图图幅规格根据宗地的大小选取，一般为 32 开、16 开、8 开等，界址点用 0.8mm 直径的圆圈表示，界址线粗 0.3mm，用红色或黑色表示；

③ 宗地图在相应的基础地籍图或调查草图的基础上编制，宗地图的图幅最好是固定的，如 A4 纸张，比例尺可根据宗地大小选定，以能清楚表示宗地情况为原则。

15.5 面积量算与统计

面积量算是地籍测量中一项必不可少的重要内容，它为调整土地利用结构，合理分配土地，收取土地费（税），制定国民经济计划、农业区划及土地利用规划等提供数据基础。

面积量算包括行政辖区、宗地、土地利用分类等面积的量算。通过面积量算，以取得各级行政单位、权属单位的土地总面积和分类土地面积的数据资料。

15.5.1 面积量算

（1）面积量算 土地面积量算遵循"从整体到局部，先控制后碎部"的原则，即以图幅理论面积为基本控制，按图幅分级测算，依面积大小比例平差的原则。

面积量算在地籍测量的基础上进行。依据界址点坐标、边长等解析数据和地籍原图，选择适宜的方法求算面积。面积量算的方法包括解析法和图解法两种。解析法是根据实测数值计算面积的方法，包括几何图形法和坐标法。图解法是从图纸上量算面积的方法，包括膜片法、求积仪法等。

图解法、解析法等土地面积量算方法，只对单一图形而言，在面积量算时常常要求量算的是某一区域范围内的全部分类土地面积，如一个城市各区、街道、街坊与各种不同土地利用类型的面积。为确保区域土地面积与各类型用地面积间保持数据一致，防止面积量算出错，面积量算必须遵循一定的平差原则和规范规定的精度要求。

（2）面积平差 土地面积平差遵循"从整体到局部，层层控制、分级量算、块块检核、逐级按面积成比例平差"的原则，即分级控制、分级量算与平差。土地面积量算，无论采用哪种方法，均应独立进行两次量算。不同的方法与面积大小，对两次量算结果有不同的较差要求。

① 按两级控制、三级量算 第一级：以图幅理论面积为首级控制。图幅内各区块（街坊或村）面积之和与图幅理论面积之差称为闭合差，当闭合差 $\Delta P_1 \leqslant 0.0025P$（$P$ 为图幅理论面积）时，可将闭合差按面积比例配赋给各区块，得出平差后各区块的面积；第二级：以平差后的区块面积为第二级控制，以控制区块内的各宗地面积。当量算完区块内各宗地（或图斑）面积之后，其面积和与区块面积之差即闭合差 $|\Delta P_2| \leqslant S/100$ 时，将闭合差按面积比例配赋给各宗地（或图斑），则得到宗地面积的平差值。其平差过程如式（15-1）～式（15-4）所示。

$$\Delta P = \sum_{i=1}^{n} P_i' - P_0 \tag{15-1}$$

$$K = -\Delta P / \sum_{i=1}^{n} P_i' \tag{15-2}$$

$$V_i = K P_i' \tag{15-3}$$

$$P_i = P_i' + V_i \tag{15-4}$$

式中，ΔP 为面积闭合差；P_i' 某地块量测面积；P_0 为控制面积；K 为单位面积改正数；V_i 为某地块面积改正数；P_i 为某地块平差后的面积。

平差后的面积应满足的下列检核条件：

$$\sum_{i=1}^{n} P_i - P_0 = 0 \tag{15-5}$$

② 采用解析法量算面积，只参加闭合差的计算，不参加闭合差的配赋。

15.5.2 面积汇总与统计

面积汇总是在面积量算平差后，若面积符合限差要求，以街道为单位将该街道内每一宗地的面积进行整理、汇总。整理、汇总后的面积才能为土地登记、土地统计提供基础数据，为社会提供服务。面积汇总包括各级行政单位（村、乡、县等）的土地总面积汇总以及按行政单位和权属单位汇总统计分类土地面积。两个阶段的工作不一定相继进行，但两者汇总统计结果应起到相互校核的作用，发现问题应及时处理。

15.6 数字地籍测量

数字地籍测量是利用现代的先进仪器采集可用传输、处理和共享的数字地籍信息，借助计算机和专业软件编辑生成符合国标地籍图的方法。数字地籍测量突破了传统地籍测量模式，速度快，效率高，已得到广泛应用。

15.6.1 数字地籍测量的特点

数字地籍测量是一种融地籍测量外业与内业于一体的综合性作业模式，实质上是一种机助成图方法。其主要特点如下。

（1）自动化程度高 在野外测量过程中，现代测量仪器能自动记录、存储、处理测量结果，使劳动强度大大降低，工作效率大大提高，且错误概率小。

（2）测量精度高 数字地籍测量在记录、存储、处理野外测量数据过程中都是自动进行的，利用软件绘制的数字地籍图毫无损失地体现了外业测量的精度，克服了传统的手工绘制对地籍图精度的影响。而现代化的测量仪器精度都比较高。

（3）现势性强 数字地籍测量便于地籍图和地籍成果的实时更新。地籍管理人员只需将变化了的地籍信息输入计算机，即可实现地籍相关信息的更新，从而实现地籍图的现势性和动态管理。

（4）整体性强　纸质地籍图一般以图幅为单元进行施测，而数字地籍测量则不受图幅限制。数字地籍测量的成果可靠性强、精度均匀一致、减少了纸质地籍测量的图幅接边误差。

（5）适用性强　数字地籍测量以数字形式存储在计算机，且没有比例尺的限制。用户可根据不同的需要输出任意范围的地籍图与分幅图。数字地籍图可以方便地进行传输、共享和使用，从而为土地管理信息提供适应性强的数据源。

15.6.2　数字地籍测量的作业流程

数字地籍测量的作业流程主要包括数据采集、数据处理和数据输出三个部分。如图 15-3 所示。

（1）数据采集　数据采集过程就是利用一定的仪器和设备，获取有关的地籍要素信息数据，并按照规定的格式存储在相应的记录介质上或直接传输给数据处理设备的过程。根据所使用的仪器以及作业方法的不同，目前常用的方法有以下几种。

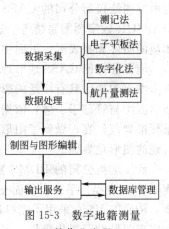

图 15-3　数字地籍测量的作业流程

① 测记法　全站仪＋电子记录簿（如 PC-E500、GRE3、GRE4 等）。这种采集方式是利用全站仪在野外实地测量各种地籍要素的数据，在数据采集软件的控制下实时传输给电子手簿，经过预处理后按相应的格式存储在数据文件中，同时配绘草图。

② 电子平板法　全站仪＋便携式计算机或掌上电脑＋相应软件（如南方 CASS5.0 和清华山维 EPSW）。这是一种集数据采集和数据处理于一体的数字式地籍测量方式，由全站仪在实地采集全部地籍要素数据，由通信电缆将数据实时传输给便携机，数据处理软件实时地处理并显示所测地籍要素的符号和图形，原始采样数据和处理后的有关数据均记录于相应的数据文件或数据库中。

③ 数字化法　这种数据采集方式是用扫描数字化方法对已有大比例尺地形图采集数字化地籍要素（不包括各宗地的界址点）数据，而界址点的坐标数据则由野外实际测量和计算得到，然后将这两部分数据叠加并在数据处理软件的控制下得到各种地籍图和表册。

④ 航片量测法　这种采集数据的方式是以航空图像为数据采集对象，利用数字化航测技术在航片上采集地籍数据，并通过电子坐标数据接口与计算机串行接口相连接，由软件来处理采集的数据，从而获得所需要的地籍图。

综上所述，前两种方法是利用全站仪在野外采集数据，这对于尚未测绘大比例尺地形图的城镇地区是一种可行和非常值得推荐的方法。所采集的数据经过后续软件的处理，便可得到该地区的大比例尺地形图、地籍图以及其他各种专题图，同时还可以建立该地区的数字化地籍数据库。而第三种方法必须在已有地形图上进行，只适于已经测绘了大比例尺地形图的城镇地区，但是界址点仍需在实地测量。第四种方法是在航片上采集数据，属于摄影测量的一种，对于已有航片的地区是一种较好的方法。

应该指出的是不论采用哪一种方法，所获取的原始数据都必须经过一定的处理，然后在相应的软件支持下计算宗地面积，汇总分类面积，绘制宗地图、地籍图，打印界址点坐标表等。

（2）数据处理　对于用不同的方法采集得到的数据，经过通信接口及相应的通信软件传输给计算机，然后对野外采集的数据进行预处理，检查可能出现的各种错误，把野外采集到的数据转化成绘图系统所需的编码格式，最后经数据处理软件，计算出各宗地的面积，绘制宗地图、地籍图等。

（3）成果输出　经过数据处理之后，便可按照《地籍调查规程》（TD/T 1001—2012），输出地籍测量所需要的各项成果资料。

（4）数据库管理　为了便于地籍变更以及地籍信息的自动化管理，所采集的原始数据和经过处理的有关数据均需加以存储，并建立地籍数据库，为地籍信息系统提供基础数据。

15.6.3　数字地籍绘图软件介绍

目前，在国内市场上许多数字测图软件都具有数字地籍图绘制的功能，其中较为成熟的有南方测绘仪器公司的 CASS 地形地籍成图软件，武汉瑞得公司的 RDMS 数字测图系统，MAPSUR 数字测图系统等。这几种数字测图系统均可用于地籍图的测绘，并能按要求生成相应的图件和报表等。下面主要简介其中两种软件。

南方公司的 CASS 地形地籍成图软件系统是我国开发较早的数字测图软件之一，在全国许多城市和地区具有广泛的影响。该系统采用 AutoCAD 为平台，并不断升级。系统集地形地籍测绘与管理于一体，依据国家最新颁布的有关地形及地籍调查测量的相关标准开发，成果标准规范，真正做到了图形管理与地籍属性数据管理的有机统一，为地籍管理提供了非常直观的图形化界面。

武汉瑞得公司的 RDMS 数字测图系统也是开发较早的数字地籍测量系统。该系统以 Windows 为操作平台，界面友好，使用方便，并不断更新版本，以适应地籍管理用户的需要。RDMS V5.0 采用了瑞得最新的 GIS 图形平台，图形编辑及数据处理功能更为强大，全面实现图形的可视化操作，支持图形操作的 UNDO 功能，实现三维图形漫游，用户可自定义符号，增加了三维图形显示功能。

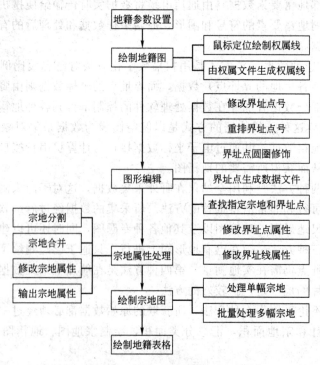

图 15-4　CASS 数字地籍图的操作流程

15.6.4 数字地籍图的绘制

地籍外业测量完毕后，利用南方 CASS 软件绘制数字地籍图的操作流程如图 15-4 所示。

不同公司开发的数字地籍成图软件，其操作方法基本相同，可参考相关软件操作手册，在此不再赘述。

本 章 小 结

本章主要内容包括权属调查、地籍测量、土地分等定级和面积汇总统计的基本知识。

1. 地籍调查包括权属调查和地籍测量。地籍调查的目的是查清每一宗土地的位置、权属、界线、面积和用途等基本情况，以地籍图件、记录簿示之，是土地登记的基础性工作。

2. 地籍测量包括地籍控制测量、界址点测量和地籍图测绘。界址点测量方法有解析法、图解法等。地籍图测绘方法有编绘成图法、摄影测量成图法、实地测绘法和数字成图法。地籍图件主要包括分幅地籍图、宗地图和宗地草图。

3. 宗地面积量算方法主要有解析法、几何图形法、膜片法、求积仪法等。面积平差应遵循分级控制、分级量算与平差的原则。面积汇总与统计应由下向上、逐级汇总，确保准确无误。

思 考 题

1. 地籍、地籍调查、地籍测量、地籍管理的概念是什么？
2. 简述土地权属调查的内容和实施步骤。
3. 地籍测量的主要内容有哪些？
4. 简述地籍图的基本内容。
5. 地籍图测绘的方法有哪些？
6. 面积量算有哪些方法？
7. 简述面积平差的原则和基本步骤。
8. 数字地籍图有哪些特点？
9. 简述利用 CASS 软件绘制数字地籍图的基本操作流程。

第16章 3S 技术及其应用

现代空间信息技术中，全球导航卫星系统（GNSS）、遥感（RS）和地理信息系统（GIS）等三大技术（简称 3S 技术）的高速发展及其相互集成，给古老的测绘科学带来了新的生命力，推动着测绘学科内部及其相邻学科间的快速发展，并促进它们之间的相互交叉与融合。本章对 3S 及集成技术的特点及应用做简要介绍。

16.1 GNSS 技术及应用

16.1.1 GNSS 的发展概况

过去讲的 3S 是指 GPS、RS、GIS。GPS 是指美国的全球定位系统，但随着各国导航卫星系统的建设和发展，用 GNSS、RS 和 GIS 才能全面表述现代的 3S。

GNSS 的全称是全球导航卫星系统（Global Navigation Satellite System），它是泛指所有的卫星导航系统，包括全球的、区域的和增强的，如美国的 GPS、俄罗斯的 GLONASS、欧洲的 Galileo、中国的北斗（COMPASS）卫星导航系统，以及相关的增强系统，如美国的 WAAS（广域增强系统）、欧洲的 EGNOS（欧洲静地导航重叠系统）和日本的 MSAS（多功能运输卫星增强系统）等，还涵盖在建和以后要建设的其他卫星导航系统。国际 GNSS 系统是个多系统、多层面、多模式的复杂组合系统。

16.1.1.1 GPS 的发展

GPS 是英文 Global Positioning System（全球定位系统）的简称。GPS 起始于 1958 年美国军方的一个项目，1964 年投入使用。20 世纪 70 年代，美国陆海空三军联合研制了新一代卫星定位系统 GPS。主要目的是为陆海空三大领域提供实时、全天候和全球性的导航服务，并用于情报收集、核爆监测和应急通信等一些军事目的，经过 20 余年的研究实验，耗资 300 亿美元，到 1994 年，全球覆盖率高达 98% 的 24 颗 GPS 卫星星座已布设完成。

该系统由三部分构成，一是地面控制部分，由主控站、地面天线、监测站及通信辅助系统组成；二是空间部分，由 24 颗卫星组成，分布在 6 个轨道平面；三是用户装置部分，由 GPS 接收机和卫星天线组成。它能连续地向地面发射信号，供地表面或海、陆、空各种交通工具的固定和移动接收机天线所接收，从而实现在地球上任何地方和任何时刻的自动定位。除了能进行原先设计的实时导航外，通过对数据的离线后处理也可用作高精度定位，这样就引起了大地测量、摄影测量、工程测量以及其他定位目的的专业人员的极大兴趣，因此在民用领域的应用也越来越广泛。

16.1.1.2 GLONASS 的发展

GLONASS 格洛纳斯是俄语中"全球卫星导航系统 Global Navigation Satellite System"的缩写。作用类似于美国的 GPS、欧洲的伽利略卫星定位系统、中国的北斗卫星导航系统。最早开发于前苏联时期，后由俄罗斯继续该计划。

按照设计，格洛纳斯星座卫星由中轨道的 25 颗卫星组成，包括 24 颗工作星和 1 颗备用星，分布于 3 个圆形轨道面上，轨道高度 19100km，倾角 64.8°。和 GPS 系统不同，格洛纳斯系统使用频分多址（FDMA）的方式，每颗格洛纳斯卫星广播两种信号，L_1 和 L_2 信号。

格洛纳斯系统设计定位精度为在 95% 的概率条件下，水平向为 100m，垂直向为 150m。

　　莫斯科时间 2011 年 11 月 4 日 16 时 51 分（北京时间 20 时 51 分），俄罗斯航天部门使用一枚"质子-M"重型运载火箭，将 3 颗"格洛纳斯-M"全球导航卫星成功送入太空，至此该系统在轨卫星群已有 28 颗卫星，达到了设计水平。随着地面设施的发展，格洛纳斯系统预计在 2015 年完全建成。届时，其定位和导航误差范围将从目前的 5～6m 缩小为 1m 左右，就精度而言该系统将处于全球领先地位。

16.1.1.3　Galileo 的发展

　　Galileo（伽利略）计划是欧洲自主、独立的全球多模式卫星定位导航系统，Galileo 计划是一种中高度圆轨道卫星定位方案，计划于 2007 年底之前完成，2008 年投入使用，总共发射 30 颗卫星，其中 27 颗卫星为工作卫星，3 颗为备用卫星。卫星高度为 24126km，位于 3 个倾角为 56° 的轨道平面内。该系统除了 30 颗中高度圆轨道卫星外，还有 2 个地面控制中心。但由于种种原因至今没有完全建成投入使用。

　　"伽利略"系统是世界上第一个基于民用的全球卫星导航定位系统，提供高精度、高可靠性的定位服务，实现完全非军方控制、管理，可以进行覆盖全球的导航和定位功能。"伽利略"系统还能够和美国的 GPS、俄罗斯的 GLONASS 系统实现多系统内的相互合作，任何用户将来都可以用一个多系统接收机采集各个系统的数据或者各系统数据的组合来实现定位导航的要求。中国计划投入 2 亿欧元参与"伽利略计划"，约占 5%。中国是正式加入"伽利略计划"的第一个非欧盟国家，这标志着我国航天事业在国际合作领域迈出走向欧洲化的第一大步。

16.1.1.4　COMPASS 的发展

　　我国的北斗导航定位系统（COMPASS）是 20 世纪 80 年代提出的"双星快速定位系统"的发展计划，方案于 1983 年提出。目前，正按照"三步走"发展战略稳步推进。第一步已实现，从 2000 年到 2003 年，成功发射了 3 颗北斗导航试验卫星，建立起完善的北斗导航试验系统，成为世界上继美国、俄罗斯之后第三个拥有自主卫星导航系统的国家。第二步于 2012 年前，北斗卫星导航系统将首先提供覆盖亚太地区的定位、导航、授时和短报文通信服务能力。截止到 2012 年底，已发射了 16 颗北斗导航卫星，完成了第二步的任务。第三步于 2020 年左右，建成由 5 颗静止轨道卫星和 30 颗非静止轨道卫星组成的覆盖全球的北斗卫星导航系统。

　　目前就世界范围来说，不管是军用还是民用，应用最广的还是 GPS，但随着 GLONASS、Galileo、COMPASS 卫星导航系统的发展，卫星导航定位的格局也在发生变化，GPS 接收机也亦出现了多星接收机。

　　GPS 的内容已经在第 8 章做了详细介绍，这里不再赘述。

16.1.2　北斗系统导航定位

16.1.2.1　北斗导航系统工作原理

　　第一代北斗导航定位系统是双星有源定位体制，由两颗工作卫星和一颗备用卫星组成，可以全天候、全天时地提供区域性卫星导航信息。它在国际电信联盟登记的频段为卫星无线电定位业务频段，上行为 L 频段（频率 1610～1626.5MHz），下行为 S 频段（频率为 2483.5～2500MHz）；登记的卫星位置为赤道面东经 80°、140° 和 110.5°。

　　北斗导航定位系统由 2 颗地球静止卫星（GEO）对用户双向测距，由 1 个配有电子高程图库的地面中心站进行位置解算。定位由用户终端向中心站发出请求，中心站对其进行位置结算后将定位信息发送给该用户。它的定位基于三球交会原理，即以 2 颗卫星的已知坐标为圆心，各以测定的本星至用户距离为半径，形成 2 个球面，用户机必然位于这两个球面交线的圆弧上。中心站电子高程地图库提供的是一个以地球为中心，以球心至地球表面高度为半径的非均匀球面。求解圆弧线与地球表面交点，并已知目标在赤道平面北侧，即可获得用户的二维位置。

第一代"北斗"卫星导航系统的"有源工作方式"，需要用户要向卫星发射信号，经卫星转发送回地面控制中心系统，处理后再经卫星返回用户，如此反复多次才能完成定位，这就带来了诸多缺点，如延时多、无法在飞机上使用等，且精度只能达到 20～30m。第二代"北斗"卫星导航系统将采用"无源工作方式"，即用户不需要发射信号，用户接收机只接收信号就能完成定位，且定位精度可以大大提高。

16.1.2.2　北斗导航系统的优势

我国正在建设的北斗卫星导航系统，同国外几个卫星定位系统相比，具有以下五大优势。

① 同时具备定位与通信功能，无需其他通信系统支持；

② 覆盖范围逐渐超出中国及周边国家和地区，已可覆盖全球，并且 24h 全天候服务，无通信盲区；

③ 特别适合集团用户大范围监控与管理，以及无依托地区数据采集用户数据传输应用；

④ 独特的中心节点式定位处理和指挥型用户机设计；

⑤ 自主研发的系统，高强度加密设计，安全、可靠、稳定，适合关键部门应用，譬如军事部门。

16.1.2.3　北斗导航定位系统对我国经济建设的作用

（1）北斗导航卫星定位系统促进现代交通运输体系的完善　交通运输是国民经济、社会发展和人民生产生活的命脉，先进的卫星导航技术应用是实现交通运输信息化和现代化的重要手段，对建立畅通、高效、安全、绿色的现代交通运输体系具有十分重要的意义。随着北斗卫星导航系统的研制建设，交通运输行业开展了"新疆公众交通卫星监控系统"、"船舶监控系统"、"公路基础设施安全监控系统"等一系列北斗系统应用推广工作，取得了良好效果，促进了现代交通运输的体系的完善。

（2）北斗导航卫星定位系统促进了农业的发展　随着卫星导航技术的发展，使得农业生产方式由传统粗放式耕作转为精细管理成为可能，通过将卫星导航和地理信息相结合并应用于农业生产，可有效提高农业产量、降低成本、保护环境。北斗卫星导航系统的定位服务，可有效支持现代精细农业生产方式，充分利用农业资源，保护生态环境，产生显著的经济效益和环境效益。

（3）北斗系统可有效提供精密授时，推动社会稳定发展　精确的时间同步对于涉及国家经济社会安全的诸多关键基础设施至关重要，通信系统、电力系统、金融系统的有效运行都依赖于高精度时间同步。在移动通信中需要精密授时以确保基站的同步运行，电力网为有效传输和分配电力，对时间和频率提出了严格的要求。北斗卫星导航系统的授时服务可有效应用于通信、电力和金融系统，确保系统安全稳定运行。

（4）北斗系统提供个人位置服务，方便人们生活　当你进入不熟悉的地方时，你可以使用装有北斗卫星导航接收芯片的手机或车载卫星导航装置找到你要走的路线。你可以向当地服务提供商发送文字信息告知你的要求，如查询最近的停车位、餐厅、旅馆或其他你想去的任何地方，服务商会立即根据你所在的位置，帮你找到需要的信息。然后，将一张地图发送到你的手机上，甚至还会为你提供酒店房间、餐厅或停车位预订等增值服务。

除上述几个方面之外，北斗系统还可以在森林防灾防火、航空和铁路运输、应急救援等诸多经济生活方面给人民生活带来便利，促进国家经济建设，推动社会发展。

16.1.2.4　北斗卫星的应用展望

我国正在建设的北斗卫星导航系统，在覆盖区域、系统性能等方面将比已投入运行的北斗导航试验系统有较大提升，将在更广泛的领域为用户提供更优质的服务。在稳步推进北斗卫星导航系统建设的同时，我国高度重视北斗卫星导航系统的应用推广和产业化工作，积极完善产业支撑、推广和保障体系，加强市场开拓和推广应用，强化产业支撑和应用基础建设，为北斗卫星导航系统充分发挥应用效益，更好服务于经济社会发展奠定基础。

未来，卫星导航应用将渗透到人类活动的方方面面，广泛应用于陆、海、空、天所有需要位置、速度和时间信息的各类活动，深刻改变人类的生产方式和生活方式，极大推动国家经济社会发展。

16.1.3　CORS 技术

连续运行参考站（Continuously Operating Reference Stations，CORS）是利用全球导航卫星系统（Global Navigation Satellite System，GNSS）、计算机、数据通信和互联网络等技术，在一个城市、一个地区或一个国家，根据需求按一定距离建立长年连续运行的若干个固定 GNSS 参考站组成的网络系统。连续运行参考站系统是网络 RTK（Real-Time Kinematics）系统的基础设施，网络 RTK 也称多参考站 RTK，是近年来在常规 RTK、计算机技术、通信网络技术的基础上发展起来的一种实时动态定位新技术。在此基础上就可以建立起各种类型的网络 RTK 系统。

连续运行参考站系统有一个或多个数据处理中心，各个参考站点与数据处理中心之间具有网络连接，数据处理中心从参考站点采集数据，利用参考站网络软件进行处理，然后向各种用户自动地发布不同类型的卫星导航原始数据和各种类型 RTK 改正数据。连续运行参考站系统能够全年 365 天，每天 24h 连续不间断地运行，全面取代常规大地测量控制网。用户只需一台 GNSS 接收机即可进行毫米级、厘米级、分米级、米级的实时、准实时地快速定位或事后定位。全天候地支持各种类型的 GNSS 测量、定位、变形监测和放样作业。可满足覆盖区域内各种地面、空中和水上交通工具的导航、调度、自动识别和安全监控等功能，服务于高精度中短期天气状况的数值预报、变形监测、地震监测、地球动力学等。连续运行参考站系统还可以构成国家的新型大地测量动态框架体系和构成城市地区新一代动态参考站网体系。它不仅能满足各种测绘参考的需求，还能满足环境变迁动态信息监测等多种需求。CORS 技术在用途上可以分成单基站 CORS、多基站 CORS 和网络 CORS。

16.1.3.1　单基站 CORS 和多基站 CORS

（1）单基站 CORS　就是只有一个连续运行站，类似于一加一或一加多的 RTK，只不过基准站由一个连续运行的基站代替，基站同时又是一个服务器，通过软件实时查看卫星状态、存储静态数据、实时向 Internet 发送差分信息以及监控移动站作业情况。移动站通过 GPRS\CDMA 网络通信和基站服务器通信。

（2）多基站 CORS　就是分布在一定区域内的多个单基站联合作业，基站与基站之间的距离不超过 50km，他们都将数据发送到一个服务器。流动站作业时，只要发送它的位置信息到服务器，系统自动计算流动站与各个基站之间的距离，将距离近的基站差分数据发送给流动站。这样就确保了流动站在多基站 CORS 覆盖区域移动作业时，系统总能够提供距离流动站最近的基站差分数据，以达到最佳的测量精度。

单基站 CORS 和多基站 CORS 解决了传统 RTK 作业中的几大问题：①用户需要架设本地的参考站，且架设参考站时含有潜在的粗差；②没有数据完整性的监控；③需要人员留守看护基准站，生产效率低；④通信不便；⑤电源供给不便等。

16.1.3.2 网络 CORS

多参考站 CORS 虽然在一个较大范围内满足了精度要求，但是建站的密度相对较大，需要较大的投资，且还存在区域内精度不均匀的问题。网络 CORS 技术的产生使得我们完全可以在一个较大的范围内均匀稀松地布设参考站，利用参考站网络的实时观测数据对覆盖区域进行系统误差建模，然后对区域内流动用户站观测数据的系统误差进行估计，尽可能消除系统误差影响，获得厘米级实时定位结果。网络 RTK 技术的精度覆盖范围大大增大，且精度分布均匀。

16.1.3.3 CORS 技术的优势

CORS 的出现使一个地区的所有测绘工作成为一个有机的整体，结束了以前 GPS 作业单打独斗的局面。与传统 RTK 测量作业方式相比，其主要优势体现在以下几方面。

（1）统一基准　为测绘工作提供了一个统一的基准，能够从根本上解决不同行业、不同部门之间坐标系统的差异问题。

（2）服务拓展　GPS 的有效服务范围得到了极大的扩展。

（3）提高效率　采用连续基站，用户随时可以观测，使用方便，提高了工作效率。

（4）提高精度　拥有完善的数据监控系统，由于消除或削弱各种系统误差的影响，还可获得高精度和高可靠性的定位结果。

（5）减少费用　用户不需架设参考站，真正实现单机作业，减少了费用。

（6）减少干扰　使用固定可靠的数据链通信方式，减少了噪声干扰。

（7）实现共享　提供远程 INTERNET 服务，实现了数据的共享，可为高精度要求的用户提供下载服务。

16.1.4　GNSS 技术的应用

16.1.4.1 GNSS 应用领域

以 GPS 为代表的全球导航卫星系统技术已经广泛应用社会生产生活的各个方面，主要有以下几方面。

① 在大地测量方面，利用 GNSS 技术开展国际联测，建立全球性大地控制网，提供高精度的地心坐标，测定和精化大地水准面。

② 在工程测量方面，应用 GNSS 静态相对定位技术，布设精密工程控制网，应用于城市和矿区油田地面沉降观测、大坝变形监测、高层建筑变形监测、隧道贯通测量等精密工程。加密测图控制点，应用 GNSS 实时动态技术（简称 RTK）测绘各种比例尺地形图和用于工程建设中的放样。

③ 在航空摄影方面，引用 GNSS 技术进行航测外业控制测量、航摄飞行导航、机载 GNSS 航测等航测成图的各个阶段。

④ 在地球动力学方面，GNSS 技术用于全球板块运动监测和区域板块运动监测。例如，我国已经开始用 GNSS 技术监测南极洲板块运动、青藏高原地壳运动、四川鲜水河地壳断裂运动，建立了中国地壳变形观测网、三峡库区变形监测网、首都圈 GNSS 形变监测网等。

⑤ GNSS 技术已经广泛应用于海洋测量、水下地形测绘。此外，在军事国防、智能交通、邮电通信、地矿、煤矿、石油、建筑以及农业、气象、土地管理、环境监测、金融、公安等部门和行业，在航空航天、测时授时、物理探矿、姿态测定等领域，也都开展了 GNSS 技术的研究和应用。

16.1.4.2 GNSS 应用前景

最初设计 GNSS 系统的主要目的是用于导航、收集情报等军事目的。但是，后来的应用开发表明，GNSS 系统不仅能够达到上述目的，而且用 GNSS 卫星发来的导航信号能够进行厘米级甚至毫米级精度的静态相对定位，米级至亚米级精度的动态定位，亚米级至厘米级精度的速度测量和毫微秒级精度的时间测量。因此，GNSS 系统展现了极其广阔的应用前景。

16.2　RS 技术及其应用

16.2.1　遥感的概念及其特点

16.2.1.1　遥感概念

遥感一词源于英语"Remote Sensing"，简称 RS，产生于 20 世纪 60 年代初期，意思是遥远的感知，其科学含义通常有广义和狭义两种解释。广义遥感，泛指一切无接触的远距离探测，包括对电磁场、磁力、重力、机械波（声波、地震波）等的探测。实际工作中，重力、磁力、声波、地震波等的探测被划为物探（物理探测）的范畴，只有电磁波探测属于遥感的范畴。狭义遥感是指对地观测，即从不同高度的工作平台上通过传感器，对地球表面目标的电磁波反射或辐射信息进行探测，并经信息的记录、传输、处理和解译分析，对地球的资源与环境进行探测和监测的综合性技术。与广义遥感相比，狭义遥感强调对地物反射或辐射电磁波特性的记录、表达和应用。

当前遥感技术已形成了从地面到太空，从信息收集、存储、处理到分析和应用，对全球进行探测和监测的多层次、多视角、多领域的观测体系，成为获取地球资源与环境信息的主要手段。

16.2.1.2　遥感的分类

依据遥感平台、传感器工作方式、探测的电磁波波段等的不同，遥感有不同的分类方法。

（1）按遥感平台分类　根据遥感探测所采用的遥感平台（即搭载工具或称为载体）可以将遥感分为地面遥感、航空遥感和航天遥感。地面遥感采用地面固定或移动设施作为遥感平台，如遥感车、三脚架和遥感塔等；航空遥感平台是各种航空飞行器，如飞机、气球、气艇等；航天遥感则是以航天飞行器，如人造卫星、宇宙飞船、空间站、航天飞机等为遥感平台。

（2）按工作方式分类　根据传感器的工作方式可以将遥感分为主动式（有源）和被动式（无源）遥感。主动式遥感是指传感器自身带有能发射电磁波的辐射源，工作时向探测区发射电磁波，然后接收目标物反射或散射的电磁波信息。被动式遥感时，传感器本身不发射电磁波，而是直接接收地物反射的太阳光线或地物自身的热辐射。

（3）按工作波段分类　根据遥感探测的工作波段可分为：紫外遥感，探测波段在 $0.05\sim0.38\mu m$ 之间；可见光遥感，探测波段在 $0.38\sim0.76\mu m$ 之间；红外遥感，探测波段在 $0.76\sim14\mu m$ 之间；微波遥感，探测波段在 1mm～1m 之间；多光谱和高光谱遥感，探测波段在可见光波段到红外波段范围内，并细分为几个到几百个窄波段。

（4）按记录方式分类　遥感按记录方式可分为成像遥感和非成像遥感两类。成像方式遥感是将所探测的地物电磁波辐射能量，转换成由色调构成的直观的二维图像，如航空图像、卫星影像等；非成像方式则是将探测的电磁辐射作为单点进行记录，多用于测量地物或大气的电磁波辐射特性或其他物理、几何特性，如微波辐射计遥感、激光雷达测量等。

（5）按遥感应用领域分类　遥感按照应用领域进行分类，从大的研究领域可分为外层空间遥感、大气层遥感、陆地遥感、海洋遥感等；从具体应用领域可分为城市遥感、环境遥感、农业和林业遥感、地质遥感、气象遥感、军事遥感等。

16.2.1.3 遥感对地观测的特点

（1）宏观特点　现代对地观测技术采用多平台、多传感器的技术构架，不仅能获取全球大范围的宏观骨架信息，也能得到局部小范围的微观细节数据。一幅遥感影像的地面范围可以大到数万平方公里，能够覆盖一个地区、一个国家，甚至半个地球，也可以小到数百平方公里、几十平方公里，甚至几平方公里；地面分辨率可以低至公里级，也可以高至米级甚至厘米级。这样的观测体系，既能全面提供诸如全球气候变化、海洋变迁、地质变动、植被与冰川覆盖等与地球演变规律息息相关的信息，还能获取局部灾害、环境、人居条件、人类活动等微观细节，从而实现对地面的全方位监测。实现了全局与局部观测并举，宏观与微观信息兼取。

（2）时相特点　对地观测卫星具备快速连续的观测能力，可以快速且周期性地实现对同一地区的连续观测，通过不同时相数据对同一地区进行变化信息提取与动态分析。例如，陆地卫星 Landsat-5、7 的重复周期是 16 天，即每 16 天可以对全球陆地表面观测一遍，中国的 FY-2 气象卫星可每半小时接收一次图像，而传统的人工实地调查往往需要几年甚至几十年时间才能完成地球大范围动态监测的任务。遥感的这种获取信息快、更新周期短的特点，有利于及时发现土地利用变化、生态环境演变、病虫害、洪水及林火等自然或人为信息，并及时采取有效的应对措施。

（3）光谱特点　遥感技术可提供丰富的光谱信息，根据应用目的不同而选择不同功能和性能指标的传感器及工作波段。例如，可采用紫外线-可见光探测物体，也可采用微波进行全天候的对地观测。高光谱遥感可以获取许多波段狭窄且光谱连续的图像数据，它使本来在宽波段遥感中不可探测的地物信息成为可能。此外，遥感技术获取的数据量非常庞大，如一景包括 7 波段的 LandSat 卫星 TM （Thematic Mapper）影像的数据量达 270MB，覆盖全国范围的 TM 数据量将达到 135GB 的数据量，远远超过了用传统方法获得的信息量。

（4）经济特点　遥感已经广泛应用于城市规划、农作物估产、资源调查、地质勘探、环境保护等诸多领域，随着遥感图像的空间、时间、光谱分辨率的提高，以及与地理信息系统和全球定位系统的结合，它的应用领域会更加广泛，对地观测也会随之步入一个更高的发展阶段。此外，与传统方法相比，遥感技术的开发和利用大大节省了人力、物力和财力，同时还在很大程度上减少了时间的耗费，如美国陆地卫星的经济投入与所得效益大致为 1：80，因而具有很高的经济效益和社会效益。

遥感的优势显而易见，当然也有局限性。目前对地遥感的局限主要表现在两个方面：一是局限于对目标的电磁辐射属性的探测；二是局限于对地表及其以上空间目标的探测（这是由于电磁波对地物的穿透能力很弱）。

16.2.2　遥感过程及其技术系统

16.2.2.1 遥感过程

遥感过程是指遥感信息的获取、传输、处理，以及分析判读和应用的全过程。它包括遥感信息源（或地物）的物理性质、分布及其运动状态；环境背景以及电磁波光谱特性；大气对电磁波传输的影响；传感器的分辨能力、性能和信噪比；图像处理及分析解译；遥感应用的地学模型分析等等。因此，遥感过程不但涉及遥感本身的技术过程，以及地物景观和现象的自然发展演变过程，还涉及人们的认识过程。这一复杂过程，当前主要是通过地物波谱测试与研究，数理统计分析，模式识别，模拟试验方法，以及地学分析等方法来完成。遥感过程实施的技术保证则依赖于遥感技术系统。

16.2.2.2　遥感技术系统

遥感技术系统是包括从地面到空中直至太空，从信息收集、存储、传输处理到分析判读、应用的完整技术体系，具体组成如图 16-1 所示，主要包括以下四个部分。

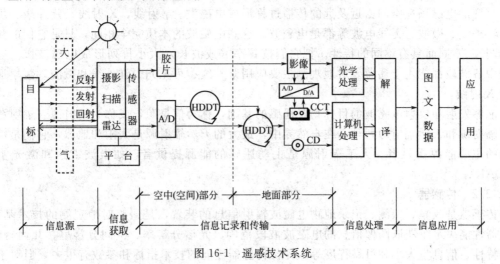

图 16-1　遥感技术系统

（1）**遥感信息获取系统**　遥感信息获取是遥感技术系统的中心工作。遥感工作平台与传感器是确保遥感信息获取的物质保证。

遥感平台是指搭载传感器的运载工具，如飞机、人造地球卫星、宇宙飞船等，按飞行高度的不同可分为近地（面）工作平台、航空平台和航天平台。这三种平台各有不同的特点和用途，根据需要可单独使用，也可配合使用，组成多层次立体观测系统。

传感器是指收集和记录地物电磁辐射（反射或发射）能量信息的装置，如航空摄影机、多光谱扫描仪等，它是信息获取的核心部件。在遥感平台上装载传感器，按照确定的飞行路线飞行或运转进行探测，即可获得所需的遥感信息。

（2）**遥感信息传输与记录系统**　遥感信息传输与记录工作主要涉及地面控制系统。地面控制系统是指挥和控制传感器与平台并接受其信息的地面系统。在卫星遥感中，由地面控制站的计算机向卫星发送指令，以控制卫星载体运行的姿态、速度，指令传感器探测的数据和接收地面站的数据向指定地面接收站发射，地面接收站接收到卫星发送来的全部数据信号，提交数据处理系统进行各种预处理，然后提交用户使用。

（3）**遥感信息处理系统**　遥感信息处理是指通过各种技术手段对遥感探测所获得的信息进行的各种处理。例如，为了消除探测中各种干扰和影响，使信息更准确可靠而进行的各种校正（辐射校正、几何校正等）处理；为了使所获遥感图像更清晰，以便于识别和判读，提取信息而进行的各种增强处理等。

（4）**遥感信息应用系统**　遥感信息应用是遥感的最终目的。根据不同领域的遥感应用需要，选择适宜的遥感信息及其工作方法进行，以取得较好的社会效益和经济效益。

另外，信息源也是遥感技术系统的组成部分，能够发射和反射电磁波的目标物是遥感的基础，没有目标遥感将无从谈起。

遥感技术系统是完整的统一体，它是构建在空间技术、电子技术、计算机技术以及生物学、地学等现代科学技术基础之上的，是完成遥感过程的有力技术保证。

16.2.3　遥感信息获取

借助运载工具，用遥感仪器收集、探测、记录目标特征信息的技术，称之为信息获取。

对地球资源来说，遥感信息获取，一般是指收集、探测、记录地物的电磁波特征，即地物的发射辐射电磁波或反射辐射电磁波特征。

16.2.3.1 信息源

交变的电磁场在空间由近及远的传播过程形成电磁波。γ射线、X射线、紫外线、可见光、红外线、微波、无线电波等都是电磁波。这些电磁波的本质完全相同，只是它们的频率（或波长）不同而具有不同的特性。把它们按频率（或波长）大小排列形成电磁波谱。电磁波谱中各波段都能用于遥感。对地观测主要应用紫外线、可见光、红外线和微波，医学遥感常用X射线。

能够发射和反射电磁波的目标物是遥感的基础，称为信息源，或称为辐射源。辐射源分人工辐射源和天然辐射源两种。在自然界中，最大的天然辐射源是太阳和地球，它们是被动遥感的主要能源提供者。人工辐射源是主动遥感的能源提供者，如微波雷达和激光雷达（LIDAR）。

16.2.3.2 传感器

传感器是收集、探测、记录地物电磁波辐射信息的装置，是遥感对地观测的技术基础。传感器性能决定了获取图像信息的电磁波波段范围、光谱分辨率、空间分辨率、几何特性、物理特性、信息量大小和可靠程度等。评价传感器性能的技术指标和参数有很多，但对于大多数用户而言，传感器的空间分辨率、波谱分辨率、辐射分辨率、时间分辨率和视场角是衡量其性能的主要指标。对地观测中常用的是成像传感器，成像传感器又分为摄影成像、扫描成像和微波成像三大类，每一类又有不同的分类。如图16-2所示。

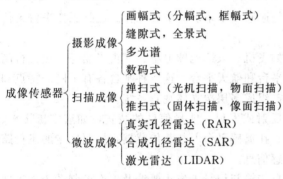

图 16-2 遥感成像传感器分类

16.2.3.3 遥感平台

遥感平台是指搭载遥感仪器并为之提供工作条件的工具，也称为载体。遥感平台的种类很多，一般是按平台距地面的高度进行分类的。可分为地面平台、航空平台和航天平台。

① 地面平台是指三脚架、遥感塔、遥感车等，高度一般在100m以下。用于安置照相机、地物光谱仪等传感器，可以测定地物的波谱特性。

② 航空平台指高度在100m～100km的各种飞机、气球、汽艇等，可携带各种摄影机、机载合成孔径雷达、机载激光雷达以及定位和姿态测量设备，主要用于区域性的资源调查、军事侦察、环境与灾害监测、测绘等。

③ 航天平台指高度在240km以上的航天飞机、人造卫星、空间站等。一个航天平台，往往要携带多种传感器，以同时完成不同的对地观测任务。由于航天平台飞行高度高，不受国界限制，因此广泛用于全球环境资源调查、军事动态监测、地形图测制等。

16.2.4 遥感图像处理

根据不同传感器的作用及功能特点，遥感数据可分为图像数据和非图像数据两大类。遥感图像数据（简称遥感图像）不仅记录了目标的辐射信息，而且还反映了其空间位置；非图像数据输出的只是目标的某些特征信息。所以认为遥感图像是遥感的主体数据，其他数据则为遥感的辅助数据。遥感图像处理主要指辐射处理、几何处理、图像增强、图像解译和专题制图。

16.2.4.1　辐射处理

从遥感过程可以看出，传感器接收的电磁波能量包含三部分。

① 太阳经大气衰减后照射到地面，经地面反射后，又经大气第二次衰减进入传感器的能量；

② 地面本身辐射的能量经大气后进入传感器的能量；

③ 大气散射、反射和辐射的能量。

由此看出，遥感图像的灰度值不但与地物本身的反射或发射波谱特性有关，还受到传感器的光谱响应特性、大气环境、光照条件、地形起伏等因素的影响，由此产生的灰度偏差称为遥感图像的辐射误差。在进行遥感信息提取之前，必须对这些误差进行改正，恢复地物的本征辐射特性，这个过程称为遥感图像辐射校正。可见，辐射校正是指消除或改正遥感图像成像过程中附加在传感器输出的辐射能量中的各种噪声的过程。

一般情况下，用户得到的遥感图像在地面接收站处理中心已经做了系统辐射校正。

16.2.4.2　几何处理

在遥感过程中，由于受到传感器成像特性、遥感平台姿态变化、外界环境、地球自转等因素的影响，导致原始遥感图像存在几何变形，而消除这些几何变形的过程称为遥感图像的几何校正。引起遥感图像存在几何变形的因素主要有以下六个方面。

① 传感器成像方式引起的几何变形；

② 传感器姿态变化（外方位元素）引起的几何变形；

③ 大气折光引起的图像变形；

④ 地形起伏引起的图像变形；

⑤ 地球曲率引起的图像变形；

⑥ 地球自转引起的图像变形。

几何校正可分为粗校正和精校正。

几何粗校正也称为系统校正，是针对卫星运行和成像过程中引起的几何畸变进行的校正，即卫星姿态不稳、地球自转、地球曲率、地形起伏、大气折射等因素引起的变形。产品在提供给用户前一般已进行了粗校正。

遥感图像的精校正是利用地面控制点消除图像中的几何变形，产生一幅符合某种地图投影或图形表达要求的新图像。它包括两个环节：一是像素坐标的变换，即将图像坐标转变为地图或地面坐标（点位校正）；二是对坐标变换后的像素亮度值进行重采样（亮度校正）。

16.2.4.3　图像增强

遥感图像增强的目的是突出用户感兴趣的相关信息，提高图像的视觉效果，使分析者更容易地识别图像内容，更可靠地提取更有用的定量化信息。遥感图像增强通常在图像校正和重建后进行，特别是必须要消除原始图像中的各种噪声，否则分析者面对的只是各种增强的噪声。

例如，改变图像的灰度等级（对比度增强）；消除边缘和噪声（平滑）；突出边缘或线状地物（锐化）；合成彩色图像（彩色变换）；压缩图像数据量，突出主要信息（主成分变换）等。

现有的图像增强方法各有利弊，同一种方法能突出图像的某些特征，又会掩盖或消除图像别的特征，因此应根据需要加以选用。有时，为了提取所需要的信息，用户常常对同一数字图像进行多种处理。图像增强的主要内容如图 16-3 所示。

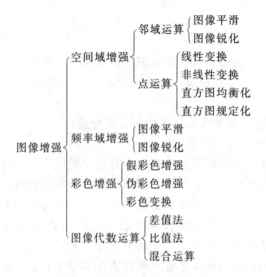

图 16-3 图像增强的主要内容

16.2.4.4 图像解译

根据地物的成像规律和波谱特征，在遥感影像上识别出它的性质和数量指标的过程，称为遥感图像的解译，也称为判读或判译。分为目视解译和计算机解译（自动识别）。目前，计算机解译（自动识别）还不能完全满足遥感信息提取的实际需求。因此，目视解译仍是从遥感图像中提取陆面要素最基本、最可靠的方法。但计算机解译省时省力，自动化程度高，是发展的方向。

（1）目视解译 遥感影像上不同地物有其不同的影像特征和表现形式，这些特征是解译时识别各种地物的依据，叫做遥感影像的解译（判读）标志。也叫作识别特征。

解译（判读）标志可以概括分为"色、形、位"三大类。色，指目标地物在遥感影像上的颜色，这里包括目标地物的色调、颜色和阴影等。形，指目标地物在遥感影像上的形状，这里包括目标地物的形状、纹理、大小、图像等。位，指目标地物在遥感影像上的空间位置，这里包括目标地物分布的空间位置、相关布局等。也可以按解译方式将解译标志分为直接标志和间接标志两大类。直接标志是地物本身属性在图像上的反映，即凭借图像特征能直接确定地物的属性。这些属性包括：形状、大小、颜色和色调、阴影、位置、结构、纹理等。间接标志是通过与之有联系的其他地物在图像上反映出来的特征，推断地物的类别属性。如地貌形态、水系格局、植被分布的自然景观特点，土地利用及人文历史特点等。多数采用逻辑推理和类比的方法引用间接判读标志。

值得指出的是，直接与间接标志是一个相对概念，常常是同一个判读标志对甲物体是直接判读标志，对乙物体可能是间接判读标志。因此，必须综合分析。

遥感图像解译判读时，一般应遵循以下原则。

① 综合分析图像的判读标志，采用论证法和反证法相结合的原则；

② 卫片与航片、主图像与辅助图像、图像与地形图、专业图和文字资料相结合的原则；

③ 室内判读与野外实地对照相结合的原则。

遥感图像解译判读的基本方法是由宏观至微观，由浅入深，由已知到未知，由易到难，逐步展开。其程序包括：准备工作、室内判读、野外检查和成果整理。

（2）计算机解译 遥感图像计算机解译，又称遥感图像理解，它以计算机系统为支撑环境，利用模式识别技术与人工智能技术相结合，根据遥感图像中目标地物的各种影像特征，结合专家知识库中目标地物的解译经验和成像规律等知识进行分析和推理，实现对遥感图像的理解，完成对遥感图像的自动解译。也称为遥感图像计算机自动分类。基本原理是不同地物具有不同的光谱特征，同类地物具有相同或相似的光谱特征，基于数字图像中同类地物的光谱相似性和异类地物光谱差异性进行分类。

遥感图像的计算机分类，主要采用统计、决策树、模糊理论及神经网络方法，其中统计分类方法有监督分类和非监督分类，是常用的分类方法。

① 监督分类　根据已知训练区提供的样本，通过选择特征参数，求出特征参数作为决策规则，建立判别函数以对各待分类影像进行的图像分类，是模式识别的一种方法。要求训练区域具有典型性和代表性。判别准则若满足分类精度要求，则此准则成立；反之，需重新建立分类的决策规则，直至满足分类精度要求为止。最大或然率法和最小距离法是常用的监督分类法则。

② 非监督分类　根据待分类样本特征参数的统计特征，建立决策规则来进行分类。而不需事先知道类别特征。把各样本的空间分布按其相似性分割或合并成一群集，每一群集代表的地物类别，需经实地调查或与已知类型的地物加以比较才能确定，是模式识别的一种方法。常用算法有：回归分析、集群分析、动态聚类、主成分分析等。

16.2.4.5　专题制图

为达到一定目的和完成某一任务，利用遥感资料进行分析、判读和统计而制作出的地图称为遥感专题图，其设计制作的过程叫专题制图。专题地图是简明、突出而完善地显示一种或几种要素而使地图的内容、用途成为专题化的地图。专题地图能为经济建设和国防建设提供有关自然、经济、社会和环境的全面情况，是规划、设计、管理和科研的重要参考资料。

目前遥感制图的主要产品形式有正射影像图、遥感影像地图以及三维遥感影像图，同时还有一些比较新型的影像地图，如电子影像地图、多媒体影像地图和立体全息影像地图等。

（1）正射影像图　正射影像是指消除了由于传感器倾斜、地形起伏以及地物等所引起畸变后的影像图。与线划图相比它有两大优点：一是影像图更直观生动，即使不具备地图常识的人也能看懂；二是影像图所记录的信息量更丰富，细节表达清楚。

（2）遥感影像地图　遥感影像地图是一种以遥感影像和一定的地图符号来表现制图对象地理空间分布和环境状况的地图。

在遥感影像地图中，图面内容要素主要由影像构成，辅助以一定地图符号来表现或说明制图对象，遥感影像地图结合了遥感影像与地图的各自优点，它比遥感影像具有可读性和可量测性，比普通地图更加客观真实，具有丰富的地面信息，内容层次分明，图面清晰易读，充分表现出影像与地图的双重优势。

（3）三维遥感影像图　三维遥感影像图与平面遥感影像图相比具有更加直观等特点。目前，常见的三维遥感影像图有三维地貌影像图、三维地质影像图和其他的三维影像地图等。制作三维地貌影像图需要两类数据：数字高程模型和遥感影像。

在数字环境下实现产品的制作已成为遥感制图的主要方向，一些比较成熟的遥感影像处理软件先后出现，使得遥感制图变得直观且容易。

16.2.5　遥感技术的应用

我国遥感应用始于 20 世纪 70 年代，遥感技术至今已取得可喜成绩，成功发射了多种遥感卫星。早期，我国遥感应用主要集中在气象和资源环境领域，随着遥感技术的发展，特别是可以获取国际上高分辨率商业卫星遥感数据，使我国遥感产业得到较大的发展。

目前，我国已初步建成全国卫星遥感信息接收、处理、分发体系和卫星对地观测应用体系。在遥感数据的获取与处理方面，我国已经形成了自主的航空遥感数据获取与处理体系。我国拥有多家航空测绘专业企业，技术不断更新，航空数字摄影测量、三维激光雷达技术等都有了很大的发展，形成了较强的生产能力。在数据处理方面，研发了新一代数字摄影测量网格 DPGrid，数字摄影测量工作站 JX4、Virtuozo，遥感影像处理系统 CASM ImageInfo、Titan Image、IRSA 等相继问世并商业化，国外影像处理系统 ERDAS、PCI、ENVI 等也引进使用。

我国遥感技术的应用主要集中在政府部门。我国政府高度重视遥感技术体系与应用系统建设，对遥感技术的推广起到了积极作用。我国现已拥有稳定运行的气象卫星、海洋卫星、资源卫星等遥感卫星和科学实验卫星。与之相对应，建立了国家管理部门和行业应用委员会，包括卫星气象中心、资源卫星应用中心、卫星海洋应用中心等多个遥感应用部门，成立了国土及矿产资源、海洋、石油、林业、冶金、煤炭等多个行业的遥感专业委员会。建立了一批遥感中心作为区域和行业遥感应用服务机构，如国家遥感中心、国家卫星海洋应用中心、国家卫星气象中心、水利部遥感技术应用中心等。在遥感应用研究方面，有中国科学院遥感应用研究所、中国科学院遥感地面站、北京大学和武汉大学等设立的专门遥感研究机构。

由于航天航空遥感数据具有接收方式灵活方便和宏观、微观兼顾的特点，在国内各行各业中有着巨大的市场需求。但由于遥感平台数量和数据获取能力的限制，供应瓶颈问题仍未解决。各行业和各级政府部门对于海量空间遥感数据以及快速处理有着巨大而迫切的需求，其市场增长速度为每年 20％～30％。我国遥感市场需求旺盛，国土调查、资源清查、环境监测、工程建设规划、粮食估产、灾害评估等都离不开遥感应用，遥感技术在国土资源大调查、"西气东输"、"南水北调"、退耕还林、交通规划与建设、海岸带监测及海岛礁测绘、海洋权益维护及区域经济调查管理等国家重大工程建设和重大项目中发挥了不可替代的作用。随着我国数字城市建设的兴起，对高分辨率卫星遥感数据有很大需求，遥感数据作为城市基础数据库的重要数据源，在城市管理和动态监测中将发挥积极作用。遥感数据的应用直接带动了各个领域的信息化建设，有力地推动了国家信息化进程，促进了管理与决策的科学化。

16.2.6 最新遥感对地观测技术前景展望

随着对地观测技术的发展，获取地球环境信息的手段将越来越多，信息也越来越丰富。为了充分利用这些信息，建立全面收集、整理、检索以及科学管理这些信息的空间数据库和管理系统，深入研究遥感信息机制，研制定量分析模型及实用的地学模型，以及进行多种信息源的信息复合及环境信息的综合分析等，构成了当前遥感发展的前沿研究课题。当前遥感发展的特点主要表现在以下几个方面。

16.2.6.1 新一代传感器的研制

当前，多波段扫描仪已从机械扫描发展到 CCD 推帚式扫描，空间分辨率从 80m 提高到 0.41m。成像光谱仪的问世，不但提高了光谱分辨率，能探测到地物在某些狭窄波区光谱辐射特性的差别，而且为研究信息形成机制，进行定量分析提供了基础。目前正在运行的 MODIS（Moderate-resolution Imaging Spectroradiometer）成像光谱仪有 36 个波段，未来成像光谱仪的波段个数将达到 384 个波段，每个波段的波长区间窄到 5nm。星载主动式微波传感器的发展如成像雷达、激光雷达等，使探测手段更趋多样化。目前在轨运行的高分辨率雷达卫星主要有德国的 TerraSAR-X 卫星和意大利的 COSMO-SkyMed 卫星系统，其空间分辨率均达到或超过 1m。

获取多种信息，适应遥感不同的应用需要，是传感器研制方面的又一动向和进展。总之，不断提高传感器的功能和性能指标，开拓新的工作波段，研制新型传感器，提高获取信息的精度和质量，将是今后遥感技术发展的长期任务。

16.2.6.2 遥感图像信息处理技术发展迅速

遥感图像处理硬件系统，已从光学处理设备全面转向数字处理系统，内外存容量的迅速扩大，处理速度的急速增加，使处理海量遥感数据成为现实，而网络的出现将使数据实时传输和实时处理成为现实。遥感图像处理软件系统更是不断翻新，从开始的人机对话操作方式（ARIES I2S101 等），发展到视窗方式（ERDAS、PCI、ENVI 等），未来将向智能化方向发展。另一个特点是 RS 与 GIS 集成，有代表性的是 ERDAS 与 ARC INFO 的集成。遥感软件的组件化也是一个发展方向，遥感软件的网络化，可实现遥感软件和数据资源的共享和实时传输。大量的多种分辨率遥感影像形成了影像金字塔，再加上高光谱、多时相和立体观测影像，出现海量数据，使影像的检索和处理发生困难，因此建立遥感影像数据库系统已迫在眉睫。目前遥感影像数据的研究是以影像金字塔为主体的无缝数据库，这涉及影像纠正、数据压缩和数据变换等理论和方法，还产生了"数据挖掘"（或知识发现）之类的新理论和新方法。为了能将海量多源遥感数据中的不同信息富集在少数几个特征上，又形成了多源遥感影像融合的理论和方法。

在遥感图像识别和分类方面，开始大量使用统计模式识别，后来出现了结构模式识别、模糊分类、神经网络分类，半自动人机交互分类和遥感图像识别的专家系统。但在遥感图像识别和分类中尚有许多不确定性因素，有待人们进行深入的研究。

16.2.6.3 遥感应用不断深化

在遥感应用的深度、广度不断扩展的情况下，微波遥感应用领域的开拓，遥感应用综合系统技术的发展，以及地球系统的全球综合研究等成为当前遥感发展的又一动向。具体表现为，从单一信息源（或单一传感器）的信息（或数据）分析向多种信息源的信息（包括非遥感信息）复合及综合分析应用发展；从静态分析研究向多时相的动态研究，以及预测预报方向发展；从定性判读、制图向定量分析发展；从对地球局部地区及其各组成部分的专题研究向地球系统的全球综合研究方向发展。

16.3　地理信息系统技术及应用

16.3.1　地理信息系统概述

地理信息是指表征与地理环境固有要素有关的物质的数量、质量、分布特征、联系和规律等的数字、文字、图像和图形等的总称。

地理信息系统（GIS）首先是一种信息系统，但又区别于其他信息系统，它是在计算机软硬件支撑下以空间数据作为处理和操作的主要对象，这是其区别于其他类型信息系统的主要标志；通过地理信息系统的空间分析功能可以产生常规方法难以获得的地理信息，实现在分析功能支撑下的管理与辅助决策支持，这是地理信息系统的研究核心。

世界上第一个真正投入应用的地理信息系统由加拿大罗杰·汤姆林森（Roger F. Tomlinson）博士于 1967 年研发，开发的这个系统被称为加拿大地理信息系统（CGIS），用于自然资源的管理和规划；历经 40 多年的发展，地理信息系统已经和计算机、通信等技术一样，成为信息技术（IT）的重要组成部分，地理信息系统不但与全球导航卫星系统（GNSS）和遥感（RS）相结合，构成"3S"集成系统，而且与 CAD、多媒体、通信、因特网、办公室自动化、虚拟现实等多种技术相结合，构成了综合的信息技术。

综上所述，地理信息系统既是管理和分析空间数据的应用工程技术，又是跨越地球科学、信息科学和空间科学的应用基础学科。其技术系统由计算机硬件、软件和相关的方法过程所组成，用以支持空间数据的采集、管理、处理、分析、建模和显示，以便解决复杂的规划和管理问题。

16.3.2 GIS 的基本组成

地理信息系统由五部分组成：系统硬件、系统软件、空间数据、应用人员和应用模型。

16.3.2.1 系统硬件

系统硬件包括数据输入设备、数据处理设备和数据输出设备。

（1）数据输入设备　数据输入设备包括数字化仪、扫描仪、全站仪和数字摄影测量设备等。如图 16-4 所示。

　　数字化仪　　　　　　扫描仪　　　　　　全站仪　　　　数字摄影测量工作站

图 16-4　数据输入设备

（2）数据处理设备　数据处理设备包括各种微机、图形工作站、服务器等。

（3）数据输出设备　数据输出设备包括绘图仪、打印机和高分辨率显示器等，如图 16-5 所示。

图 16-5　绘图仪和显示器

16.3.2.2 系统软件

（1）GIS 功能软件　GIS 功能软件包括 GIS 基础软件平台和 GIS 应用软件。GIS 基础软平台是指具有 GIS 专业功能的通用性 GIS 软件，如美国 ESRI 公司的 ArcGIS，MapInfo 公司的 MapInfo 等；国内武汉中地公司的 MapGIS，吉奥公司的 GeoStar，超图公司的 SuperMap 等。GIS 应用软件在利用 GIS 基础软件平台上提供的 GIS 相关功能开发的针对某一具体应用的系统软件，如土地信息系统、环境信息系统等。

（2）基础支撑软件　基础支撑软件主要包括系统库软件和数据库软件等。系统库软件提供基本的程序设计语言以及数学函数库等用户可编程功能；数据库系统提供复杂空间数据的存储和管理功能，如 Microsoft SQL Server、Oracle 等。

（3）操作系统软件　操作系统软件是计算机系统中支撑应用程序运行环境以及用户操作环境的系统软件，常见的有 Microsoft Windows 系列等。

16.3.2.3　空间数据

地理信息系统的操作对象是空间数据。空间数据可以按照不同的形式分类，最常见的是按照数据结构分为矢量数据结构和栅格数据结构。空间数据有三大特征：空间特征、属性特征和时间特征。

16.3.2.4　应用人员

应用人员包括系统开发人员和最终用户。他们的业务素质和专业知识是地理信息系统工程及其应用成败的关键。

16.3.2.5　应用模型

GIS 应用模型是联系 GIS 应用系统与常规专业研究的纽带，只有将应用系统和应用模型相互结合，才能解决实际问题，比较成熟的模型比如土地利用适宜性评价模型、水土流失模型、选址模型等。

16.3.3　GIS 的主要功能

（1）数据采集与编辑　要建立一个系统首选要获取数据，在地理信息系统中数据通常抽象为不同的专题或层。数据采集编辑功能就是保证各层实体的地物要素按顺序转化为 X、Y 坐标及对应的代码输入到计算机中，然后再进行编辑修改。

（2）数据存储与管理　数据库是当前数据存储与管理的主要技术。空间数据库是 GIS 存储空间和属性数据的数据库。

（3）数据处理和变换　地理信息系统涉及的数据类型多种多样，为满足用户的需求，经常需要对数据进行处理和变换。如进行投影变换、误差校正、数据压缩等。

（4）空间分析与统计　空间分析与统计是地理信息系统的特有功能，体现了 GIS 的优势所在。常用的空间分析功能有叠合分析、缓冲区分析、数字地形分析、网络分析等。

（5）产品制作与演示　空间数据经过采集、处理、管理、分析后要输出成供专业人员使用的各种地图、图像、图表或文字说明等。

（6）二次开发和编程　GIS 软件比较庞大，功能也是包括基础的部分，如果要应用于专业领域，必须具备二次开发功能，供用户自行开发，制订自己需要的功能。

16.3.4　GIS 技术的应用

GIS 是一门新兴的交叉学科，其本身是设计用来管理、分析空间数据的信息系统，因此几乎所有涉及空间数据的部门、行业都可以应用 GIS 来为自己服务。但由于部门不同，GIS 在具体部门中的应用也有较大差异，结合紧密的如国土、城规和环境行业，GIS 逐渐成为其核心业务；较为松散的如医疗、商业部门，GIS 可以为其提供辅助决策信息。无论如何，随着 GIS 技术的发展和人们对 GIS 认识的加深，GIS 会在更多行业中得到应用，应用程度也会更加深入。本节介绍几类常见的应用。

（1）在农业气候区划中的应用　GIS 在农业气候区划中的应用越来越普及，无论是在农业气候区划资料的管理、查询、自动制图、统计分析，以及气象建模分析评价及提供辅助决策方面，GIS 都发挥着不可替代的作用。借助于 GIS 技术可以建立面向专业技术人员的专用工具，适用于农业气候资源监测评价、气候资源管理分析等。借助 GIS 技术可以建立气象模型，可以进行直观的气象分析，发挥区域气候优势，趋利避害减轻气候灾害损失，提高资源开发的总体效益。为各级政府分类指导农业生产，农村产业结构调整，退耕还林和防止水土流失等提供决策依据。同时一些气象数据也可通过网络 GIS 进行发布，让农户及时得到信息，最大限度避免损失。

（2）在区域规划中的应用　城市是人类活动高度集中的区域，同时也是信息、物质高度集中的区域。随着科技的进步和经济的发展，城市系统越来越复杂，数据和信息越来越多，服务要求越来越高。城市管理面临着新的挑战，为了城市的现代化、生态平衡和可持续发展，城市需要全面规划，而地理信息系统给城市的规划和管理带来了新的工具。在城市规划中，可以应用 GIS 的方面非常多，如土地、道路、管网、环境、人口等诸多要素都可以通过地理信息系统进行管理。其中空间规划是 GIS 的一个重要应用领域，城市规划和管理是其中的主要内容。例如，在大规模城市基础设施建设中如何保证绿地的比例和合理分布，如何保证学校、公共设施、运动场所、服务设施等能够有最大的服务面（城市资源配置问题）等。

（3）在国土中的应用　国土资源行业是 GIS 技术应用最广泛、历史最悠久的领域之一，几乎每项业务都与 GIS 有关。例如，在土地资源管理领域，有土地资源评价、土地利用现状动态监测、城市地价评估、土地利用结构对非点源污染的影响评价、土地利用现状计算机成图等。近些年来随着全国第二次土地调查、地质调查、矿产资源相关数据调查等专项工程的实施，信息化技术在国土资源行业得到了广泛应用，尤其是 GIS 技术在各种应用系统建设中发挥了重要作用。围绕国土应用，GIS 技术还可以涉及地籍管理及变更调查、土地规划、土地动态监测及执法监察、国土电子政务等。

（4）在公路上的应用　公路交通是最发达、使用最频繁的交通方式。在一些铁路、航空、水运无法到达的地方，公路运输显得尤为重要。目前我国的公路共分为五种级别：高速公路、一级、二级、三级、四级；七种类别：国道、省级公路、市级公路、县级公路、乡级公路、村级公路、专用公路。交通管理部门在规划、设计、施工、维护、管理这些公路数据的时候，GIS 作为重要的工具除了能够通过图形的形式直观地反映公路交通网的状况、查询相关信息，以及制作漂亮精美的专题图外，更重要的是 GIS 能够在日常管理业务中提供辅助决策的依据。公路线路的走向布设受社会、人文、环境、地形等多方面因素的影响，将多种数据的叠加分析显示为公路规划提供直接的分析依据。同时 GIS 本身所提供的最佳路径分析功能，包括最短路径以及最小造价路径的分析等也为公路规划提供一定的借鉴和参考材料。

（5）在环境中的应用　环境管理的成功离不开学科本身与地理学的结合。使用地理学作为智能化技术将环境数据与地理数据挂接的理念，是最终推动 GIS 技术发展的基础。自然资源，无论是陆地、海洋，还是宇宙，都是有限的，在需求不断增长，而资源日益减少的今天，量测和管理这些资源是非常重要的。GIS 在环境方面的应用包括：应用 GIS 制作环境专题图、应用 GIS 建立各种环境地理信息系统、将 GIS 技术应用于环境监测、GIS 用于自然生态现状分析、GIS 应用于环境应急预警预报、GIS 应用于环境质量评价和环境影响评价、GIS 应用于水环境管理等。

16.4　3S 技术集成应用

全球导航卫星系统（GNSS）、遥感（RS）和地理信息系统（GIS）是目前对地观测系统中空间信息获取、存储、管理、更新、分析和应用的三大支撑技术（以下简称 3S）。它们有着各自独立、平行的发展和成就：GNSS 是以卫星为基础的无线电测时定位、导航系统，可为航空、航天、陆地、海洋等方面的用户提供不同精度的在线或离线的空间定位数据；RS 在大面积资源调查、环境监测等方面发挥了重要的作用，在未来发展中还将会在空间分辨率、光谱分辨率和时间分辨率三个方面全面出现新的突破；GIS 则被各行各业用于建立各种不同尺度的空间数据库和决策支持系统，向用户提供着多种形式的空间查询、空间分析和辅助规划决策的功能。随着 3S 技术研究和应用的不断深入，科技人员和应用部门都逐渐认识到单独运用其中的某一种技术往往不能满足综合性工程的需要，不能提供所需的对地观测、信息处理、分析模拟的综合能力。近几年来，国际上 3S 的研究和应用向集成化（或综合化）方向发展。

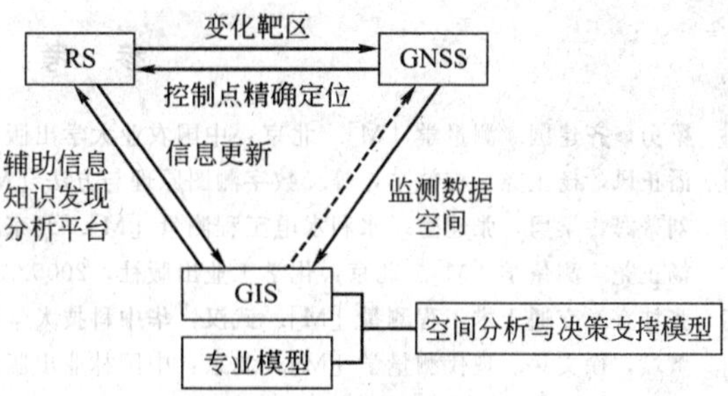

图 16-6　3S 集成应用的模式

如图 16-6 所示，3S 的集成是一项技术难度极高的高科技。在这种集成系统中，GNSS 主要用于实时、快速提供目标、各类传感器和运载平台（车、船、飞机、卫星等）的空间位置；RS 用于实时或准实时地提供目标及其环境的语义或非语义信息，发现地球表面的各种变化，及时地对 GIS 的空间数据进行更新；GIS 则是对多种来源的时空数据综合处理、动态存储、集成管理、分析加工，作为新的集成系统的基础平台，并为智能化数据采集提供地学知识。显然，这样的集成还应当包括现代通信技术和专家系统等，只是 3S 已成为一个约定俗成的统称术语。

例如在农业领域的作物估产、病虫害监测、精细农业等方面；在林业领域的森林资源调查、防火减灾、病虫害防治等方面；在水利领域的水利资源调查、旱涝灾害检测、流域治理等方面；在国土资源领域的土地资源普查、乱砍滥伐监测、国土测绘等方面；以及气象、考古、水土保持、城市建设、路桥建设、国防建设等各个领域，3S 技术及其集成技术都发挥了不可替代的作用，而且在未来的发展中，其应用也将越来越广泛和深入。

本 章 小 结

3S 技术是全球导航卫星系统（GNSS）、遥感（RS）和地理信息系统（GIS）的简称。空间定位技术、遥感、地理信息系统和数据通信等现代信息技术的发展及其相互渗透和集成，提供了对地球整体进行观察和测绘的工具，使测绘科学的理论基础、测绘工程技术体系、研究领域和科学目标等正在适应新形势的需要而发生深刻的变化。

在 3S 技术中，GNSS 主要用于实时、快速地提供目标的空间位置；RS 用于实时、快速地提供大面积地表物体及其环境的几何与物理信息，以及它们的各种变化；GIS 则是对多种来源时空数据的综合处理分析和应用的平台。

思 考 题

1. 什么是 3S? 3S 的主要任务是什么？
2. CORS 站的工作原理是什么？
3. 简述遥感的定义、特点、技术系统和分类方法。
4. 遥感影像处理包括哪些内容？
5. 国内外常见的 GIS 软件有哪些？
6. GIS 的主要功能有哪些？

参 考 文 献

[1] 梁勇，齐建国. 测量学 [M]. 北京：中国农业大学出版社，2004.

[2] 潘正风，杨正尧，程效军，等. 数字测图原理与方法 [M]. 武汉：武汉大学出版社，2008.

[3] 刘普海，梁勇，张建生. 水利水电工程测量 [M]. 北京：中国水利水电出版社，2006.

[4] 杨正尧. 测量学 [M]. 北京：化学工业出版社，2005.

[5] 张坤宜. 交通土木工程测量 [M]. 武汉：华中科技大学出版社，2008.

[6] 董斌，徐文兵. 现代测量学 [M]. 北京：中国林业出版社，2012.

[7] 梁勇，齐建国. 工程测绘技术 [M]. 北京：中国农业大学出版社，2000.

[8] 李秀江. 测量学 [M]. 北京：中国农业大学出版社，2007.

[9] 李明峰. 测量学 [M]. 湖南：湖南地图出版社，2000.

[10] 王侬，过静珺. 现代普通测量学 [M]. 北京：清华大学出版社，2009.

[11] 姜晨光. 高等测量学 [M]. 北京：化学工业出版社，2011.

[12] 詹长根. 地籍测量学 [M]. 武汉：武汉大学出版社，2011.